应用技术型高等院校"十二五"规划教材

网页设计与开发实战教程

李云程　编著

中国水利水电出版社
www.waterpub.com.cn

内 容 提 要

本书紧跟互联网技术最新发展成果，选择了 HTML5、Dreamweaver、Fireworks、Flash 和 jQuery 新版精华技术作为开发工具。

本书针对应用技术型院校教学目标和学生情况，采用全新教学模式，将合作企业的成功案例"深房小区"网站项目贯穿始终。通过完成任务，学会知识与技术。

全书共 11 章。主要内容包括：网站策划与创建，HTML5 网页设计，网站首页设计，超链接，网页配色与 CSS 定义布局设计，用 Spry 构件设计页面，网页模板设计与表单，JavaScript 交互效果设计，jQuery 应用设计，网站测试与发布，网站设计综合训练方案。

本书适合作为应用技术型本科院校相关专业教材，也适合高职高专和自学者使用。本书资源库提供附录、全部网站文件范例资源和参考教学大纲，读者可以从中国水利水电出版社和万水书苑下载，网址为：http://www.waterpub.com.cn/softdown/ 和 http://www.wsbookshow.com。

图书在版编目（ＣＩＰ）数据

网页设计与开发实战教程 / 李云程编著. -- 北京：
中国水利水电出版社，2014.7（2017.8 重印）
应用技术型高等院校"十二五"规划教材
ISBN 978-7-5170-1992-3

Ⅰ. ①网… Ⅱ. ①李… Ⅲ. ①网页制作工具－高等学校－教材 Ⅳ. ①TP393.092

中国版本图书馆CIP数据核字(2014)第096098号

策划编辑：雷顺加　责任编辑：李 炎　加工编辑：滕 飞　封面设计：李 佳

书　　名	应用技术型高等院校"十二五"规划教材 网页设计与开发实战教程
作　　者	李云程　编著
出版发行	中国水利水电出版社 （北京市海淀区玉渊潭南路 1 号 D 座　100038） 网址：www.waterpub.com.cn E-mail：mchannel@263.net（万水） 　　　　　sales@waterpub.com.cn 电话：（010）68367658（发行部）、82562819（万水）
经　　售	北京科水图书销售中心（零售） 电话：（010）88383994、63202643、68545874 全国各地新华书店和相关出版物销售网点
排　　版	北京万水电子信息有限公司
印　　刷	三河市铭浩彩色印装有限公司
规　　格	184mm×260mm　16 开本　21.75 印张　578 千字
版　　次	2014 年 7 月第 1 版　2017 年 8 月第 2 次印刷
印　　数	3001—4000 册
定　　价	39.80 元

前　言

我们生活在一个充满机遇与挑战的时代，急需大量应用技术型人才。高等教育正在经历着一场深刻变革，教育存在要服务于社会，应该按照社会不同行业的岗位群来培养有用人才。解决学以致用问题，是高等教育应该完成的教育目的。按照社会不同需求培养出直接有用人才，是教育改革的终极目标。要让高等教育全面达到应用技术型人才培养的理性发展状态，就需要在微观层面从每一个专业领域、每一门课程教材入手，凸显出能力培养的本质特征。

互联网应用日益普及，承载信息的网站平台拥有缤纷多彩的资讯。随着信息技术快速发展，各类网站设计工具不断增多。如何选择设计工具？如何高效快速地学以致用，将自己培养成网站设计开发的应用技术型人才？这是摆在广大初学者面前迫切需要解决的问题。

教学设计

本书由教学团队与企业密切合作，对课程进行定位，修订教学大纲，确定教学内容。选用了网站设计最新工具 HTML5、Dreamweaver、Fireworks、Flash 和 jQuery 的技术精华。

针对应用技术型院校教学目标和学生情况，教材打破了传统以知识为主线的结构，采用全新教学模式，课程教学依托合作企业的成功案例"深房小区"网站项目，范例任务选择具有典型性、针对性和代表性。教学设计切合工程技术要求，是一个非常适合以技能培养为主线的学习情境。让学生通过基于工作过程的方式，以任务驱动直接面对网站项目进行设计与实践，通过完整系列设计过程的学习与训练，学会并掌握网站前端设计知识和技术。同时，也能够更好地激发学习者学习的积极性。

教材特色

全书强调应用技术型人才的能力培养这条主线。每项任务都有：设计效果、任务描述、设计思路、任务实现、任务拓展、知识补充等环节，有些还增加了技术要点或任务小结。对设计中遇到的问题和技术要点，给出了诸如"说明"、"解释"、"讲解"、"提示"或"注意"等详细描述。这样的过程设计有利于初学者学会如何将技术灵活运用于实践，同时对遇到的知识和技术能轻松地加以理解，进而掌握针对任务要求的设计方法。每章最后一个环节都给出了"实训项目"任务，让学习者再次运用技术进行个性化综合应用，最终达到熟练掌握 Web 前端设计实用技能的学习目标。

内容结构链条

教材根据网页设计师的岗位能力需求，结合网站开发过程将内容分为 11 章。第 1 章"网站策划与创建"，包括 3 个任务：讲解互联网基础知识，通过剖析典型网站获得启示；规划自己待建网站主题和结构；接着利用 Dreamweaver 软件创建开发网站的站点。第 2 章 "HTML5 网页设计" 包括 3 个任务：学习网页中文字、图片、声音和视频等插入与排版，学会设计单独页面的基本技术。第 3 章 "网站首页设计" 包括 9 个任务：在基本网页设计基础上，拓展利用表格进行较为复杂的主页面设计；主页用到的 Logo 设计；页眉用到的横幅 Gif 动画；导航栏部分的导航条和下拉单设计；页面经常用到的 Flash 广告动画；以及网站首页检查插件并弹出一个公告等。第 4 章 "超链接" 包括 2 个任务：超链接是网站精髓，前面设计的网站首页等还是一个个单独页面，这里要通过内部链接、外部链接、锚点链接、电子邮件链接以及图像热点等，将网站中页面链接成为一个整体。第 5 章 "网页配色与 CSS 定义布局设计" 是教材的重点，将主页布局设计分为 3 个任务，每个任务都有其侧重点，前两项涉及页面整体效果的图片素材与色彩搭配设计；接着，学习如何一步一步构建一个 CSS 整体布局页面。第 6 章 "Spry 构件应用" 将应用构件分解为 3 个任务，轻松实现由 JavaScript 编程才能设计的网站导航条、折叠内容导航和选项卡面板等效果，来重新设计 "深房小区" 网站生活杂志页面。第 7 章 "网页模板设计与表单" 包括 2 个任务：定义与利用模板设计固定样式的子栏目页面；创建交互式表单应用。第 8 章 "JavaScript 交互效果设计" 包括 4 个任务：设计动态页面效果，带你步入脚本程序大门。第 9 章 "jQuery 应用设计" 利用 jQuery 将你带入具有丰富交互与数据更新效果的世界。第 10 章 "网站测试与发布" 让你熟悉测试、发布与更新各项工作和流程。第 11 章 "网站项目开发综合训练方案" 教你作为一位网站项目设计师，系统地设计完成一个网站项目，所必需经历训练的各个环节，包括网站开发规范。

如何有效地使用本书

本书各章节在内容编排上遵循了循序渐进原则，由浅入深地展开学习。从第 1 章至最后一章每项任务都是环环相扣，在完成前一项任务的基础上，才能够完成后一项任务。其中第 8、9 章无编程经验读者可以弃用，对于有一定网页基础者，允许选择感兴趣部分参考。

特别指出，1.1.1 节是剖析有代表性典型网站，分析这些网站的结构构成。接着，1.2.1 节是规划自己待建网站，从前面剖析中汲取营养，借鉴分析结果，思考、提炼自己感兴趣主题，来规划和设计一个待建网站。待建网站内容和素材资源课后可以不断查找、搜集。在接下来学习中就需要结合任务和单元实训项目，独立完成设计自己网站的页面，直到最后完成一个网站设计，并进行测试和发布。

全书网站项目资源、任务范例都在教材资源库中提供。建议下载使用，以便弥补教材无法提供彩页的不足。

教学建议

本书适合作为应用技术型本科院校相关专业教材，也适合高职高专和自学者使用。本书资源库提供全部网站文件和范例资源、参考教学大纲。

最好将课程安排在机房，使教学在实训中进行。既可以是正常课堂教学也可以安排整周实训。根据各自情况安排 50~68 学时，有些内容可以选择使用。

本书教学团队总结多年网站设计课程教学和项目开发经验，结合荣获 2008 年教育部高等教育"精品教材"的内容更新，针对应用技术型院校学生的培养要求，收集和参考了网站设计最新技术。参加大纲与内容确定的人员有腾讯（深圳）公司唐文荣高级工程师、王明福、范新灿、李斌、杨丽娟、钟剑龙、庄亚俊、梁雪平等老师，全书由李云程执笔撰写而成。

编者在撰写过程中参考了大量书籍和资料，在此对相关作者表示最诚挚的谢意。对腾讯（深圳)公司及唐文荣高级工程师、教学团队老师们在课程开发过程中的合作和帮助表示感谢。

本教材的撰写是一次全新尝试，教学方法也有待不断探索和总结，加之时间仓促、水平有限，不妥之处恳请批评指正，以便下次修订时加以改进。E-mail: yunchengli@sina.com。

李云程

于深圳职业技术学院

2014 年 5 月

目　　录

1

网站策划与创建

近些年来，互联网在全球迅猛发展，渗透到各个行业和领域，已经改变了当代人的工作和生活方式。用户可以随时从互联网上了解当天最新天气信息、新闻动态和旅游信息，可看到当天报纸和最新杂志，可以足不出户在家里炒股、网上购物、收发电子邮件，享受远程医疗和远程教育等。随着互联网技术的发展，网站设计与开发技术也得到了广泛应用。

在学习网站设计技术之前，我们有必要了解一些有关互联网、网站与网页的基本知识。同时，在正式创建网站之时，还必须对待建网站进行一个全面清晰的规划，这是设计一个网站的基础。

在本章学习中，将通过完成三个任务来达到学习目标：

◆ 网站剖析。
◆ 策划一个自己待建的主题网站。
◆ 创建与维护待建网站站点。

1.1 互联网与网站剖析

在动手制作网站之前，必须要先规划设计好网站的结构和内容。对于初学者来说，往往不知该如何着手进行网站规划。在本任务中，先上网体验，学习网站的基础知识，剖析几个典型网站；再通过观摩学习他人网站，认知网站，积累知识和经验，为顺利地规划设计出自己的网站奠定基础。

关键知识点	能力要求
网站基础知识； 网站剖析	分析网站的内容构成、特点； 网站的信息表现形式； 编写简单的技术文档

1.1.1　网站基础知识

每个网站设计开发的初学者，都有必要知道几方面的知识。包括：万维网如何工作、HTML 语言、如何使用层叠样式表（CSS）、JavaScript 编程、XML 标准、服务器脚本技术、使用 SQL 管理数据等。下面介绍一些网站相关的基本概念和基础知识。

1．互联网

互联网（Internet），又译因特网、网际网，专指全球最大的、开放的、由众多网络互联而成的，主要采用 TCP/IP 协议的计算机网络。它是一个国际性的网络集合体，涉及到通信技术和计算机技术等。这种网络可以将世界各地各种各样的物理网络互联起来，而不管这些网络的类型是否相同、规模是否一样、距离是远还是近，一旦连入 Internet 便构成了一个整体。可以这样认为，凡是采用 TCP/IP（传输控制协议/网际协议）并能够与 Internet 上的任何一台电脑进行通信的电脑都可以看成是 Internet 的一部分。人们使用互联网可以与远在千里之外的朋友相互发送邮件、共同完成一项工作、共同娱乐。

2．万维网

万维网（World Wide Web），简称 WWW 或 W3，常常被当成因特网的同义词。其实万维网是靠着因特网运行的一项服务，是一个信息资源空间。它是一个以 Internet 为基础的计算机网络平台，允许用户的计算机通过 Internet 获取另一台计算机上的信息资源。

3．网站（Website）

网站是指在因特网上按照一定规则使用 HTML 等工具制作的，用于展示特定内容的相关网页集合。简单地说，网站是一种通讯平台，就像布告栏一样，人们可以通过网站来发布自己想要公开的资讯，或者利用网站来提供相关的网络服务；也可以通过网页浏览器来访问网站，获取自己需要的资讯或者享受网络服务。网站空间由专门的独立服务器或租用的虚拟主机承担，网站源程序则放在网站服务器空间里面。

4．网页（Web Page）

网页是网站中的一"页"，是构成网站的基本元素。换句话讲，一个网站就是由若干个网页组成。网页是一个文件，它存放在某一台与互联网相连的计算机中，网页经由网址（URL）来识别与存取。人们上网时在浏览器中所看到的内容就是网页。

5．统一资源定位器

Web 上每一个网页都有一个独立的地址，这些地址称作统一资源定位器（Uniform Resource Locations，URL），也被称为网页地址，俗称"网址"。URL 地址是在 Internet 上寻找信息资源，获取网页文件的方法，如果已经知道某个网页的 URL，就可以直接打开该网页。

URL 的格式如下：

协议://主机地址(域名)/路径/文件名

例如：http://www.microsoft.com/en/index.htm 就是一个完整的 URL 地址。

6. 浏览器

浏览器是一个应用软件，它可以把在互联网上找到的网页文件翻译解释成网页内容显示出来，网页内容可以包含文本、图形、动画、音频和视频。所有的网页都含有能够被显示的结构，浏览器通过阅读这些结构来显示页面。最常用的显示结构称为 HTML 标签。用于段落的 HTML 标签类似这样：<p>，在 HTML 中用如下格式定义段落：

```
<p>This is a Paragraph</p>
```

人们可以利用网页浏览器输入网址来访问网站，获取自己需要的信息或者享受网络服务。现在最常用的浏览器包括 Internet Explorer、Netscape Navigator、Firefox、Mozilla、Chrome 等。

7. HTML

HTML 全称为 HyperText Marked Language，译为超文本标记语言，是一种用来生成 WWW 网页的标记语言。它是定义网页格式的语言，不是一种编程语言。这种标记语言有一套标记标签（markup tag），HTML 使用标记标签来描述网页。目前最新标准的 HTML 已经是 HTML5。

8. 层叠样式表

层叠样式表全称为 Cascading Style Sheets，简称 CSS，定义如何显示 HTML 元素，即控制 HTML 显示的样式，如字体标签和颜色属性等。这个定义通常被保存在外部的.css 文件或内部标签中。仅仅通过编辑一个简单的 CSS 样式表文档，就能够同时改变站点中所有页面布局的外观。

由于允许同时控制多重页面的样式和布局，CSS 可以称得上 Web 设计领域的一个突破。作为网站开发者可以为每个 HTML 元素定义样式，并将之应用于任意多的页面中。如需进行全局变换，只需简单地改变样式，然后网站中的所有元素均会被自动地更新。

9. JavaScript

JavaScript 是因特网上最流行的脚本语言，并且可在主要的浏览器中运行，如 Internet Explorer、Mozilla、Firefox、Netscape 和 Opera 等。JavaScript 用于向 HTML 页面添加交互行为。它是一种脚本语言，即一种轻量级（易学）的编程语言，但功能强大。JavaScript 是一种代码执行时不进行预编译的解释性语言。与 HTML 和 CSS 一样，JavaScript 也是一种关键技术，任何涉及构建网站的人员都应该熟练运用这一技术。

10. XML

XML 全称 EXtensible Markup Language，译为可扩展标记语言。XML 被设计用于传输和存储数据，其焦点是数据的内容。而 HTML 用来显示数据，其焦点是数据的外观。二者的不同在于 HTML 旨在显示信息，而 XML 旨在传输信息。

XML 是万维网联盟 W3C（World Wide Web Consortium）的推荐标准。大批软件开发商采用这个标准。目前，XML 在 Web 中起到的作用并不亚于一直作为 Web 基石的 HTML。

XML 是各种应用程序之间进行数据传输的最常用的工具，并且在信息存储和描述领域变得越来越流行。

XML 应用在 Web 开发的许多方面，常用于简化数据的存储和共享。例如，XML 把数据从 HTML 分离出来，如果需要在 HTML 文档中显示动态数据，那么每当数据改变时将花费大量的时间来编辑 HTML。通过 XML，数据能够存储在独立的 XML 文件中。这样就可以专注于使用 HTML 进行布局和显示，并确保修改底层数据不再需要对 HTML 进行任何的改变。通过使用几行 JavaScript，就可以读取一个外部 XML 文件，然后更新 HTML 中的数据内容。XML 可以简化数据传输。通过 XML，可以在不兼容的系统之间轻松地交换数据。对开发人员来说一项最费时的挑战，是在因特网上的不兼容系统之间交换数据。由于可以通过各种不兼容的应用程序来读取数据，以 XML 交换数据降低了这种复杂性。XML 简化了平台的变更。升级到新的系统（硬件或软件平台）总是非常费时的，必须转换大量的数据，不兼容的数据经常会丢失。XML 数据以文本格式存储，这使得 XML 在不损失数据的情况下，更容易扩展或升级到新的操作系统、新应用程序或新的浏览器。

11．服务器脚本技术和使用 SQL 管理数据

ASP（Active Server Pages）和 PHP 等，都是用于创建动态交互性站点的强有力的服务器端脚本语言。这些脚本代码只能在服务器端执行，无法在浏览器中查看 ASP 或 PHP 的代码，只能看到由它们输出的纯粹 HTML 代码。这样的脚本程序主要用于动态地编辑、改变或者添加页面的任何内容；对由用户从 HTML 表单提交的查询或者数据作出响应；访问数据或者数据库，并向浏览器返回结果；为不同的用户定制网页，提高这些页面的可用性等。

SQL 指结构化查询语言，是用于访问和处理数据库的标准的计算机语言。使用 SQL 能够访问和处理数据库系统中的数据，这类数据库包括 Oracle、Sybase、SQL Server、DB2、Access 等。使用它可面向数据库执行查询；可从数据库取回数据；可在数据库中插入新的记录；可更新数据库中的数据；可从数据库删除记录；可创建新数据库；可在数据库中创建新表；可在数据库中创建存储过程；可在数据库中创建视图；可设置表、存储过程和视图的权限等。在进行网站后台数据处理时，结合 ASP 或 PHP 的脚本程序，就可以使复杂的数据信息得到计算、控制，并在网页上显示出来提供给用户。

1.1.2　任务：网站剖析

1．连接网站

连接互联网，访问几个典型网站，并对其进行剖析，深入了解网站的内容和结构特点。这里对"雅虎中国"网站进行剖析，作为示例供大家参考。

在浏览器中输入"雅虎中国"网址：http://cn.yahoo.com，进入网站主页，如图 1.1 所示。

2．任务描述

剖析一个网站，主要在于分析清楚该网站的目标定位、主题、网站功能、整体风格，以及网站的内容安排和栏目结构。

图 1.1　雅虎中国网站主页

3．分析思路

分析一个网站，首先应从主题着手，网站的主题是什么，具备哪些功能，它的用户群有哪些，总体风格有何特点；再进一步分析网站包括哪些信息内容，这些信息内容是如何组织分类的，形成了哪些栏目结构；再进一步观察其页面的布局形式，信息内容采用了哪些表现形式。这样，由点到面，一步步逐层深入，才能真正地详细了解一个网站。

4．要点

剖析网站，并非只是简单地浏览一下网页，走马观花，应该带着问题以专业制作人员的角度去访问网页。Internet 上的网站数量，可以说是飞速增长，非常庞大。按照其功能可以分成几大类型：门户网站、电子商务类网站、媒体信息服务类网站、办公事务管理网站、搜索网站等。不同类型网站的主题、风格、结构和形式各具特点。因此在剖析网站时，首先要注意它的类型与特点。

1.1.3　任务实现

（1）连接互联网，访问几个熟悉的网站。

（2）思考并理解以下问题：

- ◆　什么是 Internet？
- ◆　互联网有哪些方面的应用？
- ◆　网站与网页及其关系？

（3）讨论与分析各网站的主题、类型、定位；各网站的功能；网站的整体风格特点；网站信息内容；分析导航条，归纳网站栏目结构。

（4）编写分析文档。

对雅虎网站的剖析结果可参考表 1.1。

表 1.1　雅虎网站剖析结果参考

网站名称	雅虎中国
主题	大型门户搜索网站，拥有最全面的互联网服务
功能	给网民提供多元化的网络服务。拥有三大核心业务功能：第一个是电子邮件；第二个是搜索；第三个是社区，提供生活服务引擎。 是以全网搜索为基础，为生活服务消费者营造的一个海量、方便、可信的生活服务平台
用户群	亿万中文用户
总体风格	整洁、简单、色彩较少，以突出功能为主
信息内容	电子邮箱 焦点新闻、热门事件 音乐 图片 知识堂 论坛 搜索热点 家庭服务信息 租房买房信息 餐饮美食信息 休闲娱乐信息 工作教育信息 旅游票务信息 健康保健信息 交友聚会信息 商务服务信息 购物打折信息
栏目结构	

剖析他人的网站，主要是为了更好地规划、设计出自己的网站而积累经验。关键是要多访问不同类型的网站，多看、多想，总结归纳不同网站的结构特点。

通过学习他人网站，对于掌握网站设计知识是一种快速有效的方式。在此任务中，学生通过浏览不同类型的几个常用典型网站，带着问题有针对性地去分析网站，学习网站设计知识，在学习小组中一起讨论交流，相互启发，收获更大。

1.2　网站策划设计

网站策划和设计工作是开发网站的基础，网站建设得成功与否，与其前期规划有着密不可分的关系。规划网站就像建筑师设计一栋大楼一样，先在图纸上设计好，才能开始动工，最终建成一座漂亮大楼。

关键知识点	能力要求
网站组织与内容设计； 网站结构规划和导航	正确定位网站功能与风格； 规划网站内容组织； 确定网站栏目结构； 编写简单技术文档

1.2.1　任务：策划一个自己待建主题网站

1．引言

在 1.1.2 节的任务中，我们从网站定位、功能、风格特点、信息内容、栏目结构等几方面对著名网站进行了剖析。借鉴分析结果，现在规划和设计一个自己待建网站，也就是要思考与确定上述几个方面的内容。

2．任务描述

网站规划主要包含以下内容：网站的主题和定位，网站的信息内容，网站的结构，网站的风格。只有在制作网页之前把这些方面都考虑到了，才能在制作时驾轻就熟，胸有成竹。也只有如此，制作完成的网页才能更完善，并具有吸引力。

3．设计思路

和剖析网站的过程类似，规划和设计一个网站，必须先确定网站的主题和风格，再规划信息内容，确定栏目和版块，进一步确定网站的目录结构和链接结构。

4．规划要点

在设计网站之前，首先必须明确定义所策划网站的目标。也就是要明确网站要展示什么主题？它的客户服务群体有哪些？到底想让浏览者在你的网站上找什么？想让浏览者做什么具体事情，就是你的网站目标。不同的网站目标，在网站设计、内容、栏目安排上都需要有不同的处理。整个网站设计都应该围绕网站的主题目标来进行。

网站内容需要依据网站的目标来选取，内容是一个网站最有价值的部分，用户访问网站的目的就是希望获取有价值的、丰富的、准确的内容。

接下来，根据网站要达到的目标和内容来确定网站的功能。比如，建立一个企业网站，就要考虑是否需要 Flash 引导页、问卷调查、在线支付、信息搜索查询、流量统计功能等。

1.2.2　任务实现

（1）确定你自己待建网站的主题、目标和网站用户。

（2）确定网站信息内容。

（3）确定网站功能。

（4）设计网站栏目结构。

（5）确定网站风格特色。

（6）编写技术文档。

1.2.3　知识补充：网站策划与页面设计

浏览者要在网站上寻找到感兴趣的信息内容，使用网站服务功能等，最重要的途径就是通过站点的栏目导航系统。这就需要组织好网站的信息内容，有效地设计栏目结构，以保证用户能够用最快速度找到所需信息和服务。网站导航要注意清晰、统一、方便，并且导航深度不超过三级。

在网站风格的确定上，要注意面向其用户群和行业。比如，面向青少年的网站，要以轻松、时尚动感为特点，而如果是生物企业的网站，往往以清新、绿色、自然为特点。

1．网站主题的确定与内容组织

首先应从整体上对网站建设进行策划，这是一个网站的立足之本，要想让你所设计的网站得到广泛认可，被大多数人接受，并具有鲜明的特色，就必须在前期的策划上多下工夫。首先，明确自身定位，具体内容包括：网站用户定位，功能定位，网站自身特色的定位。这样才能开始有效地收集各种丰富的素材和资料，在具体网页设计制作中围绕具体定位来开展工作，使网页设计得更有针对性。只有这样做才能够达到网站的建站目的。

影响网站成功的因素很多，主要有网站内容结构的合理性、直观性，多媒体信息的实效性，信息链接的方便性等。

成功的网站，最大因素在于让用户感到网站对他们非常有用。因此，网站内容设计对于网站建设至关重要，在网站内容的组织上应该注重以下几点：

（1）吸引用户的关键，在于网站内容组织的总体结构要层次分明。尽量避免使用复杂的网状结构，这种结构既不利于用户查找感兴趣的内容，而且也会对今后的网站维护与更新带来麻烦。

（2）文字信息可提供较快的浏览速度，而图像、声音和视频信息虽然比普通文字能够提供更丰富和更直观的信息，并产生强大的吸引力，但会影响信息连接的速度。因此，多媒体信息的使用要适中，尽量减少文件数据量和大小。

（3）网站主页至关重要，内容的适用性和组织的合理性会给用户以深刻的第一印象。好的第一印象能够吸引用户继续浏览或再次光临这个网站。

（4）网站内容应是动态的，随时进行修改和更新，以使网站信息时刻满足用户的需要。在主页上注明更新日期及 URL 对于经常访问的用户非常有用。

（5）网页中应该提供一些辅助功能。比如输入查询关键字就可以提供相关信息，甚至列出常用的关键字供选择。千万不能让用户不知所措。

（6）网页中的文本内容应简明、通俗、易懂。所有内容都要针对设计目标而定。文字使用要正确。

2．网站结构规划和导航

网站结构规划要合理，信息导航要清晰、容易查找和辨认。网站中所有超链接标识应清晰无误地为用户标识出来，以便区别于普通文字或图片。所有导航用途的设置，像图像按钮链接，都要有清晰的标识，让人清楚明白，千万别光顾视觉效果的热闹，而让用户难以找到东西南北。

文字链接标识，其颜色最好采用约定俗成的规范：未访问的呈蓝色；访问过的呈紫色或栗色。如果你一定要追求别出心裁，文字链接最好以什么方式加以突出。比如文字加粗体、加大号、侧加竖标、或者兼用。总之，文本链接一定要和页面的其他文字有所区分，以给用户清晰的导向。

实例 Yahoo 网站的结构规划和导航，如图 1.2 所示。

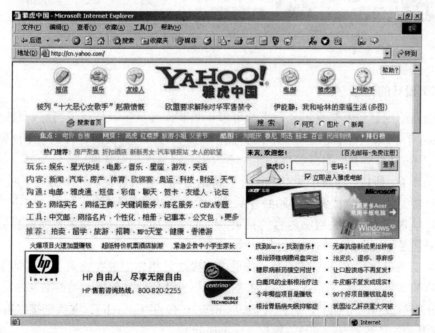

图 1.2　Yahoo 网站信息结构示图

上面的导航标记，既有图案标记又有文字热区。如短信、娱乐、友缘人、电邮、雅虎通和上网助手。鼠标指向时指针变成手形。

接下来是一行热点链接。如焦点、网页、酷图。热门推荐栏目等都使用文字热区，即鼠标指向时指针变成手形，热区文字改变颜色且带有下划线。

而图片广告，有静态，有动态，其标记为当鼠标指向时指针变成手形，单击可以链接到相应网站或网页，如图 1.3 所示。

图 1.3　网站链接

3．网页设计的构思

在完成网站规划与资料收集之后，就可以正式制作网页了。俗话说得好，良好的开端是成功的一半。在网站设计上也是如此，网页设计从首页开始，首页的设计是一个网站成功与否的关键。人们往往看到第一页就能够决定是否吸引自己继续浏览该网站，一个网站的好与不好就看首页设计了。所以，首页的设计和制作要特别重视和精心雕刻。网站由若干网页构成，网页之间是有若干关联的。要做好网站必须从第一个网页的设计开始。

首页，从根本上说就是网站内容的目录，是一个索引。但只是简单地将内容以目录形式罗列出来显然是不可取的，如何设计好一个首页呢？

一般主要考虑确定首页内容模块。首页内容模块是指你需要在首页上实现的主要内容和功能。通常的站点（参考 Yahoo 网站）都需要如下一些模块，包括：网站名称（logo）、广告条（banner）、主菜单（menu）、新闻（what's new）、搜索（search）、友情链接（links）、邮件列表（maillist）、计数器（count）、版权（copyright）。

在具体开发中，选用哪些模块，是否需要添加其他模块，都是进行首页设计时首先需要确定的问题。

4．设计首页的版面

在功能模块确定后，开始设计首页的版面。就像搭积木，每个模块是一个单位积木，如何拼搭出一座漂亮的房子，就看你的创意和想象力了。设计版面的最好方法是，先用草图勾勒出几个自己创意出来的版面，经过反复修改与比较，选出其一作为方案，然后再用网页制作软件实现。

首页设计，是整个网站设计的难点和关键，网页设计人员在开发实践中总结出一些较为合理易学的设计方法，让初学者能够较为轻松地完成设计制作。这些内容包括下面几个方面：

（1）版面布局

通常情况下版面布局设计应该考虑如下一些问题。

草案。新建页面就像一张白纸，没有任何表格、框架和约定俗成的东西，它让人尽可能发挥想象力，将头脑中的构思美景描绘出来。这属于创意设计阶段，不讲究细腻工整，不必考虑细节功能，只使用简单的线条勾画出创意的轮廓即可。尽可能按照不同构思多画几张，以便从其中选定一个满意设计作为继续创作的方案。

设计注意事项。必须遵循突出重点、平衡谐调的原则，将网站标志、主菜单等最重要的模块放在最显眼和最突出的位置，然后考虑次要模块的排放。在布局过程中应该遵循的一般原则包括：

- ◆ 画面正常平衡，亦称匀称。指左右、上下对照对比能达到均衡的效果。
- ◆ 异常平衡，即非对照形式。让画面布局能达到强调特别信息，引起用户高度关注的效果。
- ◆ 对比。利用色彩、色调等技巧来表现。
- ◆ 尽量用图片做解说。对不能用语言说明、或用语言难以表达的信息，特别适合图片解说，可以传达给用户更多的心理因素。

（2）技巧

在设计中还有很多技巧，包括：网页的白色背景太虚，则可以加些色块；版面不紧凑，可以用线条和符号串联；左面文字过多，右面则可以插一张图片保持平衡；表格太规矩，可以改用导角；加强视觉效果；加强文字的可视度和可读性；统一感的视觉效果；新鲜和个性是布局的最高境界。

经过不断的尝试和经验的积累，制作的网页才会越来越吸引人们的兴趣。

5．网页色彩的搭配

网页色彩，是树立网站形象的关键之一，但色彩搭配却是设计者感到有挑战性的问题。网页的背景、文字、图标、边框、超链接等，应该采用什么样的色彩，应该搭配什么色彩才能最好地表达出预想的内涵。

（1）各种色彩的视觉效果

这里需要学习一些色彩基本知识。颜色是因为光的折射而产生的。红、绿、蓝是三原色，其他的色彩都可以用这三种色彩调和而成。颜色分非彩色和真彩色两类，非彩色是指黑、白、灰系统色，真彩色是指所有色彩。

网页画面用彩色还是非彩色？研究表明，彩色的记忆效果是黑白的 3.5 倍。也就是说，在一般情况下，彩色页面较完全黑白的页面更加吸引人。主要文字内容用非彩色，边框、背景、图片用彩色，可以使页面整体不单调，看主要内容也不会眼花。黑白是最基本和最简单的搭配，白字黑底，黑底白字都非常清晰明了。灰色是万能色，可以和任何彩色搭配，也可以帮助两种对立的色彩和谐过渡。如果你实在找不出合适的色彩，那用灰色也试试。

彩色的搭配使色彩千变万化。不同的颜色会给用户不同的心理感受。

◆ 红色，是一种激奋的色彩，具有刺激效果，能使人产生冲动、愤怒、热情、活力的感觉。

◆ 绿色，介于冷暖两种色彩的中间。具有和睦、宁静、健康、安全的感觉效果。它和金黄，淡白搭配，可以产生优雅、舒适的气氛。

◆ 橙色，也是一种激奋的色彩。具有轻快、欢欣、热烈、温馨、时尚的效果。

◆ 黄色，具有快乐、希望、智慧和轻快的个性，它的明度最高。

◆ 蓝色，是最具凉爽、清新、专业的色彩。它和白色混合，能体现柔顺、淡雅、浪漫的气氛。

◆ 白色，具有洁白、明快、纯真、清洁的感受。

◆ 黑色，具有深沉、神秘、寂静、悲哀、压抑的感受。

◆ 灰色，具有中庸、平凡、温和、谦让、中立和高雅的感觉。

每种色彩在饱和度、透明度上略微变化就会产生不同的感觉。

（2）网页中色彩搭配的因素

一般来讲，网页设计中要注意各种色彩运用的特性。①色彩的鲜明性，网页的色彩要鲜艳，容易引人注目。②色彩的独特性，有与众不同的色彩，使得大家对你的网页印象深刻。③色彩的合适性，就是说色彩和你表达的内容气氛相适合。如用粉色体现女性站点的柔性。④色彩的联想性，不同色彩会产生不同的联想，蓝色想到天空，黑色想到黑夜，红色想到喜事等，选择色彩要和网页的内涵相关联。

网页色彩搭配的问题，涉及到种种因素，但有一些一般的经验仅供参考。

◆ 网站为一种主色，配 2 种或 3 种颜色作为设计用色。一般先选定一种色彩，然后调整透明度或者饱和度，产生新的色彩用于网页。这样的页面看起来色彩统一，有层次感。

◆ 用两种色彩。先选定一种色彩，然后选择它的对比色（在 Photoshop 中按快捷键 Ctrl+Shift+I）。这样搭配的页面色彩丰富但不花俏。

◆ 用一个色系。用一个具有相同感觉的色彩，例如淡蓝、淡黄、淡绿或者土黄、土灰、土蓝。

◆ 用黑色和一种彩色。比如大红的字体配黑色的边框感觉很"跳"。

6．页面内容设计

页面内容设计是要传达一定的意图和要求，在页面环境中为人们所理解和接受。因此，页面设计时要注意画面内容的简洁性、一致性、好的对比度。

（1）画面内容的整体视觉效果

1）简洁性，是指页面设计以满足用户的需求为目标，页面内容好比一幅图画，要求单纯、清晰和精确。对人记忆能力的研究发现，大脑一次最多可记忆 5～7 条模块信息，因而如果希望用户在看到页面后能留下深刻印象，最好用一个简单的关键词语或图像吸引他们的注意力。

保持简洁性，常用做法是使用醒目的标题，并采用图片来表示，但图片同样要求简洁。另一种保持简洁的做法是，限制所用的字体和颜色的数目。一般每页使用的字体不超过三种，一个页面中使用的颜色尽量得少。页面上所有的元素都应当有明确的含义和用途，不要试图用无关的图片把页面装点起来让别人难以明白到底要突出表达什么内容、主题和意念。

2）一致性，是保持独特风格的重要手段之一。要保持一致性，需从页面的排版着手，各个页面使用相同的页边距，文本、图片之间保持相同的间距；主要图片、标题或符号旁边留下相同的空白；如果在第一页的顶部放置了公司标志，那么在其他各页面都要放上这一标志；如果使用图标导航，则各个页面应当使用相同的图标。除此之外，一致性还包括：页面中的每个元素与整个页面以及站点的色彩和风格的一致性，所有的图标都应当运用相同的设计风格。

另一个保持一致性的办法是字体和颜色的使用。文字的颜色要同图标的颜色保持一致并注意色彩搭配的和谐。一个站点通常只使用1～2种标准色，为了保持颜色上的一致性，标准色要一致或相近。比如，站点的主题色彩如果为红色，可能就需要将超链接的色彩也改为红色。

3）对比度，使用对比是突出强调某些内容的最有效的办法之一。掌握好对比度能够使内容更易于辨认和接受。实现对比的方法很多，最常用的方法是使用颜色的对比。比如，内容提要和正文使用不同颜色的字体，内容提要使用蓝色，而正文采用黑色；也可以使用大的标题，即采用面积上的对比；还可以使用图像突显对比，如用题头图案明确地向用户传达本页的主题。这里同样需要注意链接的色彩设定，在设计页面时常常会只注意到未被访问的链接的色彩，而容易忽视访问过的链接色彩会使得链接的文字难以辨认。

还有一种实现对比的方法是使用字体变化。在文字排版中，可以使用斜体和黑体实出关键内容，但是注意不要滥用，否则就达不到应有的强调效果。使用对比的关键是强调突出关键内容，以吸引注意力并发掘更深层次的内容。

（2）页面内容编排

页面内容设计，包罗万象、版式丰富多彩。但无论怎样变化，好的站点总是有许多共同之处，涉及到的因素很多。包括：精心组织的内容；格式美观的正文；和谐的色彩搭配；较好的对比度，使得文字具有较强的可读性；生动的背景图案；页面元素大小适中，布局匀称；不同元素之间留有足够空白，给人视觉上休息的机会；各元素之间保持平衡。

总的来说，评价一个页面设计的好坏基本上要考虑以下几个方面：

组织内容。所发布的信息必须经过精心组织，比如说按逻辑、按时间顺序或按地理位置等进行组织，信息展示应当易于理解。

在页面上编排文本、图片等内容，目的是引导用户有效地在页内浏览。我们应该合理地控制页面上元素的放置顺序和它们相互之间的空隙。比如，可以把与文字信息相关的图片放在段落旁边或嵌入段落中，但不要把与内容无关的图放在段落边上，以免引起用户的误解。尽量把相关的内容放在一起，而把不相关的内容用空白、水平线或其他图分隔开来。

由于人们的阅读材料习惯于按从左到右、从上到下的顺序进行，因此用户视点首先聚焦到页面的左上角，然后逐渐往下看。按照这一习惯，在组织内容时可以把希望用户最先看到的内容放在页面的左上角和页面顶部，如公司的 Logo、最新消息以及其他一些重要信息；然后按重要性递减的顺序，自上而下来放置其他一些内容。在段落中不宜放入过多的链接，否则会引起用户浏览上的混乱，最好的办法是按逻辑关系进行放置，而不是随便乱放。如果可能的话，应该把链接放在一些相关的说明性文字旁边。比如，一列放置文本，另一列放置链接。这样就可以提示用户去注意这些链接。

此外，页面设计时还要考虑多媒体信息的综合利用，以使网页信息更加丰富多彩。

要想设计一个得到认可的网站，需要不断地积累经验。对于初学者，可以先模仿他人网站的设计，参考和借鉴一些已有网站的设计和做法，然后用到自己的网站。

在规划设计网站时，一定要注意主题明确，网站内容要紧扣主题，内容要精炼。划分栏目时，尽可能将网站最有价值的内容列在栏目上，尽可能删除与主题无关的栏目。要从访问者的角度来编排栏目，方便访问者的浏览和查询。

1.3   使用 Dreamweaver 创建网站站点

Dreamweaver 是当前最为流行的网页设计和网站开发工具软件，它既可以用于创建静态和动态网站页面，同时还具有网站管理的功能。在本项任务中使用 Dreamweaver 来创建一个本地站点。

关键知识点	能力要求
Dreamweaver 软件及功能； 网站的基本属性	熟练操作 Dreamweaver 软件； 熟练使用 Dreamweaver 创建本地站点； 正确设置站点初始属性和管理站点

1.3.1   任务：创建与维护待建网站站点

1．任务描述

在本项任务中，首先启动进入 Dreamweaver 软件，使用并熟悉其工作环境和基本操作。再使用 Dreamweaver 站点定义向导工具，创建一个本地站点，要求正确设置站点的各项参数，管理网站的文件和文件夹。

2．创建思路

Dreamweaver 的站点定义向导工具，提供了一个创建站点的完整流程，只需按照该向导指引的步骤完成各项参数设置工作即可。

3．技术要点

（1）Dreamweaver 软件介绍。Dreamweaver 的标准工作界面包括标题栏、菜单栏、插入栏、文档工具栏、文档窗口、状态栏、属性面板和浮动面板组，如图 1.4 所示。

（2）Dreamweaver 的菜单栏中包含文件、编辑、查看、插入记录、修改、文本、命令、站点、窗口以及帮助 10 个菜单项。单击每个菜单项都会弹出一个下拉菜单，其中每个菜单项又包含若干个命令。和其他软件一样，Dreamweaver 的所有操作命令都可以从菜单中找到。

文件：用来管理文件。例如新建，打开，保存，另存为，导入，输出打印等。

插入栏　　　标题栏　　　菜单栏　　文档工具栏　　　　　　　　　浮动面板组

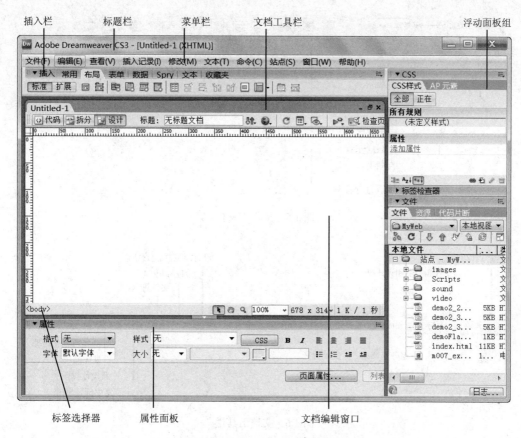

标签选择器　　　属性面板　　　　　　文档编辑窗口

图 1.4　Dreamweaver 工作界面

编辑：用来编辑文本。例如剪切，复制，粘贴，查找，替换和参数设置等。

查看：用来切换视图模式以及显示、隐藏标尺、网格线等辅助视图功能。

插入记录：用来插入各种元素，例如图片，多媒体组件，表格，框架及超链接等。

修改：具有对页面元素修改的功能，例如在表格中插入表格，拆分、合并单元格，对齐对象等。

文本：用来对文本操作，例如设置文本格式等。

命令：所有的附加命令项。

站点：用来创建和管理站点。

窗口：用来显示和隐藏控制面板以及切换文档窗口。

帮助：联机帮助功能。例如按下 F1 键，就会打开电子帮助文本。

（3）Dreamweaver 的插入工具栏，是否显示可以通过单击菜单栏中【窗口】→【插入】命令进行控制，该工具栏包含用于创建和插入对象（如表格、层和图像）的按钮。主要用于在网页中插入各种类型的网页元素，如链接、图像、表格和媒体等，如图 1.5 所示。单击 常用 ▼ 按钮，在弹出的下拉菜单中可以选择要插入的网页元素的类型。

（4）Dreamweaver 的文档工具栏如图 1.6 所示，主要用于切换编辑区视图模式、设置网页标题、进行标签验证以及在浏览器中浏览网页等：

代码 按钮：显示代码视图，以便在编辑窗口中直接输入 HTML 代码。

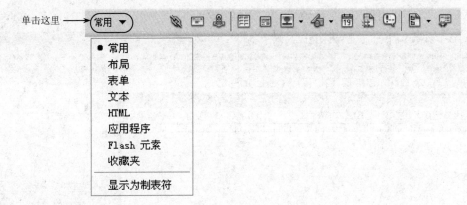

图 1.5 插入工具栏

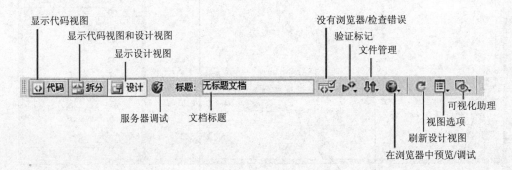

图 1.6 文档工具栏

按钮：显示代码视图和设计视图，以便在同一窗口中同时进行代码和页面设计。

按钮：显示设计视图，以便在编辑窗口中进行页面设计。

"标题"文本框：用于定义网页在浏览器上标题栏内显示的标题。

按钮：用于对网页进行浏览器错误检查。

按钮：用于对网页中的标签进行验证。

按钮：用于对站点中的文件进行管理。

按钮：在浏览器中预览和调试网页。

按钮：刷新设计视图。

按钮：用于隐藏或显示文件中的内容、标尺、网格和辅助线等对象。

按钮：用于隐藏或显示层外框、表格宽度、表格边框和框架边框等可视化助理对象。

4．定义网站本地站点文件夹

在 Dreamweaver 中，站点一词既表示 Web 站点，又表示属于 Web 站点文件的本地存储位置。在开始构建 Web 站点之前，需要建立站点文件的本地存储位置。Dreamweaver 站点可以组织 Web 站点相关的所有文件，跟踪和维护链接，管理文件，共享文件以及将站点文件传输到 Web 服务器。本地站点文件夹是我们的工作目录，通常是硬盘上的一个文件夹，如果没有请创建，例如：F:\myweb。Dreamweaver 将此文件夹称为本地站点。

然后，使用"站点定义向导"设置 Dreamweaver 站点，它会引领完成整个设置过程。

1.3.2 任务实现

1．启动 Dreamweaver 软件

进入工作环境，观察用户界面，切换到文档窗口视图，使用菜单、工具栏、属性面板，熟悉 Dreamweaver 的工作环境。

2．进入站点定义向导

（1）执行菜单栏中【站点】→【新建站点】命令，如图 1.7 所示。

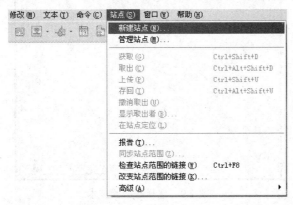

图 1.7 执行菜单命令

（2）弹出"站点定义"向导对话框，如图 1.8 所示。在站点定义文本框中输入待创建的站点的名称。注意：为网站取一个有意义的名字，并且最好不要使用中文和特殊字符。单击"下一步"按钮。

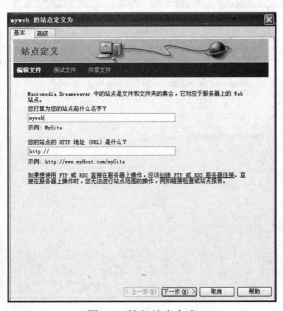

图 1.8 输入站点名字

（3）选择是否要使用服务器技术。出现"站点定义"向导的下一个界面，询问是否要使用服务器技术，如图 1.9 所示。如果将要建立的网站不需要采用数据库技术，是静态站点，没有动态页的话，则选择"否"单选按钮，否则选择"是"单选按钮。在此，本任务中选择"否"。单击"下一步"按钮。

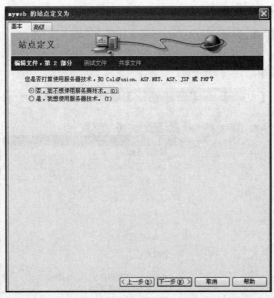

图 1.9　选择服务器技术

（4）指定在计算机中存储网站文件的位置。在出现的向导新界面内，选择要如何使用文件以及在计算机中存储文件的位置，如图 1.10 所示。本任务选择"编辑我的计算机上的本地副本，完成后再上传到服务器（推荐）"单选按钮。

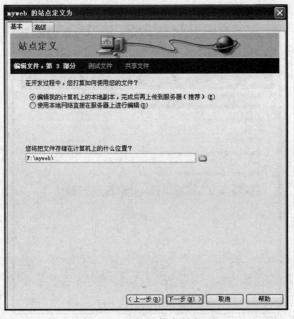

图 1.10　选择文件存储位置

　　在站点开发过程中有多种处理文件的方式，建议网页制作初学者选择此选项。如果在计算机中存储文件的位置中输入"F:\myweb\"，即表示站点的网页将保存在本地计算机的 F:\myweb 文件夹下（请自己创建保存网站文件的根目录文件夹）。

　　（5）单击"下一步"按钮，出现向导的下一个界面，选择如何连接到远程服务器，如图 1.11 所示。从下拉列表中选择"无"，表示先不连接到远程服务器，就在本地制作测试。

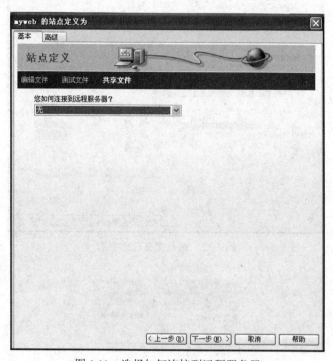

图 1.11　选择如何连接到远程服务器

　　（6）单击"下一步"按钮，出现该向导的总结界面，显示站点的设置概要，如图 1.12 所示。

　　（7）单击"完成"按钮，随即进入 Dreamweaver 工作界面。在文件面板中显示出了刚刚新建的站点的名称和本地存储位置，如图 1.13 所示。现在，已经新建了一个站点，定义了站点的本地根文件夹，下一步，就可以开始制作网页了。

3．管理文件和文件夹

　　（1）Dreamweaver 的文件面板，可以帮助用户管理文件并在本地和远程服务器之间传输文件。当在本地和远程站点之间传输文件时，会在这两种站点之间维持平行的文件和文件夹结构。在两个站点之间传输文件时，如果站点中不存在相应的文件夹，则 Dreamweaver 将创建这些文件夹。也可以在本地和远程站点之间同步文件，Dreamweaver 会根据需要在两个方向上复制文件，并且在适当的情况下删除不需要的文件。

　　（2）在文件面板中可以查看文件和文件夹（无论这些文件和文件夹是否与 Dreamweaver 站点相关联），以及执行标准文件维护操作（如打开和移动文件）。注：以前的 Dreamweaver 版本中，文件面板也称为站点面板。

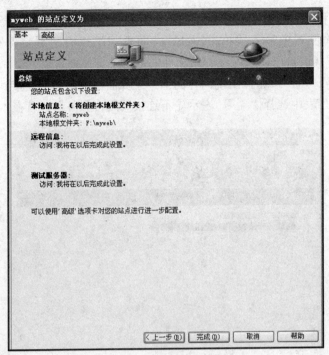

图 1.12　站点定义总结界面

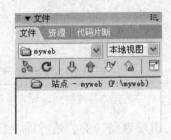

图 1.13　文件面板

（3）可以根据需要移动文件面板，并为该面板设置首选参数。

（4）可以打开文件，更改文件名，添加、移动或删除文件，或者在进行更改后刷新文件面板。对于 Dreamweaver 站点，还可以确定哪些文件（本地站点或远程站点上）在上次传输后进行了更新。

4．在站点中查找最近修改的文件

（1）在折叠的文件面板中，单击右上角的选项菜单，然后在弹出的下拉菜单中选择【编辑】→【选择最近修改日期】命令，将显示修改日期对话框，如图 1.14 所示。

（2）选择其中一种来指定要报告的搜索日期。若选"创建或修改文件于最近"，然后在框中输入一个数字；若选"在此期间创建或修改的文件"，然后指定一个日期范围。在"修改者"文本框中输入用户名，将搜索限制到指定日期范围内由特定用户修改的文件。

（3）单击"确定"按钮，Dreamweaver 将在文件面板中高亮显示在指定时间段内修改的文件，如图 1.15 所示。

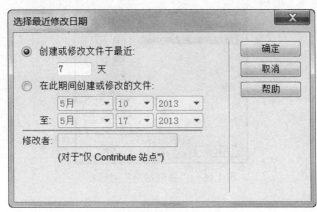

图 1.14　修改日期对话框

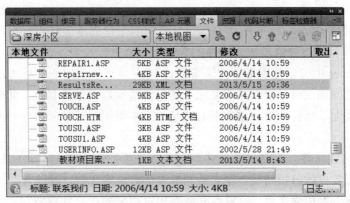

图 1.15　指定修改日期内文件

5．标识和删除未使用的文件

（1）选择菜单栏中【站点】→【检查站点范围的链接】命令，Dreamweaver 检查站点中的所有链接，并在结果面板中显示断开的链接。接着在面板上显示项中选择"孤立的文件"，将显示没有入站链接的所有文件，这意味着站点中那些没有链接到这些文件的文件。

（2）选择要删除的文件，将其删除。

重要说明：尽管站点中没有其他文件引用列出的文件，但列出的某些文件可能链接到了其他文件。因此，删除这些文件时要谨慎。

6．站点管理

利用 Dreamweaver 向导工具创建站点，完成站点创建以后，使用过程中还要经常对其进行管理。执行菜单栏【站点】→【管理站点】命令，进入"管理站点"对话框，如图 1.16 所示，在此可以完成编辑修改站点参数，进行复制、删除、导入、导出等站点管理工作。

至此，一个网站站点建成，它由一组具有相关主题的网页文件和资源组成。这些文件都保存在一个总文件夹下，构成一个完整的 Web 站点。这个文件夹也就是站点的根目录。当然，所定义站点在使用过程中还需更好地对站点文件进行管理，以减少一些错误的出现。

图 1.16　"管理站点"对话框

1.3.3　知识补充：Web 网站与维护

本任务是使用 Dreamweaver 的"站点定义"向导来建立本地站点。按照步骤操作，依次设置各项属性即可完成，关键是掌握属性的含义，正确进行设置。

在 Dreamweaver 中可以使用多种方法来创建 Web 站点。常用的一种方法是规划和设置站点，确定将在哪里发布文件，检查站点要求、访问者情况以及站点目标。此外，还应考虑诸如用户访问以及浏览器、插件和下载限制等技术要求。在组织好信息并确定结构后，就可以开始创建站点。

组织和管理站点文件。在文件面板中可以方便地添加、删除和重命名站点内的文件及文件夹，以便根据需要更改组织结构。在文件面板中还有许多工具，可以考虑使用它们来管理站点，向或从远程服务器传输文件，设置存回或取出过程来防止文件被覆盖，以及同步本地和远程站点上的文件。使用资源面板可方便地组织站点中的资源，然后可以将大多数资源直接从资源面板拖到 Dreamweaver 文档中。还可以使用 Dreamweaver 来管理 Adobe Contribute 站点的各个方面。

向页面添加内容的同时，通常要向网站内添加资源。相关设计元素包括：图像、鼠标经过图像、图像地图、影片、声音等，为了有序地存储它们，通常在网站下定义不同的文件夹。最后，Dreamweaver 还提供了工具来最大限度地提高 Web 站点的性能，并测试页面以确保能够兼容不同的 Web 浏览器。

针对动态内容设置 Web 应用程序。许多 Web 站点都包含了动态页，动态页使访问者能够查看存储在数据库中的信息，并且一般会允许某些访问者在数据库中添加新信息或编辑信息。若要创建动态页，必须先设置 Web 服务器和应用程序服务器，创建或修改 Dreamweaver 站点，然后连接到数据库。

创建动态页。在 Dreamweaver 中可以定义动态内容的多种来源，其中包括从数据库提取的记录集、表单参数和 JavaBeans 组件。若要在页面上添加动态内容，只需将该内容拖动到页面上即可。可以通过设置页面来同时显示一个记录或多个记录，显示多页记录，添加用于在记录页之间来回移动的特殊链接，以及创建记录计数器来帮助用户跟踪记录。可以使用 Adobe ColdFusion 和 Web 服务等技术将应用程序或业务逻辑封装在一起。如果需要更多的灵活性，则可以创建自定义服务器行为和交互式表单。

测试和发布。测试页面是在整个开发周期中进行的一个持续的过程。这一工作流程的最后是在服务器上发布该站点。许多开发人员还会安排定期的维护，以确保站点保持最新并且工作正常。

Web 应用程序是一组静态和动态网页的集合。静态网页是在站点访问者请求它时不会发生更改的页。Web 服务器将该页发送到请求浏览器，而不对其进行修改。相反，动态网页在经过服务器的修改后才被发送到请求浏览器。页面内容发生更改的特性便是其称为动态的原因。

将网页放置到服务器上之前，页的每一行 HTML 代码均由设计者编写。由于 HTML 放置到服务器后不发生更改，因此这种网页称为静态页。严格来说，静态页可能不是完全静态的。例如，一个鼠标经过图像或一个 Flash 内容（swf 文件）可以使静态页活动起来。因此，本文所说的静态页是指在发送到浏览器时不进行修改的页。

当 Web 服务器接收到对静态页的请求时，服务器将读取该请求，查找该页，然后将其发送到请求浏览器。此过程示意如图 1.17 所示。

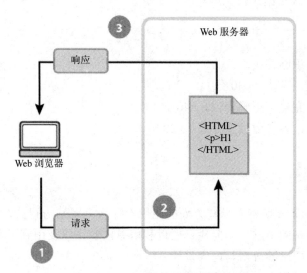

图 1.17　在浏览器上显示网页的过程

其中标示①为 Web 浏览器请求静态页面，标示②为 Web 服务器查找该页面，标示③为 Web 服务器将该页面发送到请求浏览器。

实训项目一

一、实训任务要求

1．连接互联网，访问几类常用网站，体会什么是 Internet、互联网有哪些方面的应用、什么是网站与网页。

2．分析三个有代表性的网站。

3．策划设计你自己的主题网站。

　　4. 使用 Dreamweaver 创建网站站点。

二、实训步骤和要求

　　1. 访问下面几个网站：http://www.tom.com，http://www. peopledaily .com.cn，www.sina. com.cn，通过体验，体会上网的过程、各网站的用途、网站与网页的关系。

　　2. 选择其中三个网站：http://www.baidu.com、http://appleshow.cc、http:// www.tencent.com、http://dangdang.com，进入主页，分析其主题、功能；分析导航条，归纳网站的信息内容和栏目；观察分析网站所用的信息的表现形式；观察分析网站的风格特点。

　　3. 策划一个自己要设计制作的待建网站，进行规划分析，确定网站功能定位、网站用户定位、网站特色定位、网站名称、网站规模。

　　4. 在规划分析的基础上，设计网站，编写分析设计方案。设计内容如下：该网站主要包括哪些栏目、各栏目包括哪些信息内容，以及网站的总体风格。

　　5. 使用 Dreamweaver 创建自己待建网站站点。

三、评分方法

　　1. 互联网基础知识回答正确。（10 分）

　　2. 网站剖析完整、准确。（30 分）

　　3. 站点分析设计完整、正确合理。（40 分）

　　4. 站点创建正确，各参数设置合理。（20 分）

四、实训报告

要求如下：

　　1. 什么是 Internet？互联网有哪些方面的应用？什么是网站与网页？

　　2. 描述被剖析网站的主题、功能栏、栏目和信息内容，以及用到了哪些信息表现形式。

　　3. 描述你对主题网站的分析与内容设计。

　　4. 描述创建站点过程中设置的重要属性的含义。

2

HTML5 网页设计

在进行网站设计过程中，首先涉及网页设计的标记语言 HTML 和主要构成元素：文本、图像、多媒体等属性及其设置。要求掌握网页设计中标题和正文的设置方法，熟练地插入图像、背景音乐、Flash 动画、多媒体视频并设置相应属性。目前，HTML 的最新版本是 HTML5。

在本章学习中，通过完成三个任务达到学习目标：

◆ 一个"云南怒江游记"的文字页面。

◆ 具有文字和图片混排的"云南怒江游记"页面。

◆ 一个带有文字、图片和视频的页面。

2.1 制作基本网页

文字是网页最基本的元素，也是网页的灵魂。在 Dreamweaver 软件中，文字输入可以有两种方式：直接输入；从其他文件中粘贴。完成本章任务将让你学会如何创建一个新网页并在页面排版文字，同时学习超文本标记语言 HTML5 及其用法。

关键知识点	能力要求
网页与 HTML5 标签； 在网页中输入与编辑文本； 输入空格和实现文本换行； 在网页中插入水平线和日期； 设置网页文本格式化	正确使用 HTML5 标签并在网页中输入与编辑文本； 掌握输入空格和实现文本换行方法； 学会在网页中插入水平线和日期； 掌握操作网页文本格式化方法

2.1.1 任务：一个"云南怒江游记"的文字页面

1. 设计效果

完成任务后的设计效果，如图 2.1 所示。

2．任务描述

在页面顶端显示文字：四季风景线，且靠右对齐。接着显示文字标题"云南怒江游记"。然后是 4 段文字，且每段文字首行有 2 字宽度的空格。页脚部分通过一个水平线分割，下面显示有关信息。

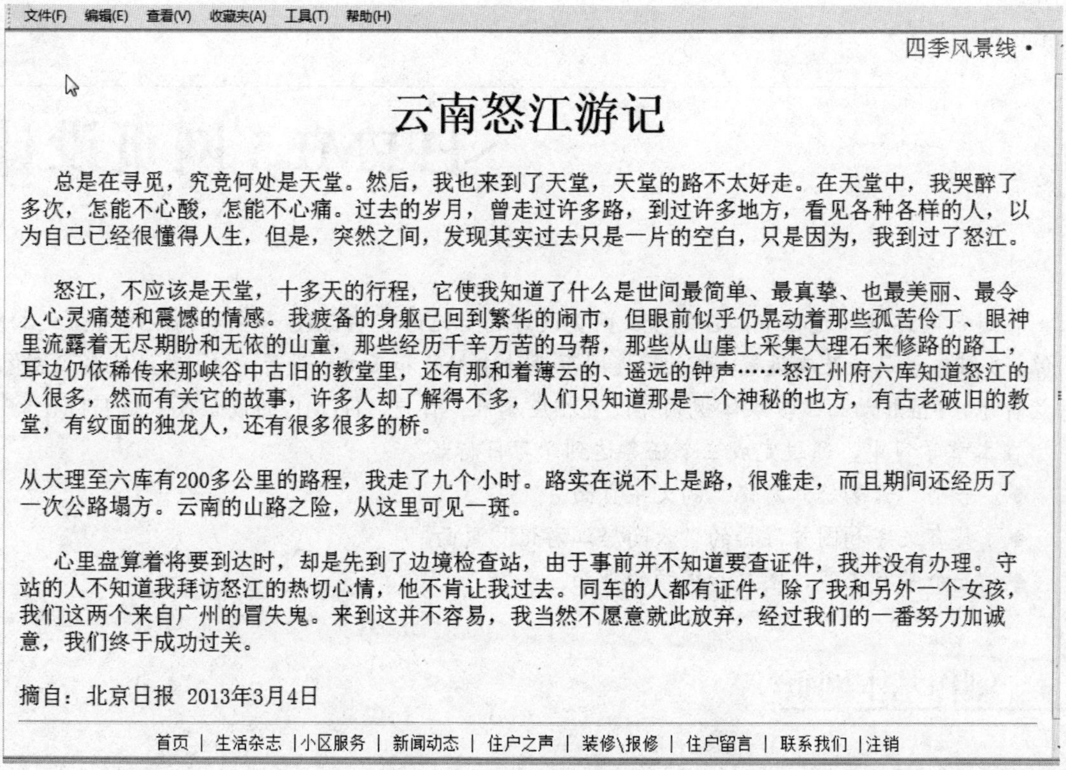

图 2.1　文字页面效果图

3．设计思路

在 Dreamweaver 软件中新建页面文件，设置页面标题；查看网页代码；然后在网页中直接输入一些文字或从其他文件中粘贴一段文字；输入空格和换行；设置文字属性以及排列方式；在页面中插入水平线和日期；并统一控制版面格式。

2.1.2　任务实现

1．新建网页

要创建一个新网页，选择菜单项【文件】→【新建】命令，或按下 Ctrl+N 快捷键，系统弹出"新建文档"对话框，如图 2.2 所示。在对话框中可以选择新建网页的类型，包括：HTML 网页、网页模板或者是 CSS、JavaScript 等。这里选择基本页 HTML，然后在"文档类型"中选择 HTML5。单击"创建"按钮，即可新建一个 HTML5 网页。

也可以从一个已有的模板中生成一个新网页，只要在"分类"选项卡中选择一个合适模板，单击"创建"按钮即可。

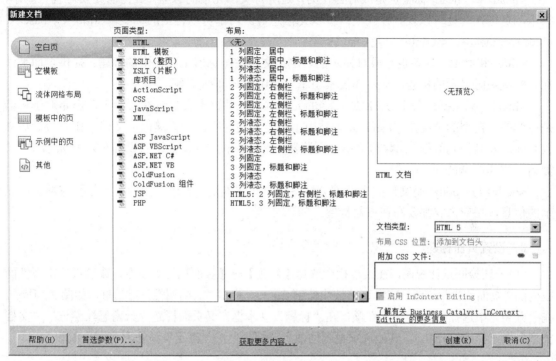

图 2.2　创建新网页文档

2. 切换视图到代码查看 HTML

单击编辑窗口中代码视图选项，将会在编辑窗口中显示如下代码，即 HTML 标签：

```
<!DOCTYPE  HTML >
<html >
<head>
<meta http-equiv="Content-Type" content="text/html; charset=utf-8" />
<title>无标题文档</title>
</head>
<body>
</body>
</html>
```

这里显示了 HTML5 代码的基本结构，分为说明、文件头和文件体三个部分。文件声明部分对这个文件进行了一些必要的定义；文件头部分和文件体部分是网页中要显示的各种信息。

其中<!DOCTYPE> 不是 HTML 标签，它为浏览器提供一项信息（声明），即 HTML 是用什么版本编写的。在 HTML5 之前 Web 世界中存在许多不同的文档，只有了解文档的类型，浏览器才能正确地显示文档。HTML 也有多个不同的版本，只有完全明白页面中使用的确切的 HTML 版本，浏览器才能完全正确地显示出 HTML 页面。这就是 <!DOCTYPE>的用处。

  <html>和</html>是页面代码标签，是必须成对出现的标识部分。

  <head>和</head>标签也是成对存在的，是所有头部元素的容器。其内的元素可包含脚本，指示浏览器在何处可以找到样式表；提供元信息等。内部可以包括的标签：<title>、<base>、<link>、<meta>、<script> 以及 <style>等。

  <title>和</title>标签也是成对显示的，定义文档在浏览器工具栏中的标题；提供页面被添加到收藏夹时显示的标题；显示在搜索引擎结果中的页面标题等。

  <meta> 标签提供关于 HTML 文档的元数据。元数据不会显示在页面上，但是对于机器是可读的。典型的情况是，meta 元素被用于规定页面的描述、关键词、文档的作者、最后修改时间以及其他元数据。元数据可用于浏览器（如何显示内容或重新加载页面）、搜索引擎（关键词）或其他 Web 服务。

  <body>与</body>是文件的主体部分标签，中间文本是可见的。因此，凡是要在网页中显示的信息，相应内容都要写在该对标签之间。

3．设置页面标题

  （1）切换回设计视图，在菜单栏中选择【修改】→【页面属性】命令，或直接单击属性面板内的"页面属性"按钮，或者直接按快捷键 Ctrl+J，弹出"页面属性"对话框，如图 2.3 所示。在"分类"中选择"标题/编码"项，在"标题"文本框定义页面标题"云南怒江游记"，"文档类型"中选择为 HTML5。其他选项也顺便熟悉了解。单击"确定"按钮回到网页编辑窗口。

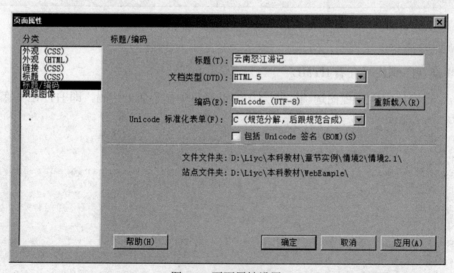

图 2.3　页面属性设置

  （2）单击"代码"选项卡，查看此时的页面 HTML 代码。其中<title>标签中内容变成：

```
<title>云南怒江游记</title>
```

   设置页面属性，包括页面标题、背景图像和颜色、文本和链接颜色以及边距等，是每个 Web 文档的基本属性。设计时可以设置或更改这些属性，并指定用于创作 Web 页面的语言的文档编码类型。还可以使用"页面属性"对话框，指定将哪种 Unicode 范式用于该编码类型。如果同时使用背景图像和背景颜色，下载图像时会出现颜色，然后图像覆盖颜色。如果背景图像包含任何透明像素，则背景颜色会透过背景图像显示出来。其中，文档类型（DTD）：指定一种文档类型定义，例如可从弹出菜单中选择 "HTML5、XHTML1.0 Transitional" 或 "XHTML1.0 Strict"，使 HTML 文档与 XHTML 兼容。文档编码：指定文档中字符所用的编码。Unicode 仅在选择 UTF-8 作为文档编码时才启用。有四种 Unicode 范式：最重要的是范式 C，因为它是用于万维网的字符模型的最常用范式。Adobe 提供其他三种 Unicode 范式作为补充。在 Unicode 中，有些字符看上去很相似，但可用不同的方法存储在文档中。例如 "ĕ"（e 变音符）可表示为单个字符 "e 变音符"，或表示为两个字符 "正常拉丁字符 e" + "组合变音符"。Unicode 组合字符是与前一个字符结合使用的字符，因此变音符会显示在 "拉丁字符 e" 的上方。这两种形式都显示为相同的印刷样式，但保存在文件中的形式却不相同。范式：是指确保可用不同形式保存的所有字符都使用相同的形式进行保存的过程。即文档中的所有 "ĕ" 字符都保存为单个 "e 变音符" 或 "e" + "组合变音符"，而不是在一个文档中采用这两种保存形式。

4．输入页面文字

在网页文档中可以像在 Word 中一样，直接输入文字。若要另起一个段落，则按回车键。如果只想换行，按 Shift+Enter 组合键。如果想输入空格，必须在中文全角状态下按下空格键，或者选择菜单栏中【插入】→【特殊字符】→【不换行空格】命令，或者按 Ctrl+Shift+空格键（Windows）/ Option+空格键（Macintosh），或者在插入栏中的文本选项中单击字符按钮并选择不换行空格命令。这里直接输入 "云南怒江游记"，然后从另一文件中粘贴如图 2.1 中所示的其余文字。此时，切换到代码视图就见到<body>标签内容除了文字，还有每个文字段前后有标签<p>和</p>，这个标签为段落标签，成对出现。

 插入文本，Dreamweaver 允许通过以下方式向 Web 页添加文本：直接将文本键入页面；从其他文档复制和粘贴文本；或从其他应用程序拖放文本。还可以从其他文档类型导入文本或链接至其他文档类型，这些文档类型包括 ASCII 文本文件、RTF 文件和 Microsoft Office 文档。当将文本粘贴到 Dreamweaver 文档中时，可以使用 "粘贴" 或 "选择性粘贴" 命令。其中 "选择性粘贴" 命令允许以不同的方式指定所粘贴文本的格式。例如，将文本从带格式的 Microsoft Word 文档粘贴到 Dreamweaver 文档中，但是想要去掉所有格式设置，以便能够向所粘贴的文本应用自己的 CSS 样式表，可以使用 "选择性粘贴" 命令选择只粘贴文本的选项。当使用 "粘贴" 命令从其他应用程序粘贴文本时，可以将粘贴首选参数设置为默认选项。注意，按 Control+V（Windows）和 Command+V（Macintosh）将在代码视图中仅粘贴文本（无格式设置）。

5．设置文本属性

（1）设置标题文字样式。在 Dreamweaver 新版本中，先选中属性面板上左侧的 HTML 项（这里先不接触复杂 CSS 定义）。选中文字 "云南怒江游记"，单击属性面板中的格式选项下拉菜单中的"标题2"或选择菜单栏【格式】→【段落格式】→【标题2】命令；在菜单项【格式】中选择字体为"黑体"，选择颜色为"蓝"。在弹出如图2.4所示的新建"CSS规则"对话框中，选择或输入选择器名称项：style1。

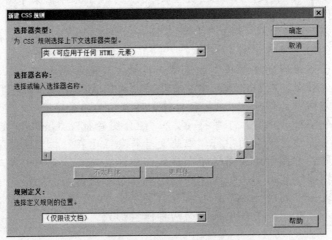

图2.4　设置文字格式

这里涉及到CSS页面属性与HTML页面属性的选择。默认情况下，CSS标签用于指定页面属性。如果想要改用HTML标签（适合初学者），必须在属性面板上选择左侧HTML按钮，如图2.5所示。

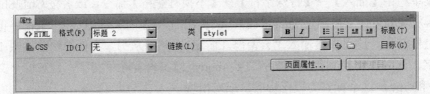

图2.5　属性面板上选中HTML

（2）查看相关代码。切换编辑窗口到代码视图，新增加的标签及属性如图2.6所示。其中红色标签<style></style>为CSS层叠样式表标签，在设计视图中定义的字体和颜色等被系统默认定义成了类及属性。其中"STYLE1"为类名，大括号内为属性与对应的值。

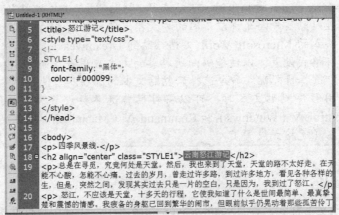

图2.6　定义和设置文字格式的代码

文字标题：云南怒江游记，所定义的"标题 2"以<h2></h2>标签的形式添加到文字段落上，同时为该标签定义了对齐 align 属性，其值为横向居中 center；定义了类 class，其值为 STYLE1。<p></p>为文字段落标签。

同理，将"四季风景线"样式设置为"标题 4"，右侧对齐，类名为：STYLE2。

（3）定义文字字体。首先选中要设置的文字，单击菜单栏【格式】→【字体】命令，在弹出的下拉列表中选择相应字体。然后把文字"云南怒江游记"设为"方正舒体"、"四季风景线"设为"新宋体"。

 如果字体选择框中没有合适的字体，那么可选择"编辑字体列表"，添加字体，如图 2.7 所示。在"可用字体（Available Fonts）"列表框中选择需要的字体，然后单击按钮，将其加入到"选择的字体"列表框中。

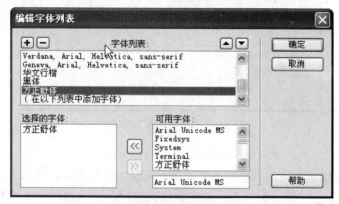

图 2.7　"编辑字体列表"对话框

（4）设置文字大小和颜色。单击属性面板上的"页面属性"按钮，在弹出对话框的大小选项内，选取所要的字号即可，这里选择 16 像素。单击文字颜色项的调色板，在弹出的颜色选择框中选取所要的颜色即可。

 还可以通过属性面板的其他按钮或菜单设置字体的风格和修饰效果。

若想使文字以粗体显示，可单击属性面板的**B**按钮或选择菜单栏【格式】→【样式】→【粗体】命令。也可以设置文字以斜体显示，给文字加下划线，给文字加删除线等。

6．设置文本排列方式

（1）设置居中对齐。选中文字，单击菜单项中【格式】→【对齐（Align）】→【居中（Center）】命令。

（2）设置项目符号。项目符号是一种简单而实用的段落排列方式。Dreamweaver 提供了两大类型的项目符号：Unordered（无序）和 Ordered（有序）项目符号。

选中要设置项目符号的段落，这里选中最后三个段落，然后单击 Ordered List 按钮。

如要设置无序项目符号，单击属性面板上的 Unordered List 按钮。

> **注意**　项目符号的形状是可以更改的，例如将无序项目符号的实心圆改为空心圆，将有序项目符号的阿拉伯数字改为罗马数字。更改的操作如下：①选中要更改符号的段落，单击属性面板的"列表项目"按钮，弹出如图 2.8 所示对话框。在"列表类型"下拉列表框中有多种项目符号可选择。②Bulleted List（无序项目符号）：选中它后，在"样式"下拉列表中有多种符号图标供选择，Square（方形）和 Bullet（圆形），默认是空心圆。③Numbered List（有序项目符号）：选中它后，在"样式"下拉列表中也有多种符号图标供选择。④Directory List（目录项目符号）和 Menu List（菜单项目符号）：这两种项目符号使用起来和 Bulleted List 一样，看起来没有什么太大差别。

图 2.8　"列表属性"对话框

完成上述选择后，单击"确定"按钮。

（3）设置段落缩进。先选择要缩进的段落，即最后五行文字，然后单击属性面板的 按钮或菜单栏【格式】→【缩进】命令。若取消段落缩进，单击属性面板的 按钮或执行菜单栏【格式】→【凸出】命令。

7．添加日期和水平线

在需要添加日期的位置，单击菜单栏【插入】→【日期】命令，按照需要的格式设置星期格式、日期格式、时间格式；如果需要时间自己更新，选中"储存时自动更新"复选框，如图 2.9 所示。

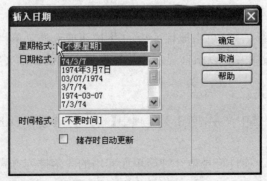

图 2.9　"插入日期"对话框

单击菜单栏【插入】→【HTML】→【水平线】命令，添加一根水平线，通过设置水平线属性宽和高来控制显示效果，如图 2.10 所示。

图 2.10 插入水平线属性面板

8．输入并定义页脚文字

输入图 2.1 中页面下边的页脚文字，其中竖直线就是键盘上的竖线符号，然后定义字体和横向居中对齐。

9．保存文件

要保存一个新建的网页，请单击菜单栏【文件】→【保存】命令，或按 Ctrl+S 快捷键，在弹出的"另存为"对话框中，选择保存文件的类型：HTML 格式，在文件名位置输入：2_1，则保存文件为：2_1.html。Dreamweaver 提供了多种保存格式，可以是 HTML 文件也可以是其他的动态网页文件。按 F12 键可在浏览器中浏览网页效果。

> **注意**
>
> 设置浏览器预览首选参数，可以设置预览站点时使用的浏览器首选参数，并可以定义默认的主浏览器和次浏览器。操作：单击菜单栏【文件】→【在浏览器中预览】→【编辑浏览器列表】命令，在弹出的"首选参数"对话框中分类选项已经选择在浏览器中预览，若要向列表添加浏览器，请单击加号(＋)按钮，完成"添加浏览器"对话框，然后单击"确定"按钮。若要从列表中删除浏览器，请选择要删除的浏览器，然后单击减号（-）按钮。若要更改选定浏览器的设置，单击"编辑"按钮，在"编辑浏览器"对话框中进行更改，然后单击"确定"按钮。可以选择"主浏览器"或"次浏览器"选项，指定所选浏览器是主浏览器还是次浏览器。按 F12 键（Windows）或 Option+F12 组合键（Macintosh）将打开主浏览器，按 Control+F12 组合键（Windows）或 Command+F12 组合键（Macintosh）将打开次浏览器。选择"使用临时文件预览"选项，可创建供预览和服务器调试使用的临时副本（如果要直接更新文档，可撤销对此选项的选择）。

2.1.3 知识补充：定义 Dreamweaver 的首选参数和 HTML5 简介

1．常规首选参数

在 Dreamweaver 环境中，选择菜单栏【编辑】→【首选参数】命令，弹出"首选参数"对话框窗口，如图 2.11 所示。

其中允许以选项卡方式进行切换，设置以下各个选项：

显示欢迎屏幕：在启动 Dreamweaver，或者没有打开任何文档时，显示 Dreamweaver 的欢迎屏幕。

启动时重新打开文档：打开在关闭 Dreamweaver 时处于打开状态的任何文档。如果未选择此选项，Dreamweaver 会在启动时显示欢迎屏幕或者空白屏幕（具体取决于"显示欢迎屏幕"设置）。

打开只读文件时警告用户：在打开只读（已锁定的）文件时警告用户。可以选择取消锁定或取出文件、查看文件或取消。

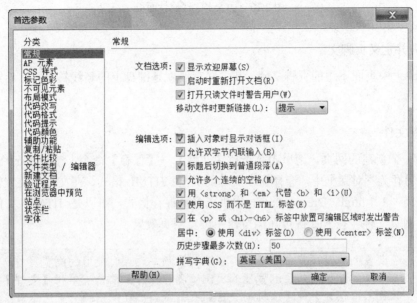

图 2.11 "首选参数"对话框

移动文件时更新链接：确定在移动、重命名或删除站点中的文档时所发生的操作。可以将该参数设置为总是自动更新链接、从不更新链接或提示执行更新。

插入对象时显示对话框：确定当使用"插入"栏或"插入"菜单插入图像、表格、Shockwave影片和其他某些对象时，Dreamweaver 是否提示输入附加的信息。如果禁用该选项，则不出现对话框，必须使用属性面板中选项指定图像的源文件和表格中的行数等。对于鼠标经过图像和 Fireworks HTML，当插入对象时总是出现一个对话框，但与该选项的设置无关（若要暂时覆盖该设置，请在创建和插入对象时按住 Ctrl 键并单击（Windows））。

允许双字节内联输入：能够直接在文档编辑窗口中输入双字节文本适合于双字节文本（如日语字符）的开发环境或语言工具包。如果取消选择该选项，将显示一个用于输入和转换双字节文本的文本输入窗口，文本被接受后显示在文档编辑窗口中。

标题后切换到普通段落：指定在设计视图中于一个标题段落的结尾按下 Enter 键（Windows）时，将创建一个用 p 标签进行标记的新段落（标题段落是用 h1 或 h2 等标题标签进行标记的段落）。当禁用该选项时，在标题段落的结尾按下 Enter 键将创建一个用同一标题标签进行标记的新段落（允许在一行中键入多个标题，然后返回并填入详细信息）。

允许多个连续的空格：指定在设计视图中键入两个或更多的空格时将创建不中断的空格，这些空格在浏览器中显示为多个空格。例如，可以在句子之间键入两个空格，就如同在打字机上一样。该选项主要针对习惯于在字处理程序中键入的用户。当禁用该选项时，多个空格将被当作单个空格（因为浏览器将多个空格当作单个空格）。

用 <strong>和<em>代替<b>和<i>：指定 Dreamweaver 每当执行应用 b 标签的操作时改为

应用 strong 标签，以及每当执行应用 i 标签的操作时改为应用 em 标签。此类操作包括在 HTML 模式下的文本属性面板中单击"粗体"或"斜体"按钮，以及选择菜单栏【文本】→【样式】→【粗体】命令，或【文本】→【样式】→【斜体】命令。若想要在文档中使用 b 和 i 标签，请取消选择此选项。WWW 联合会不鼓励使用 b 和 i 标签，因为 strong 和 em 标签提供的语义信息比 b 和 i 标签更明确。

使用 CSS 而不是 HTML 标签：指定 Dreamweaver 在使用属性面板设置文本格式时，使用 CSS 样式而不是 HTML 标签。默认情况下，Dreamweaver 使用 CSS 来设置文本格式。每次对所选文本定义字体、大小或颜色时，都会创建一个特定于文档的新样式，创建后即可以从属性面板的"样式"下拉菜单中使用该样式。唯一的例外情况就是粗体和斜体，对于这些格式，Dreamweaver 会使用 HTML 标签而不是 CSS。即使该文档链接到外部样式表，新样式的声明仍会写入文档头中，而不是 CSS 文件中。

在下列情况下，该常规行为可能会有所不同：

（1）文档中已经使用 font 标签设置了所有文本内容的格式，则 Dreamweaver 将使用 font 标签，并修改 body 标签以使用 HTML 代码。

（2）文档的 body 标签使用 HTML 设置页面的外观，但页面并未在所有地方都使用 font 标签设置文本格式，则 Dreamweaver 仍会使用 CSS 来设置文本格式。

如果取消选择该选项，Dreamweaver 会使用 HTML 标签（例如 font 标签）设置文本格式，并在 body 标签中使用 HTML 代码设置页面的外观。

在 <p> 或 <h1> <h6> 标签中放置可编辑区域时发出警告：指定在保存段落或标题标签内具有可编辑区域的 Dreamweaver 模板时是否显示警告信息。该警告信息会通知设计者将无法在此区域中创建更多段落。默认情况下会启用此选项。

居中：当单击属性面板中的"居中对齐"按钮时，是使用<div align="center"> 还是使用 <center> 标签来让元素居中。这两种居中方法在 HTML 4.01 规范中均已正式被淘汰；应该使用 CSS 样式来居中文本。在 XHTML 1.0 Transitional 规范中，这两种方法依然在技术上有效，但是在 XHTML 1.0 Strict 规范中，它们不再有效。

历史步骤最多次数：确定在历史记录面板中保留和显示的步骤数（默认值对于大多数设计者来说应该足够使用）。如果超过了历史记录面板中的给定步骤数，则将丢弃最早的步骤。

拼写字典：列出可用的拼写字典。如果字典中包含多种方言或拼写惯例，如英语（美国和英国）等，则方言单独列在字典下拉菜单中。

2. Dreamweaver 中的文档设置字体首选参数

文档的编码决定了如何在浏览器中显示文档。Dreamweaver 字体首选参数，能够让设计者选择以喜爱的字体和大小查看给定的编码。选择的字体不会影响文档在访问者浏览器中的显示方式。

在"首选参数"对话框，如图 2.11 所示，从左侧的"分类"列表中选择"字体"。

字体设置：从字体设置列表中选择一种编码类型（如简体中文或西欧语系）。若要显示亚洲语言，必须使用支持双字节字体的操作系统。

接着，为所选编码的每个类别选择要使用的字体和大小。若要在字体弹出菜单中显示一种字体，该字体必须已安装在计算机上。例如，若要查看日语文本，必须安装日语字体。

均衡字体：Dreamweaver 用于显示普通文本（如段落、标题和表格中的文本）的字体。其默认值取决于系统上安装的字体。对于大多数美国系统，在 Windows 中默认值为 Times New Roman 12 pt（中），在 Mac OS 中默认值为 Times 12 pt。

固定字体：Dreamweaver 在显示 pre、code 和 tt 标签内部的文本时所使用的字体。其默认值取决于系统上安装的字体。对于大多数美国系统，在 Windows 中默认值为 Courier New 10 pt（小），在 Mac OS 中默认值为 Monaco 12 pt。

代码视图：在代码视图和代码面板中显示所有文本使用的字体。其默认值取决于系统上安装的字体。

这里的文档编码指定文档中字符所用的编码。文档编码在文档头中的 meta 标签内指定，它告诉浏览器和 Dreamweaver 应如何对文档进行解码以及使用哪些字体来显示解码的文本。例如，如果指定"西欧字符（Latin1）"，则插入此 meta 标签：<meta http-equiv="Content-Type" content="text/html;charset=iso-8859-1">。Dreamweaver 使用在字体首选参数中为西欧（Latin1）编码指定的字体显示文档，浏览器使用浏览器用户为西欧（Latin1）编码指定的字体显示文档。如果指定"日语（Shift JIS）"，则插入此 meta 标签：<meta http-equiv="Content-Type" content="text/html;charset=Shift_JIS">。Dreamweaver 使用为日语编码指定的字体显示文档，浏览器使用浏览器用户为日语编码指定的字体显示文档。当然，可以任意更改页面的文档编码，以及 Dreamweaver 在创建新文档时使用的默认编码，包括用于显示每种编码的字体。

3．自定义高亮颜色

在"首选参数"对话框中，从左侧的分类列表中选择"标记色彩"。使用标记色彩首选参数可以自定义在 Dreamweaver 中用来标识模板区域、库项目、第三方标签、布局元素和代码的颜色。

在想要更改标记色彩对象旁边单击颜色框，然后使用颜色选择器选择一种新颜色或输入一个十六进制值。在要为其激活或禁用标记色彩功能的对象旁边，选中或取消选中"显示"复选框。

4．HTML5 简介

HTML5 对设计组织 Web 内容的标记语言进行了优化，其目的是通过创建一种标准的和直观的 UI 标记语言，来把 Web 设计和开发变得更加容易。它提供了各种切割和划分页面的手段，其允许创建的切割组件不仅能用来逻辑地组织站点，而且能够赋予网站聚合的能力。HTML5 可谓是"信息到网站设计的映射方法"，因为它体现了信息映射的本质，划分信息并给信息加上标签，使其变得容易使用和理解。这是 HTML5 富于表现力的语义和实用性美学的基础，赋予设计者和开发者各种层面的能力来向外发布各式各样的内容，从简单的文本内容到丰富的、交互式的多媒体无不包括在内。

HTML5 提供了高效的数据管理、绘制、视频和音频工具，促进了 Web 上和便携式设备的跨浏览器应用的开发。HTML5 是驱动移动云计算服务方面发展的技术之一，因为其允许更大的灵活性，支持开发精彩的交互式网站。还引入了新的标签（tag）和增强性的功能，其中包括了一个优雅的结构、表单的控制、API、多媒体、数据库支持和显著提升的处理速度等。

　　HTML5 创建了一种更吸引用户的体验：使用 HTML5 设计的页面能够提供类似于桌面应用的体验。HTML5 还通过把 API 功能和无处不在的浏览器结合起来提供了增强的多平台开发。通过使用 HTML5，开发者能够提供一种顺畅地跨越各个平台的现代应用体验。

　　HTML5 中的新标签都是能高度关联的，标签封装了它们的作用和用法。HTML 的旧版本更多地是使用非描述性的标签。然而，HTML5 拥有高度描述性的、直观的标签，提供了丰富的能够立刻让人识别出内容的标签。例如，被频繁使用的<div>标签已经有了两个增补进来的<section>和<article>标签，<video>、<audio>、<canvas>和<figure>标签的增加也提供了对特定类型内容更加精确的描述。

　　具体地讲，HTML5 提供了：

　　（1）确切描述了其旨在要包含的内容的标签；

　　（2）增强的网络通信；

　　（3）极大改善了常用存储；

　　（4）运行后台进程的 Web Worker；

　　（5）在本地应用和服务器之间建立持续连接的 WebSocket 接口；

　　（6）更好的存储数据检索方式；

　　（7）加快了页面保存和加载速度；

　　（8）使用 CSS3 来管理 GUI 的支持，这意味着 HTML5 可以是面向内容的；

　　（9）改进了浏览器表单处理；

　　（10）基于 SQL 的数据库 API，允许客户端本地存储；

　　（11）画布和视频，可在无需安装第三方插件的情况下添加图形和视频；

　　（12）Geolocation API 规范，通过使用智能手机定位功能来纳入移动云服务和应用；

　　（13）增强型的表单，降低了下载 JavaScript 代码的必要性，允许在移动设备和云服务之间进行更多高效的通信。

　　新的标记、新的一套方法，以及一个基于 HTML5 和它的两个与之互为补充的同仁：CSS3 和 JavaScript 之间相互作用的通用开发框架，这是以客户为中心处理现象的应用核心。除了 HTML5 技术的技巧和方法的许多桌面部署之外，HTML5 还可以在功能丰富的 Web 移动电话浏览器中实施——移动电话浏览器是一个正在增长的市场，Apple iPhone、Google Android 和运行 Palm WebOS 的手机的普及以至于无处不在就证明了这一点。

　　HTML5 的强大功能中很重要的一面是信息的映射，或者说是内容块化（content blocking）。这种做法会产生一种容易理解得多的处理过程。可以看到，通过日益增加对 Web 处理这一领域的控制，这一工具在设计和开发方面已经变得非常高效。

　　HTML5 预示着这样一些情况的出现，即其在文本层面上有着更高效的语义处理，以及在表单构造和用法上有着更强大的控制。所有的这些特性和 HTML5 创新的其他许多细微之处是越来越占统治地位的范式的基础。许多机构实体，商业的和其他的——甚至许多根本不把信息的处理和通信作为他们主要机构活动的组织——都不同程度地被这一不断增长现象的发展所侵袭。

　　HTML5 并不是一盏神灯，不会有精灵出现。然而，它的技术和方法资产使其成为了一件次好的东西，仅次于擦亮一盏神灯这件事情。

　　毫无疑问，对于开发人员而言，HTML5 已经是一项必须掌握的技术。

2.2 制作图文网页

本项任务将在上节文字页面样式的基础上，学习在文字中插入图片，并设置基本属性，如图片大小、加框、文字说明等，实现文字与图片的混排，并且给网页增加背景图像。

关键知识点	能力要求
图像、对应标签及其属性；	插入图像；
设置图像属性；	掌握设置图像属性方法；
图像与文本；	掌握图像与文本混合编排方法；
背景图案	掌握定义背景图案的方法

2.2.1 任务：带有文字和图片混排的"云南怒江游记"页面

1．设计效果

完成任务后的设计效果，如图 2.12 所示。

文件(F) 编辑(E) 查看(V) 收藏夹(A) 工具(T) 帮助(H)

四季风景线·

云南怒江游记

总是在寻觅，究竟何处是天堂。然后，我也来到了天堂，天堂的路不太好走。在天堂中，我哭醉了多次，怎能不心酸，怎能不心痛。过去的岁月，曾走过许多路，到过许多地方，看见各种各样的人，以为自己已经很懂得人生，但是，突然之间，发现其实过去只是一片的空白，只是因为，我到过了怒江。

怒江，不应该是天堂，十多天的行程，它使我知道了什么是世间最简单、最真挚、也最美丽、最令人心灵痛楚和震憾的情感。我疲惫的身躯已回到繁华的闹市，但眼前似乎仍晃动着那些孤苦伶丁、眼神里流露着无尽期盼和无依的山童，那些经历千辛万苦的马帮，那些从山崖上采集大理石来修路的路工，耳边仍依稀传来那峡谷中古旧的教堂里，还有那看着薄云的、遥远的钟声……怒江州府六库知道怒江的人很多，然而有关它的故事，许多人却了解得不多，人们只知道那是一个神秘的地方，有古老破旧的教堂，有纹面的独龙人，还有很多很多的桥。

从大理至六库有200多公里的路程，我走了九个小时。路实在说不上是路，很难走，而且期间还经历了一次公路塌方。云南的山路之险，从这里可见一斑。

心里盘算着将要到达时，却是先到了边境检查站，由于事前并不知道要查证件，我并没有办理。守站的人不知道我拜访怒江的热切心情，他不肯让我过去。同车的人都有证件，除了我和另外一个女孩，我们这两个来自广州的冒失鬼。来到这并不容易，我当然不愿意就此放弃，经过我们的一番努力加诚意，我们终于成功过关。

摘自：北京日报 2013年3月4日

首页 | 生活杂志 | 小区服务 | 新闻动态 | 住户之声 | 装修报修 | 住户留言 | 联系我们 | 注销

图 2.12 图文页面效果

2．任务描述

在页面顶端显示文字：四季风景线，且靠右对齐。接着显示文字标题：云南怒江游记。

然后是三段文字，且第 2 段文字和第 3 段文字插入配图。页脚部分通过一个水平线分割，下面显示相关信息。

3．设计思路

在文本型网页基础上，设置页面的图片效果。插入图片对象，设置图片属性以及图片与文字混排效果。

2.2.2　任务实现

1．插入图片对象

打开前一个项目任务的网页 2_1.html，将光标放在要插入图片的位置，然后选择菜单栏【插入】→【图像】命令，或者单击插入面板中常用选项卡的按钮，如图 2.13 所示。在弹出的对话框中，选择要插入的图片，然后单击 OK 按钮。此时若图片不在所定义的网站内，将会弹出如图 2.14 所示的对话框；这时要单击"是"按钮，并在显示的站点内新建一个文件夹，命名为"images"后将图片文件保存在这里。

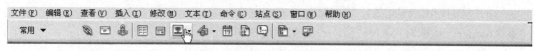

图 2.13　插入图像

图 2.14　插入图像对话框

2．设置图片属性

把图片插入到网页后，其大小、位置可能还不满意，这就需要使用图片属性面板，对其格式进行属性设置，如图 2.15 所示。

图 2.15　图像属性面板

在该面板上可以设置以下图片属性：

◆ image 图片文字下的文本编辑框用于为图像命名，给插入图片取名为"house"。

◆ W（宽）、H（高）：重新设置图片的宽度和高度。注意这里设置的只是在浏览器中显示的尺寸，而不是真正调整了图像的大小。

◆ src（来源文件）：指定图片的来源，可以直接输入图片的文件地址或是单击 按钮，选择图片文件。

◆ link（链接）：用于制作超链接，具体方法参见本书第 4 章。

◆ alt（图片文字说明）：设置图片文字说明，在浏览时，当把鼠标放在图片上时，显示该文字。

◆ map（地图）：也用于制作超链接。

◆ align（对齐）：图片与周围文字的对齐方式，下节详细讲解其使用。

◆ Vspace（垂直边距）、Hspace（水平边距）：设置文字与图片的间距。设 Hspace 为 35 个像素，使文字与图片有一定的水平间距。

◆ target（目标）：以图片作为超链接时，此处可以设置链接的目标框架。有关目标框架，参见本书第 5 章。

◆ low Src（低解析度源）：如果图片很大，下载的时间过长，这时可制作一幅低分辨率的小图片指定在此处，让浏览者预先浏览。

◆ border（边框）：输入数值，设置图片边框粗细。

◆ edit（编辑）：启动外部编辑软件重新编辑图片，默认是 Fireworks 软件。

◆ ▤▤▤（图片对齐）：设置图片在页面中的对齐方式，有左对齐、右对齐、居中对齐。

3．设置图文混排

选中网页图片后，在属性面板中单击"边齐"，显示下拉列表，其中有多种图文混排方式供选择，如图 2.16 所示。

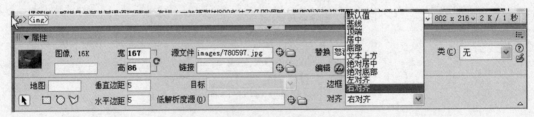

图 2.16　设置图片与文字对齐方式

本例中选择上图 right（右对齐），下图 left（左对齐），其效果如图 2.17 所示。

 说明　其他的对齐方式含义分别为：baseline（基线对齐）和 Bottom（底部对齐），将文本基准线对齐图片底端。absolute Bottom（绝对底部对齐），将文本的绝对底端和图片的底端对齐。top（顶端对齐），将文本行中最高字符的顶端和图片的顶端对齐。text Top（文本上方），与 Top 一样。middle（居中对齐），将文本基准线与图片的中部对齐。absolute Middle（绝对居中对齐），将图片中部与文本中部对齐。left（左对齐），将图片放置到左边缘，其旁边的文字则靠右对齐。

图 2.17　图文混排对齐方式

> **注意**　各种对齐方式建议在页面中自己测试一下，以便清楚知道各种对齐方式的呈现效果。

4．查看代码

切换到代码视图，查看设置图片格式属性后的代码，如图 2.18 所示。

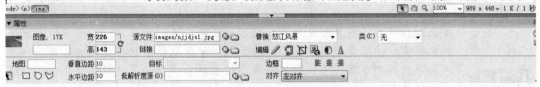

```
<body>
<p align="right">四季风景线.</p>
<h1 align="center" class="STYLE1">云南怒江游记 </h1>
<p> 总是在寻觅，究竟何处是天堂。然后，我也来到了天堂，天堂的路不太好走。在天堂中，我哭醉了多次，怎能不
心酸，怎能不心痛。过去的岁月，曾走过许多路，到过许多地方，看见各种各样的人，以为自己已经很懂得人生，但是，
突然之间，发现其实过去只是一片的空白，只是因为，我到过了怒江。<img src="images/780597.jpg" alt="怒
江风景" width="208" height="156" hspace="10" vspace="10" align="right" /></p>
<p> 怒江，不应该是天堂，十多天的行程，它使我知道了什么是世间最简单、最真挚、也最美丽、最令人心灵痛楚和
震撼的情感。我疲备的身躯已回到繁华的闹市，但眼前似乎仍晃动着那些孤苦伶丁、眼神里流露着无尽期盼和无依的山
童，那些经历千辛万苦的马帮，那些从山崖上采集大理石来修路的路工，耳边仍依稀传来那峡谷中古旧的教堂里，还有
那和着薄云的、遥远的钟声……怒江州府六库知道怒江的人很多，然而有关它的故事，许多人却了解得不多，人们只知
道那是一个神秘的也方，有古老破旧的教堂，有纹面<img src="images/njjdjs1.jpg" alt="怒江风景" width=
"226" height="143" hspace="10" vspace="10" align="left" />的独龙人，还有很多很多的桥。 </p>
<p>从大理至六库有200多公里的路程，我走了九个小时。路实在说不上是路，很难走，而且期间还经历了一次公路塌方
方。云南的山路之险，从这里可见一斑。 </p>
<p> 心里盘算着将要到达时，却是先到了边境检查站，由于事前并不知道要查证件，我并没有办理。守站的人不知道
我拜访怒江的热切心情，他不肯让我过去。同车的人都有证件，除了我和另外一个女孩，我们这两个来自广州的冒失鬼
。来到这并不容易，我当然不愿意此放弃，经过我们的一番努力加诚意，我们终于成功过关。 </p>
```

图 2.18　图文混排对齐定义的代码

在图片添加处加入了代码<img/>标签及其属性定义：

```
    <img  src="images/780597.jpg"  alt=" 怒 江 风 景 "  width="208"  height="156"
hspace="10" vspace="10" align="right" />
    <img src="images/njjdjs1.jpg" alt="怒江风景" width="226" height="143" hspace=
"10" vspace="10" align="left" />
```

其中<img>为图片标签，src 为文件路径属性，"images/780597.jpg"为 src 的属性值给出了文件及路径。width 和 height 分别为图片宽与高的属性，hspace 和 vspace 分别为水平与垂直方向图片与文字间的空隙属性，align 为对齐属性。

Dreamweaver 提供基本图像编辑功能，无需使用外部图像编辑应用程序（例如 Fireworks）即可修改图像。Dreamweaver 图像编辑工具旨能与内容设计者（负责创建 Web 站点上使用的图像文件）轻松地协作。注：无需在计算机上安装 Fireworks，即可使用 Dreamweaver 图像编辑功能。选择菜单栏【修改】→【图像】命令，设置以下任一 Dreamweaver 图像编辑功能。

（1）重新取样：添加或减少已调整大小的 jpeg 和 gif 图像文件的像素，以与原始图像的外观尽可能地匹配。对图像进行重新取样会减小该图像的文件大小并提高下载性能。在 Dreamweaver 中调整图像大小时，以对图像进行重新取样，以适应其新尺寸。对位图对象进行重新取样时，在图像中添加或删除像素，使其变大或变小。对图像进行重新取样以取得更高的分辨率一般不会导致品质下降，重新取样以取得较低的分辨率会导致数据丢失，并且通常会使品质下降。

（2）裁剪：通过减小图像区域编辑图像。通常可能需要裁剪图像以强调图像的主题，并删除图像中强调部分周围不需要的部分。

（3）亮度和对比度：修改图像中像素的对比度或亮度，这将影响图像的高亮显示、阴影和中间色调。修正过暗或过亮的图像时通常使用"亮度/对比度"。

（4）锐化：通过增加图像中边缘的对比度调整图像的焦点。扫描图像或拍摄数码照片时，大多数图像捕获软件的默认操作是柔化图像中各对象的边缘。这可以防止特别精细的细节从组成数码图像的像素中丢失。不过，要显示数码图像文件中的细节，经常需要锐化图像，从而提高边缘的对比度，使图像更清晰。

注：Dreamweaver 图像编辑功能仅适用于 jpeg 和 gif 图像文件格式，其他位图图像文件格式不能使用这些图像编辑功能进行编辑。

保存文件为 2_2.html，在浏览器中预览其效果。

5．设置页面背景图像

若想要为网页添加图片背景，单击菜单项【修改】→【页面属性】命令，弹出如图 2.19 所示的对话框。在"背景图像"栏中选择背景图像文件"img5_5.gif"，保存文件浏览效果。

2.2.3　任务拓展：为文字配多张图片

如果针对文字计划配有多张图片，而版面区域又有限，则考虑在页面中添加"鼠标经过图像"，可以实现图片翻转变换效果。具体方法：单击菜单栏【插入】→【图片对象】→【鼠标经过图像】命令，将会弹出如图 2.20 所示的对话框。选择"原始图像"（首次加载页面时显示的图像）和"鼠标经过图像"（鼠标指针移过主图像时显示的图像），该图像在鼠标经过的时候完成自动切换。

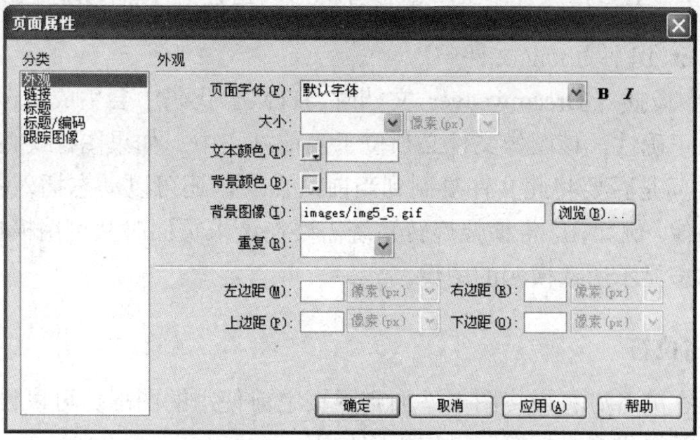

图 2.19　设置页面背景图片文件

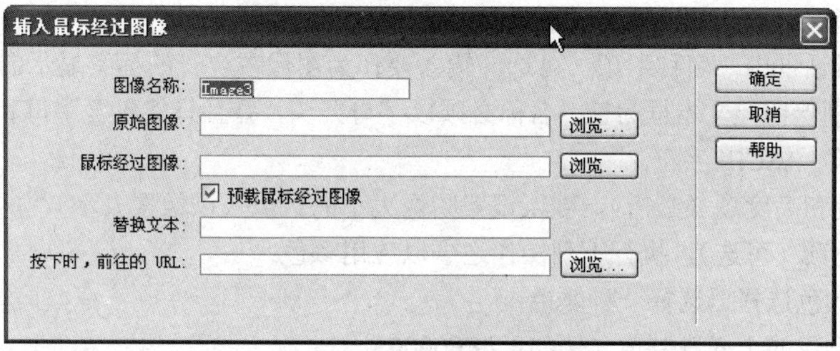

图 2.20　鼠标经过图像设置

2.2.4　知识补充：图像使用和 Dreamweaver 的组件功能

1．图像使用

虽然存在很多种图像文件格式，但网页中经常使用的只有三种，即 gif、jpeg 和 png。其中 gif 和 jpeg 文件格式的支持情况最好，大多数浏览器都可以很好地显示出它们的效果。gif（图形交换格式）文件最多使用 256 种颜色，最适合显示色调不连续或具有大面积单一颜色的图像，例如导航条、按钮、图标、徽标或其他具有统一色彩和色调的图像。

jpeg（联合图像专家组）文件格式是用于摄影或连续色调图像的较好格式，它包含数百万种颜色。随着 jpeg 文件品质的提高，文件大小和下载时间也会随之增加。通常可以通过压缩 jpeg 文件在图像品质和文件大小之间达到较好的平衡。

虽然 png 文件具有较大的灵活性并且占有文件数据量较小，但是 Microsoft Internet Explorer（4.0 和更高版本的浏览器）以及 Netscape Navigator（4.04 和更高版本的浏览器）只能部分地支持 png 图像的显示。因此，除非页面设计是针对特定目标用户且使用支持 png 格式的浏览器，否则请使用 gif 或 jpeg 以满足更多用户的需求。png（可移植网络图形）文件格式是一种替代 gif 格式的无专利权限制的格式，它包括对索引色、灰度、真彩色图像以及 alpha 通道透明度的支持。png 是 Adobe Fireworks 固有的文件格式，能保留所有原始层、矢量、颜色和效果信息（例如阴影），并且在任何时候所有元素都是可以编辑的。文件必须具有 .png 文件扩展名才能被 Dreamweaver 识别为 png 文件。

插入图像。将图像插入 Dreamweaver 文档时，HTML 代码中会生成对该图像文件的引用。为了确保此引用的正确性，该图像文件必须位于当前站点中。如果图像文件不在当前站点中，Dreamweaver 会询问是否要将此文件复制到当前站点中。还可以动态插入图像，动态图像指那些经常变化的图像。例如，广告横幅旋转系统需要在请求页面时从可用横幅列表中随机选择一个横幅，然后动态显示所选横幅的图像。

2．插入图像占位符

图像占位符是在准备好将最终图形添加到网页之前使用的图形。可以设置占位符的大小和颜色，并为占位符提供文本标签。操作步骤如下：

（1）在页面设计窗口中，将插入点放置在要插入占位符图形的位置。

（2）选择选项插入/图像对象/图像占位符，将弹出设置对话框。

（3）在对话框中"名称"项（可选）输入要作为图像占位符的标签显示的文本。如果不想显示标签，则保留该文本框为空。名称必须以字母开头，并且只能包含字母和数字；不允许使用空格和高位 ASCII 字符。

（4）宽度和高度项（必需），键入设置图像大小的数值（以像素表示）。

（5）颜色项（可选），执行下列操作之一以应用颜色：

◆　使用颜色选择器选择一种颜色；

◆　输入颜色的十六进制值（例如：#FF0000）；

◆　输入网页安全色名称（例如：red）。

（6）替换文本项（可选），为使用只显示文本的浏览器的访问者输入描述该图像的文本。

图像占位符不在浏览器中显示图像。在发布站点之前，一定要用适用于 Web 的图像文件（例如 gif 或 jpeg）替换所有添加的图像占位符。

3．Dreamweaver 的组件功能

Dreamweaver CS3 以上版本包括了与 Photoshop CS3 增强的集成功能。现在，设计人员可以在 Photoshop 中选择设计的任一部分（甚至可以跨多个层），然后将其直接粘贴到 Dreamweaver 页面中。Dreamweaver 会显示一个对话框，可在其中为图像指定优化选项。如果需要编辑图像，只需双击图像即可在 Photoshop 中打开原始的带图层 PSD 文件进行编辑。

浏览器兼容性检查，Dreamweaver 中新的浏览器兼容性检查功能可生成报告，指出各种浏览器中与 CSS 相关的呈现问题。在代码视图中，这些问题以绿色下划线来标记，因此可以准确知道产生问题的代码位置。确定问题之后，如果知道解决方案，则可以快速解决问题；如果需要了解详细信息，则可以访问 Adobe CSS Advisor 网站，该网站包含有关最新 CSS 问题的信息，在浏览器兼容性检查过程中可通过 Dreamweaver 用户界面直接访问该网站。CSS Advisor 网站不止是一个论坛、一个 wiki 页面或一个讨论组，它可以方便地为现有内容提供建议和改进意见，并且方便地添加新的问题使整个社区都能够从中受益。

2.3　制作多媒体网页

在网页中插入声音和视频影像，可制作出充满动感多媒体效果的网页。在 Dreamweaver 中，可以快速地将声音、动画和影像等多媒体元素添加到网页中。在本项目任务制作中，学习在网页中插入 Flash 动画、影像和声音等页面元素。

新知识点	能力要求
背景音乐文件类型； Flash 动画； 视频； 表格； 新标签	掌握设置音乐的操作方法； 掌握插入 Flash 动画和设置其属性方法； 掌握插入视频和设置其属性方法； 初步掌握用表格对文字、图片进行布局

2.3.1　任务：一个带有文字、图片和视频的页面

1．设计效果

完成任务后设计页面效果，如图 2.21 所示。

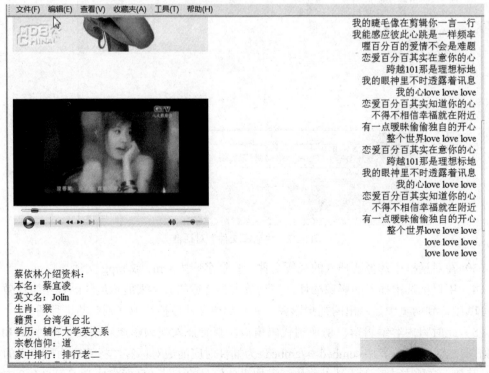

图 2.21　多媒体效果页面

2. 任务描述

在网页上半部分左侧显示图片和视频，右侧显示歌词。下半部分的左侧显示资料介绍，右侧显示图片。

3. 设计思路

在图文并茂的网页基础上，添加多媒体对象并设置其属性，考虑在页面中利用表格对控件进行定位，对文字、图片等进行分割排版。

2.3.2 任务实现

1. 用传统方法插入多媒体对象

（1）打开或制作一个类似上节带有文字和图片的网页。在文档窗口中，将鼠标定位在想插入视频录像的地方。

（2）单击菜单栏【插入】→【媒体】→【插件】命令，弹出"选择文件"对话框，如图 2.22 所示。

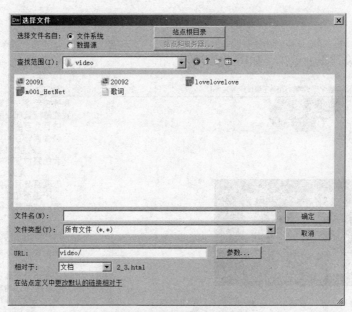

图 2.22 "选择文件"对话框

（3）在对话框中选择要插入的视频文件，扩展名应为.wmv 或 mpg 文件。

（4）用鼠标选中插入的影像插件，拖动放大到合适的大小来展示最佳的视频影像效果。现在可以浏览到网页中显示出的视频影像，并且加载文件后插件中立刻自动进行播放。

（5）此时将内容编辑窗口切换到代码窗口，查看插入视频影像后添加了何种 HTML 标签，如图 2.23 所示。其中<embed></embed>为插件对应的成对标签，标签内为所定义的相应属性及其值。这种方法其实还是以前传统添加媒体信息的方法（后面将要学习 HTML5 中的方法）。
为换行标签。

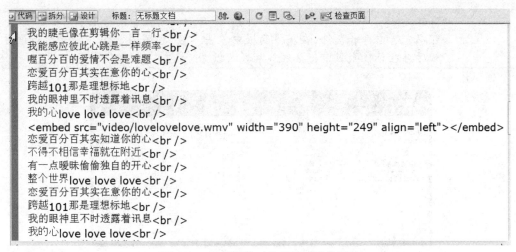

图 2.23　视频插件对应的标签及其属性

2．设置多媒体对象属性

（1）对插入的插件可以通过属性面板设置一些属性，如图 2.24 所示。在属性面板中单击参数按钮，会弹出如图 2.25 所示的"参数"设置对话框。

图 2.24　插件设置属性面板

图 2.25　插件参数设置对话框

（2）对参数及其值进行定义。单击"参数"对话框中的参数，在出现的文字输入区域中允许输入播放控制参数，这里输入控制视频影像是否自动播放的参数 autoplay/autostart，然后单击后面对应的值区域并输入 false，用于定义网页加载后视频影像不会自动进行播放。若要自动播放则输入 true。

在网页运行时，要看到影像播放，必须利用插件，安装好播放软件，如 Windows Media Player。影像文件可以是 avi、rm、wmv 或 mpg 等格式。在网页中还可以插入声音。插入一段声音也是通过插件完成的，步骤与插入影像一样。声音文件可以是 midi、wav 或 mp3 等格式。如果想在页面中看不到声音插件，只使用声音作为页面的背景音乐，而且背景音乐不断循环播放，可以先选中声音插件，在属性面板中单击参数，按照图2.26中所示进行设置，然后再在属性面板中把插件宽和高都设为1px。

图2.26   设置插件参数

3．插入表格定位多媒体对象

若网页内容较为复杂不易进行定位时，可以在页面中单击菜单栏【插入】→【表格】命令来辅助完成。例如选择添加一个3行2列边框为0的表格，对齐方式水平居中；在表格第1行输入文本标题，第2行左侧插入图片和视频，第2行右侧添加文字内容；第3行则插入其他内容。也可以根据内容多少来调整表格宽度。

4．保存文件

保存文件为2_3.html，然后按F12键可看到预览效果。

HTML5 规定了一种通过video标签来包含视频的标准方法。例如，
```
<video width="320" height="240" controls="controls">
    <source src="movie.ogg" type="video/ogg" />
    <source src="movie.mp4" type="video/mp4" />
    <source src="movie.webm" type="video/webm" />
    Your browser does not support the video tag.
</video>
```
当前video元素支持如下三种视频格式：

格式	IE	Firefox	Opera	Chrome	Safari
Ogg	No	3.5+	10.5+	5.0+	No
MPEG4	9.0+	No	No	5.0+	3.0+
WebM	No	4.0+	10.6+	6.0+	No

其中Ogg即带有Theora视频编码和Vorbis音频编码的Ogg文件。MPEG4即带有H.264视频编码和AAC音频编码的MPEG 4文件。WebM即带有VP8视频编码和Vorbis音频编码的WebM文件。

<video>标签属性:

属性	描述
src	提供视频文件的 URL 地址
autoplay	表明如果可能，网页上的视频应该自动播放
controls	告知浏览器显示默认视频控制设置
muted	设置视频的初始音频状态为静音（此属性目前还不为任何浏览器所支持）
loop	表明视频应该连续不断地循环播放（Firefox 浏览器目前暂不支持这一属性）
poster	设置显示默认图片，而不是视频的第一帧
width	指定 video 元素宽度的像素值
height	指定 video 元素高度的像素值
preload	向浏览器提示视频预加载状态。有三种可能的取值： none：不执行任何的预加载 metadata：只加载视频的元数据，例如持续时间 auto：让浏览器自行决定（默认的）

2.3.3　任务拓展：带有歌曲链接和 Flash 动画等效果的页面

在页面中添加 Flash 动画等其他多媒体对象，如 Flash 按钮、Flash 文本、Flash 视频和 Shockwave 影片并设置其在页面中位置。具体添加方法都是在"插入"菜单中选择"媒体"来添加各种类型的多媒体控件对象，增加多媒体控件后设置控件属性的方法和设置 Flash 控件方法一致。

任务拓展效果如图 2.27 所示。

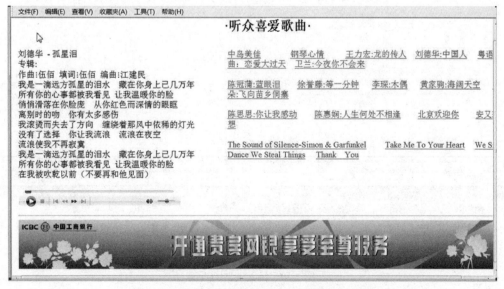

图 2.27　带有声音插件和 Flash 动画等的效果图

1．在页面插入表格

（1）新建页面，单击常用选项卡中的表格按钮弹出对话框，如图 2.28 所示。输入行数为 3、列数为 2、表格宽度为 960、边框粗细为 0（无边框显示，仅起到分区功能）。

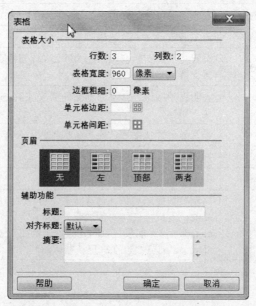

图 2.28 "表格"对话框

单击"确定"按钮后回到页面编辑窗口，如图 2.29 所示。

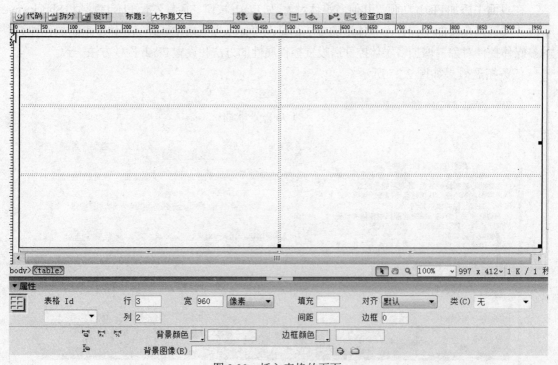

图 2.29 插入表格的页面

（2）设置表格居中对齐。选中页面中表格，在属性面板中选择对齐为"居中对齐"。

（3）切换选项卡为"代码视图"，<body></body>标签内显示如下 HTML：

```
<body>
<table width="962" height="378" border="0" align="center">
  <tr>
    <td width="475"> </td>
    <td width="477"> </td>
  </tr>
  <tr>
    <td> </td>
    <td> </td>
  </tr>
  <tr>
    <td> </td>
    <td> </td>
  </tr>
</table>
</body>
```

其中<table></table>为成对出现的表格标签，<tr></tr>为行标签，<td></td>为列标签。即该表格为 3 行 2 列的表格。

2．合并第 1 行输入标题

将选项卡切换到"设计视图"，回到设计编辑窗口。同时选中第 1 行的两列，在属性面板中选择合并单元格，在其中输入文字："·听众喜欢歌曲·"。

3．添加文字和视频

（1）在第 2 行第 1 列内输入或粘贴文字，在文字下方单击菜单栏"插入"→"媒体"→"插件"命令，将弹出如图 2.30 所示的对话框，选择歌曲的 mp3 文件并单击"确定"按钮。

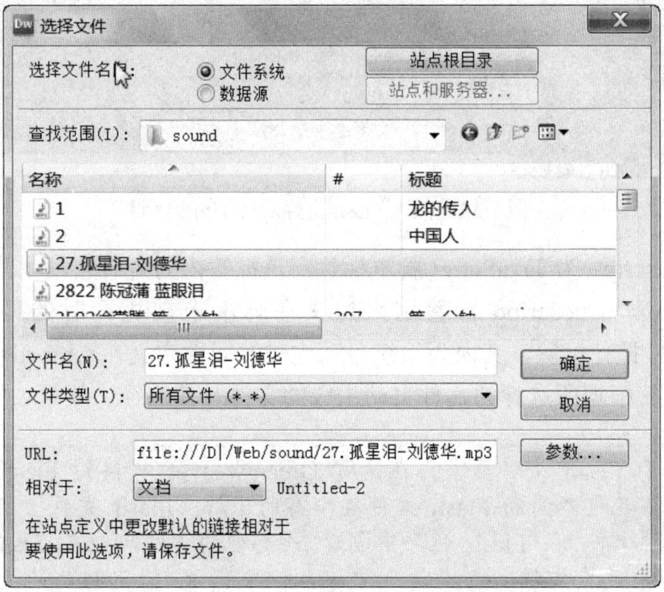

图 2.30　"选择文件"对话框

（2）调整页面插件大小为长方形，单击属性面板中参数按钮，将弹出如图 2.26 所示对话框，其中将 autoplay 定义为 false，即播放器的初始状态为停止。

（3）在第 2 行第 2 列输入歌曲名称设置链接。首先输入各个歌曲名称并保持一定距离，然后选中每个歌曲名称，在属性面板中的"链接"处添加要链接的歌曲对应的 mp3 文件，如图 2.31 所示。

图 2.31　设置歌曲链接文件

4．添加水平线和 Flash

（1）在页面上合并表格第 3 行的两列，选择菜单栏【插入】→【HTML】→【水平线】命令，然后在弹出的设置对话框内选择 Flash 文件，确定后页面即加入了 Flash 插件，调整该插件矩形大小适合要播放的画面。

（2）切换选项卡到"代码"，显示如图 2.32 所示的 HTML 代码。

```
<td colspan="3"><div align="center">
  <hr />
  <script type="text/javascript">
AC_FL_RunContent( 'codebase',
'http://download.macromedia.com/pub/shockwave/cabs/flash/swflash.cab#version=9,0,28,0',
'width','950','height','90','src','video/160556_95090','quality','high','pluginspage',
'http://www.adobe.com/shockwave/download/download.cgi?P1_Prod_Version=ShockwaveFlas
h','movie','video/160556_95090' ); //end AC code
</script><noscript><object classid="clsid:D27CDB6E-AE6D-11cf-96B8-444553540000"
codebase=
"http://download.macromedia.com/pub/shockwave/cabs/flash/swflash.cab#version=9,0,28,0"
 width="950" height="90">
    <param name="movie" value="video/160556_95090.swf" />
    <param name="quality" value="high" />
    <embed src="video/160556_95090.swf" quality="high" pluginspage=
"http://www.adobe.com/shockwave/download/download.cgi?P1_Prod_Version=ShockwaveFlas
h" type="application/x-shockwave-flash" width="950" height="90"></embed>
    </object>
  </noscript></div></td>
```

图 2.32　插入 Flash 文件对应 Html 代码

其中<script></script>为 JavaScript 脚本标签，该标签内为系统自动生成的链接 Flash 插件脚本定义。<noscript></noscript>标签用来定义在脚本未被执行时的替代内容。<object></object>为 ActiveX 控件标签，其内为系统自动生成的属性定义。<embed></embed>为嵌入插件标签，其内为系统根据所选择的文件自动生成的文件及其路径、质量、插件调用属性等。

关于 Flash 文件类型，在使用 Dreamweaver 提供的 Flash 命令前，应该对以下几种不同的 Flash 文件类型有所了解：Flash 文件（.fla）是 Flash 项目的源文件，在 Flash 程序中创建。此类型的文件只能在 Flash 中打开和运行。Flash 元素文件（.swc）是一种 Flash SWF 文件，通过将此类文件合并到 Web

页，可以创建丰富的 Internet 应用程序。Flash 元素有自定义的参数，通过修改这些参数可以执行不同的应用程序功能。Flash 视频文件格式（.flv）是一种视频文件，它包含经过编码的音频和视频数据，用于通过 Flash Player 进行传送。例如，如果有 QuickTime 或 Windows Media 视频文件，可以使用编码器（如 Flash 8 Video Encoder 或 Sorensen Squeeze）将视频文件转换为 flv 文件。

5．保存文件

保存文件为 2_3.html，然后按 F12 键可看到预览效果。

2.3.4　知识补充：常用多媒体对象

下面介绍一些经常用于网页的多媒体对象。

1．下载和安装 Flash 元素

若要在网页中使用 Flash 元素，必须先使用 Adobe 功能扩展管理器将这些元素添加到 Dreamweaver 中。功能扩展管理器是一个独立的应用程序，可用于安装和管理 Adobe 应用程序中的扩展功能。通过从 Dreamweaver 中选择菜单栏【命令】→【管理扩展功能】命令，启动扩展管理器。

若要了解 Dreamweaver 具有哪些最新的 Flash 元素，请访问 Adobe Exchange Web 站点，网址为 www.adobe.com/go/dreamweaver_exchange_cn。可以在此网站登录并下载 Flash 元素和其他 Dreamweaver 扩展功能（其中许多扩展功能是免费），还可以加入讨论组、查看用户的等级和评论以及安装和使用功能扩展管理器。必须首先安装功能扩展管理器，然后才能安装新的 Flash 元素或其他 Dreamweaver 扩展功能。

2．Flash 视频

可以在 Web 页面中轻松插入可 Flash 视频内容。但在开始之前必须有一个经过编码的 Flash 视频（.flv）文件。Dreamweaver 可插入 Flash 视频组件，在浏览器中查看该组件时，它将显示所选择的 Flash 视频内容以及一组播放控件。Dreamweaver 提供以下选项，用于将 Flash 视频传送给站点用户：

（1）累进式下载视频，将 Flash 视频（.flv）文件下载到用户硬盘后进行播放。与传统的下载并播放视频传送方法不同，累进式下载允许在下载完成之前就开始播放视频文件。

（2）流视频，对 Flash 视频内容进行流式处理，并在一段可确保流畅播放的很短的缓冲时间后在 Web 页面上播放该内容。若要在网页上启用流视频，必须具有访问 Adobe Flash Media Server 的权限；必须是一个经过编码的 Flash 视频（flv）文件，然后才能在 Dreamweaver 中使用它。一般可以使用以下两种编解码器（压缩/解压缩技术）来创建视频文件：Sorenson Squeeze 和 On2。

如果视频是用 Sorenson Squeeze 编解码器创建，则站点访问者需要 Adobe Flash Player 7 或更高版本才能播放累进式下载视频；需要 Flash Player 6.0.79 或更高版本才能播放流视频。

如果视频是用 On2 编解码器创建，则站点访问者需要 Flash Player 8 或更高版本。

将 Flash 视频文件插入页面后，您可以在页面中插入代码，以检测用户是否拥有查看 Flash 视频所需的正确 Flash Player 版本。如果用户没有正确的版本，则会提示用户下载 Flash Player 的最新版本。有关 Flash 视频的详细信息，请访问 Flash 视频开发人员中心，网址为 www.adobe.com/ go/flv_devcenter_cn。

3．音频文件格式

向网页添加的声音，有多种不同类型的声音文件和格式，例如 .wav、.midi 和.mp3。在确定采用哪种格式和方法添加声音前，需要考虑以下一些因素：添加声音的目的、页面访问用户、文件大小、声音品质和不同浏览器的差异。

> **注意**　浏览器不同，处理声音文件的方式也会有很大差异和不一致的地方。最好将声音文件添加到一个 Flash SWF 文件，然后嵌入该 SWF 文件以改善一致性。

下面给出较为常见的音频文件格式，以及每一种格式在 Web 设计中的一些优缺点。

.midi 或 .mid（Musical Instrument Digital Interface，乐器数字接口）格式用于器乐。许多浏览器都支持 MIDI 文件，并且不需要插件。尽管 MIDI 文件的声音品质非常好，但也可能因访问用户的声卡而异。很小的 MIDI 文件就可以提供较长时间的声音剪辑。MIDI 文件不能进行录制，并且必须使用特殊的硬件和软件在计算机上合成。

.wav（波形扩展）文件具有良好的声音品质，许多浏览器都支持此类格式文件并且不需要插件。可以从 CD、磁带、麦克风等录制 wav 文件。但是，文件的大小严格限制了可以在网页上使用的声音剪辑的长度。

.aif（Audio Interchange File Format，音频交换文件格式，或 aiff）格式与 wav 格式类似，也具有较好的声音品质，大多数浏览器都可以播放它并且不需要插件；也可以从 CD、磁带、麦克风等录制 aiff 文件。但是，文件的大小严格限制了可以在网页上使用的声音剪辑的长度。

.mp3（Motion Picture Experts Group Audio Layer-3，运动图像专家组音频第 3 层，或称为 MPEG 音频第 3 层）是一种压缩格式，它可使声音文件明显缩小。其声音品质非常好，如果正确录制和压缩 mp3 文件，其音质甚至可以和 CD 相媲美。mp3 技术允许对文件进行"流式处理"，以便访问用户不必等待整个文件下载完成即可收听该文件。但是，其文件大小要大于 Real Audio 文件，因此通过典型的拨号（电话线）调制解调器连接下载整首歌曲可能仍要花较长的时间。若要播放 mp3 文件，访问用户必须下载并安装辅助应用程序或插件，例如 QuickTime、Windows Media Player 或 RealPlayer。

.ra、.ram、.rpm 或 Real Audio 格式具有非常高的压缩度，文件大小要小于 mp3。全部歌曲文件可以在合理的时间范围内下载。因为可以在普通的 Web 服务器上对这些文件进行"流式处理"，所以用户在文件完全下载完之前就可听到声音。但用户必须事先下载并安装 RealPlayer 辅助应用程序或插件才可以播放这种文件。

.qt、.qtm、.mov 或 QuickTime 格式，是由 Apple Computer 开发的音频和视频格式。Apple Macintosh 操作系统中包含了 QuickTime，并且大多数使用音频、视频或动画的 Macintosh 应

用程序都使用 QuickTime。PC 也可播放 QuickTime 格式的文件，但是需要特殊的 QuickTime 驱动程序。QuickTime 支持大多数编码格式，如 Cinepak、JPEG 和 MPEG。

4. 转换活动内容

Dreamweaver 可修复包含活动内容的 Web 页面，活动内容是最新版本的 Internet Explorer 中用户可以单击以便与之交互的内容。活动内容可包括：

◆ Flash、Flash 视频或 FlashPaper 内容；
◆ Shockwave 或 Authorware 内容；
◆ Java applet；
◆ Real Media 内容；
◆ QuickTime 内容；
◆ 自定义 ActiveX 控件；
◆ 其他 ActiveX 控件或插件。

只要在 Dreamweaver 中打开页面，就会扫描该页面中是否存在活动内容。然后，根据页面中活动内容的类型，会呈现三个选项中的一个选项：

◆ 如果页面中包含使用 object 标签嵌入的活动内容，而且这些 object 标签仅包含 param 标签和（或）embed 标签，那么 Dreamweaver 会提议转换页面上的所有活动内容。
◆ 如果页面的情况与上述情况相同，但是使用包含其他类型标签的 object 标签将活动内容嵌入在页面中，那么 Dreamweaver 会提议仅转换包含 param 标签和（或）embed 标签的 object 标签。
◆ 如果用来将活动内容嵌入到页面中的 object 标签，不仅包含 param 标签或 embed 标签，还包含这两种标签以外的标签，那么 Dreamweaver 会显示一条警告信息，提示无法转换这些标签。

对于前两个"转换活动内容"对话框，单击"是"按钮可定位到包含 param 标签和（或）embed 标签的现有 object 标签，并用 noscript 标签括起这些 object 标签，然后添加 script 标签，这些 script 标签可通过调用外部文件中的 JavaScript 函数来使活动内容按照预期正常工作。Dreamweaver 会创建该外部文件（AC_RunActiveContent.js），并在保存更新后的文件中将它放在一个新文件夹中（该文件夹名为 Scripts，位于站点的根目录下）。在上传更新后的页面时，必须上传 AC_RunActive- Content.js 文件。可以手动上传，也可以通过单击"相关文件"对话框中的"是"按钮来上传文件。

在文档中插入 ActiveX 对象时，Dreamweaver 会创建两个外部文件：AC_RunActive-Content.js 和 AC_ActiveX.js。在上传更新后的页面时，还必须同时上传这两个文件，既可以手动上传，也可以通过单击"相关文件"对话框中的"是"按钮来上传文件。

Dreamweaver 只调整 object 标签，虽然它会通过括起 object 标签来调整括在 object 标签内部的 embed 标签，但不会调整独立的 embed 或 applet 标签（在较早的页面中可能会使用这些标签来插入活动内容）。如果 Web 页面包含 embed 或 applet 标签，应该将这些标签转换为 object 标签，然后打开这些页面，以便 Dreamweaver 能够执行转换。可以通过执行搜索来轻松定位 Web 页面中的 embed 标签和 applet 标签。

此功能是可扩展的，允许用户使用第三方扩展功能，来转换可能使用了特定类型插件（例如，RealPlayer 或 Windows Media Player 内容）的 Web 页面。

此外，还可以通过选择菜单栏【文件】→【转换】→【活动内容】命令，访问"转换活动内容"功能。

注：活动内容必须逐页进行更新，您无法在一次操作中更新站点中的所有页面。最好在站点范围内搜索 object 标签，打开包含这些标签的页面，然后让 Dreamweaver 修复页面。

5．转换自定义内容

Dreamweaver 仅仅转换包含在可识别的 object 标签中的 param 和 embed 标签。如果对代码进行了自定义（例如，如果在 object 标签中增加了一个 img 标签或者任何其他类型的标签），JavaScript 函数在运行时将不能为该内容写出相应的字符串，因为 Dreamweaver 的 JavaScript 函数只能为 param 标签和 embed 标签生成属性或值对。如果希望自定义代码在运行时，能够正确得到呈现并且仍能按照预期在 Internet Explorer 中工作，则需要执行下列操作之一：

◆ 自行编写可处理自定义代码的 JavaScript 函数（如果需要，还可以选择菜单栏【编辑】→【首选参数】→【代码改写】命令，关闭 Dreamweaver 的"转换活动内容"功能）。

◆ 开发一个扩展功能，使 generateScript()函数能够在 object 标签中查找其他类型的信息，然后将这些信息传递给一个用于处理不同类型的参数的 JavaScript 函数。

有关活动内容的详细信息，请访问 www.adobe.com/cn/devnet/activecontent/。

实训项目二

一、实训任务要求

确定网站主题，设计 4 个网页，一定要有具体名称。

明确网站内容是如何分类的，至少要用 4 个网页展示所包含的信息内容。

其中 1 个网页的内容由文字和图像结合展示信息，其中有图文混排。

另一个网页的内容由文字与声音或音乐结合。

第 3 个网页要求文字与动画或影像结合。

最重要的是主页的设计。自己确定所用到的信息。

主页外的每个网页必须是同一个主题的子项。并且信息量要充足。

二、实训步骤和要求

首先确定网站的主题，范围不要太宽。

规划网站的主页，注意首页的版面设计、整体布局（在已学技术范围）、划分为几个区域、色彩搭配、内容编排等。明确最有代表性内容类别。

主页内容显示整体网页内容的概述和清晰的导航，版式和区域划分（这里主要是引起注意）。如何具体实施。动笔绘制草图，或在网页中规划出来。

按照要求进行另外 3 个网页的设计，包括信息内容及其规划。

三、评分方法

1. 完成项目的所有功能。（40 分）
2. 网页信息运用规范、正确、色彩搭配合理舒适。（40 分）
3. 实训报告书写工整等。（20 分）

四、实训报告单

要求如下：

1. 总结所涉及网页制作技术。
2. 网站主要设计思路。
3. 实现过程及步骤。
4. 设计中的收获。

实训项目说明：

从对项目进行规划开始，可以设计一个涉及内容并不是很广的主题，在后面的设计中，不断对该主题网站进行完善，直到最后设计制作出一个小规模的站点。

3

网站首页设计

网站首页页面设计，是网站开发中最重要的环节，涉及到网站给人的最初印象，所以设计好首页效果至关重要。这部分的页面设计是最综合的设计，既包括网页整体布局，也包括页面信息内容的优化及合理呈现的应用。例如：网站 Logo（标识）、导航条、下拉单和网页广告动画的设计等。

在本章学习中，将通过完成九个任务来达到学习目标：

（1）设计一个网站首页页面。

（2）设计深房小区网站 Logo。

（3）设计一个横幅的 Gif 动画广告。

（4）设计一组导航条。

（5）设计一组带有下拉单导航条。

（6）设计一个横幅文字变化广告。

（7）设计带有图文变化广告。

（8）设计复杂变化效果广告。

（9）网站首页检查插件并弹出一个公告。

3.1 利用表格布局设计首页

在网站总体设计规划的基础上，动手设计主页面之前应该有一个整体规划，包括内容、版面、素材。

主页面中所涉及的具体信息包括什么、有哪些？如何概括性地把网站的主题及其重点栏目展示出来？版面设计草图是否绘制完成？网页所用文字、图片、动画、广告等素材是否准备好？这些事宜都必须在设计主页面之前完成，或者要同时进行设计处理。

常用于进行网页内容布局设计的工具包括：表格、Div 标签、框架和 CSS（层叠样式表）技术等。表格是用于在 HTML 页上显示表格式数据，以及对文本和图片进行布局的强有力的工具。

表格布局是初学者用于创建网页布局的一种常用的方法，它简化了页面布局的过程，同时在表格的单元格中显示页面信息内容。避开了复杂技术对初学者引起的麻烦。本项任务就是利用表格布局，将设计草图的创意在网页上呈现出来，并且是一个完整的展示。

关键知识点	能力要求
表格布局； 文字与图片混排	会使用表格进行布局设计； 灵活运用表格布局的两种形式，即标准模式和扩展模式下的布局表格； 熟练运用单元格合并或拆分； 会使用嵌套表格进行布局； 熟练设定表格及单元格属性； 进一步熟悉和运用文字和图片属性对其进行排版

3.1.1　任务：设计一个网站首页页面

1．设计效果

完成任务后设计效果如图 3.1 所示。其中网站 Logo、导航条和 Gif 动画设计，会在后面任务中去完成。

图 3.1　项目页面效果

2．任务描述

网站首页页面构成效果如图 3.1 所示，在页面上部是网站 Logo、一个 Gif 动画和网站导航栏。在页面中部左侧区域是生活杂志中各个频道的内容链接与图示及友情链接图像标识；中部左侧区域是生活杂志中各个栏目的重要标题内容链接；在页面下部是页脚部分，包括网站的文字导航栏：首页、小区服务、新闻动态、住户之声、装修\报修、住户留言、联系我们和注销，以及对客户端浏览器的要求提示。

3．设计思路

在进行设计完成任务时，将要使用 Dreamweaver 的可视化助理和表格，进行页面区域的布局划分。在一个表格中可以使用单元格的合并或拆分对页面区域进行分割，这是 Dreamweaver 进行 Web 页布局最初级的办法。可视化助理一般用来对大区域进行划分，而表格用于添加显示内容前直接定义区域大小及其属性。那么，首先对页面进行区域布局，然后通过表格对单元格进行合并或拆分显示页面信息。

4．技术要点

现在大多数用户使用 1024*768 的分辨率，但也有个别用户使用 1228*768 分辨率或其他。要想让网页在各种分辨率下浏览时都能居中，由于目前还没有学习 CSS 可以考虑将页面大小定义为 900*1170，就一切 OK 了。

学习利用可视化助理和表格进行页面布局设计时，一定与单纯利用表格区分开来，因为它与后者相比更容易划分区域、为网页元素定位和进行区域控制或设置。

在进行网页布局时，应该先利用可视化助理来定义页面局部区域大小布局，然后再利用表格的单元格进行内容显示区域划分，表格单元格可以插入任何页面信息元素，并且很容易设置其属性。

对于复杂的页面布局，下一章将会学习使用 Div 与 CSS 结合完成。

3.1.2 任务实现

1．创建 HTML5 的页面结构

新建空白 HTML5 网页，定义页面大小为 900*1170。切换到代码视图。在其中添加如下代码：

```
<!doctype html>
<html>
<head>
<meta charset="utf-8">
<title>无标题文档</title>
</head>
<body>
<header>
```

```
</header>
<nav>
</nav>
<article></article>
<footer></footer>
</body>
</html>
```

其中<header>用于显示页面顶部图片，<nav>用于显示导航条，<article>用于显示页面正文部分，<footer>用于显示页脚部分。

2．在页面上利用可视化助理进行布局

（1）切换到设计视图，在编辑窗口底端右侧单击窗口大小定义实际数值宽为 800、高为 1170。

（2）单击菜单栏中【查看】→【标尺】→【显示】命令，此时将会显示出默认原点在左上角的标尺。然后从所显示的标尺的横向或左侧边缘，用鼠标拖动将会出现横线或竖线为网页定义区域布局的辅助线，如图 3.2 所示。

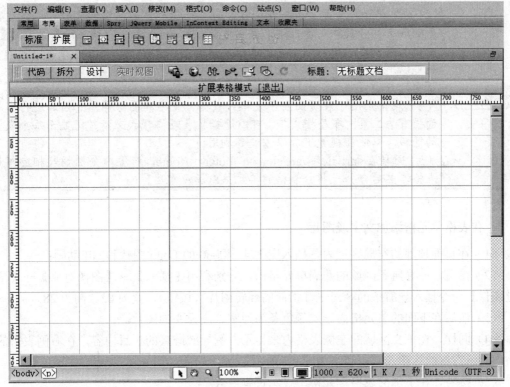

图 3.2　定义页面布局区域的尺寸大小的辅助线和页面尺寸大小

3．插入表格

切换到代码视图，在<header></header>标签内插入一个 1 行 2 列的表格。在<nav></nav>标签内插入一个 2 行 8 列的表格，然后将第 2 行所有列合并为一个单元格，如图 3.3 所示。

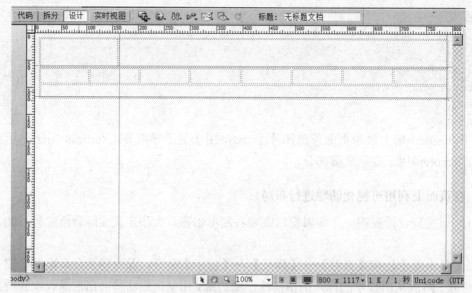

图 3.3　页面表格布局效果

（1）在进行网页页面布局设计时，为了标识对页面区域的划分可以考虑使用辅助工具标尺等。单击菜单栏中【查看】→【标尺】→【显示】和【像素】命令，将会在编辑窗口上方和左侧显示出以像素为单位的标尺刻度。同时，还可以用鼠标从上方和左侧的标尺线上拖出辅助线到窗口内，用来标识要为页面划分的区域线，如图 3.2 所示。

（2）表格是用于在页面显示表格式数据、文字和图形等信息内容进行布局的强有力工具。布局模式下，可以选择扩展表格模式来清楚地显示每个表格的区域，以便在视觉上加以方便的利用。

（3）同样在<article></article>和<footer></footer>标签内分别插入相应布局表格，然后合并或拆分表格的单元格以满足需要。

4．在表格单元格添加文字或图片

（1）在页面顶部的布局区域内，插入宽 174、高 60 的 Logo 图片和 Gif 动画；

（2）接着，在导航条区域的布局单元格内，分别利用【插入】→【图像对象】→【鼠标经过图像】命令插入导航条的 8 对鼠标指向的翻转图片（按钮），宽为 82、高为 28。

（3）然后在下面的单元格内导入颜色条为通宽、高为 9 的图片。

（4）同样，在正文区域的左侧表格内来显示左侧导航链接的栏目内容，在右侧表格的单元格内显示右侧的标题及其内容，如图 3.1 所示。

（5）接着，在下部的表格单元格中显示页脚内容。

5．保存文件

保存文件为 index.html，在浏览器中预览页面效果。

任务设计中使用了表格布局技术，这将有利于页面内容的布局和定位，运行网页时整体不会出现异常情况，使页面布局如同当初草稿设计的样式。

另外，为了适应浏览器大小改变时对页面布局不产生影响，一定将表格宽度设置成固定宽度，也就是指定具体像素值。

3.1.3　知识补充：网页布局设计

1．常见网页布局

本任务中是将网页页面布局划分为五大区域，而在实际主页设计中往往布局多种多样。常见的布局有：

同字型，是一些大型网站首页常用的类型。网页最上面是网站的标题以及 banner 广告条，接下来就是网站的主要内容，左右分别列出细条状内容，中间是主要部分，与左右一起罗列到底，最下面是网站的一些基本信息、联系方式、版权声明等。中国自助网采用这种类型。

弯角型，这种结构和同字型很相近，上面是标题及广告横幅，接下来的左侧是一窄列链接等，右列是很宽的正文，下面也是一些网站的辅助信息。在这种类型中，一种很常见的是最上面是标题及广告，左侧是导航链接。一般用于网站的内页。

上中下型，上面是标题或广告条一类的内容，下面是正文。一些文章页面或注册页面等就是这种类型。

左右框架型，这是一种左右分为两页的框架结构，一般左面是导航链接，有时最上面会有一个小的标题或图形标识，右面是正文。我们见到的多数大型论坛都采用这种结构，有一些企业网站也喜欢采用。这种类型结构非常清晰，一目了然。但是，它在使用框架时有个问题，即不容易被搜索引擎找到。如果考虑到这一点，应尽量少用带框架的页面。

整幅效果型，这种类型常被企业网站作为首页，采用大幅图片或 Flash 动画，在底部呈现一个进入标记的按钮。作为展示企业形象来说，这种页面非常美观，但是服务型网站尽可能不要采用这种方式，因为网页显示时加载速度慢，性格比较急的用户往往接受不了所需要的等待。

总之，网页布局设计要按照网站的实际情况，根据网站受众用户的喜好进行设计。这样，才会让网站受到更多人的欢迎。

此外，网页布局设计时要注意几个原则，对网页设计会带来很多好处。具体包括：

（1）重复，在整个站点的某些页面设计风格中，重复的成分可能是某种字体、标题、Logo、导航菜单、页面的空白边设置、贯穿页面的特定厚度的线条等。

（2）颜色重复，为所有标题设置某种颜色，或者在标题背后使用精细的背景。用对比来吸引用户注意力，抓住用户注意力。例如，可以让标题在黑色背景上反白，并且用大的粗体字（比如黑体），这与下面的普通字体（比如宋体）形成对比。另一个方法是在某段文本的背后使用一种背景色。

（3）在文本周围留出空白，以便更容易阅读，布局也更优美。留白是一种好习惯，满屏幕密密麻麻都是文字会让人感到头晕眼花。适当地留出边距及行距空白，会让阅读变得轻松。

（4）保持简单，避免只是为了试验一种技术或新技巧而采用的，会导致用户分散注意力的东西减到最少。不要期望人们会主动下载插件，很多人会因此转到别的地方去。设计时应该将注意力集中在提供信息方面，而不是使页面看起来令人惊叹而信息却被淹没在动画、闪烁的文本和其他花招的迷雾里。

（5）只要可能，就要避免滚动。用户在浏览新页面时，常常大致扫一眼页面的内容区域，而不理会导航菜单条。如果页面看起来和用户的需要无关，那么两三秒后用户总会点击"后退"按钮。

（6）不要使用闪烁的文本。除了在一些及其少见的情况下使用，过多的闪烁文本会让用户厌烦。动画文本也是这样，一定要非常有节制地使用。

（7）尝试使用文本的布局协助导航。如果页面里包含几十个链接，那么，就要把这些链接分类，并且用不同的标题和颜色块来区分它们。

心里时刻想着站点的用户，哪种人会访问这个站点？他们为什么要来访问？他们的主要知识背景是什么？页面的设计和布局需要反映这些群体的不同需求。使用页面布局突出人们将要寻找的标题。一旦了解了客户群体的需要，就可以分析出他们最希望看到的主题，并且利用页面布局使这些标题突出出来。当然，做一个客户调查，是很好地掌握他们关心内容的最好方法。

2．网页布局设计

在完成前面设计主页面任务后，也许你会有很多新想法，网页布局设计对网站开发来讲越来越重要。访问者早已不愿意见到只注重内容的站点，虽然内容很重要，但只有当网页布局和网页内容成功结合才会受到更多人喜欢。

在进行网页布局设计过程中，最初的页面呈现在你面前时，它就好像一张白纸，需要任意挥洒你的设计才思。一开始就需要明白，虽然你能够控制一切你所能控制的东西，但假如你知道什么是一种约定俗成的标准，或者说大多数访问者的浏览习惯，那么你就应该在此基础上加上自己创意的东西。当然，也可以创造出自己的设计方案，但如果你是初学者，那么最好明白网页布局的基本考虑。

页面尺寸：页面尺寸和显示器大小及分辨率有关系，网页的局限性就在于你无法突破显示器的范围，而且因为浏览器也将占去不少空间，留给你的页面范围变得越来越小。目前广泛应用显示器分辨率为 1024*768，而页面显示尺寸只有 1007*600 像素；若是 800*600 的情况，页面显示尺寸为 780*428 个像素。分辨率越高页面的尺寸就越大。浏览器的工具栏也是影响页面尺寸的原因。在页面设计时唯一给网页增加更多内容（尺寸）的方法是向下拖动页面。但要提醒大家，除非你能够肯定站点内容足以吸引大家去拖动滚动条，否则不要让访问者拖动页面超过三屏高。如果需要在同一页面显示超过三屏的内容，那么，最好能在上面设计页面内部链接，以方便访问者浏览。

（1）整体造型，造型就是创造出来的物体形象。这里代表页面的整体样式，页面中图片与文字的结合应该是层叠有序。虽然电脑显示器是矩形区域，但对于页面的造型可以充分运用自然界中的其他形状以及它们的组合，比如矩形、圆形、三角形、菱形等。不同的形状代表的意义不同，比如矩形代表着正式、规则，很多 ICP 和政府部门的网页都是以矩形为整体造型；圆形则代表着柔和、团结、温暖、安全等，许多时尚站点喜欢以圆形为页面整体造型；三角形代表着力量、权威、牢固、侵略等，许多大型商业站点为显示它的权威性常以三角形为页面整体造型；菱形代表着平衡、协调、公平，一些交友站点常运用菱形作为页面整体造型。目前，网页设计中多数是结合多种图形加以设计，其中某一种图形的构图比例可能占得多一些。

（2）页眉的作用是定义页面的主题。比如站点的名称多数都显示在页眉里。这样，访问者能很快知道这个站点是什么内容。页头是整个页面设计的关键，它将牵涉到下面的更多设计和整个页面的协调性。页头常放置站点名称的图片和公司标识 Logo 以及旗帜广告。

（3）文字，在页面中出现时大多以行或者块（段落）的形式，其摆放位置决定着整个页面布局的可视性。从技术角度讲，文字可以按照自己的要求放置到页面的任何位置。

（4）页脚，它和页头相呼应。页脚是放置制作者或者公司信息的地方。

（5）图片，它和文字是网页的两大构成元素，缺一不可。如何处理好图片和文字摆放，成了整个页面布局的关键。

（6）多媒体，除了文字和图片，网页还有声音、动画、视频等多媒体信息。虽然它们不经常被利用，但随着宽带网的兴起，它们在网页布局上也将变得更重要。

接着，要清楚网页布局的方法。通常有两种方法，一是在纸上进行布局；二是用图像处理软件布局。

纸上布局法，就是在开始制作网页前，应该先在纸上绘出页面的布局草图。许多初学者不喜欢先画出页面布局的草图，而是直接在网页设计软件里边设计布局边添加内容。这种不打草稿的方法很难让你设计出优秀的网页来。所以，准备若干张白纸和一只铅笔，先在白纸上画出象征浏览器窗口的矩形，这个矩形就是你布局的范围了。选择一种形状作为整个页面的主题造型，可以试着在其中增加一些圆形或者其他形状。这样画下来，你会发现很乱。其实，如果你一开始就想设计出一个完美的布局是比较困难的，而你要在这看似很乱的图形中找出隐藏在其中的特别造型。还要注意一点，不要担心你设计的布局是否能够实现。事实上，只要你能想到的布局都能实现。考虑到左边向左凹的弧线，为了取得平衡在页面右边增加一个矩形（也可以是一条线段）。

增加页头，一般页头都是位于页面顶部。比如为页面增加了一个页头，为了和左边的弧线和右边的矩形取得平衡，考虑增加一个矩形页头并让页头相交于左边的弧线。增加文字和图片，即页面的空白部分加别的文字和图片。因为在页面右边有矩形作为陪衬，所以文字放置在空白部分不会因为左边的弧线而显得不协调。图片是美化页面和说明内容必备的元素，应该把图片加入到适当的地方。

经过以上的几个步骤，一个时尚页面的大概布局就出现了。当然它不是最后的结果，而是你以后制作时的重要参考依据。

图像处理软件布局法。如果你不喜欢用纸来画出你的布局意图，那么当今行业内最流行的是利用 Photoshop 或 Fireworks 等软件来完成这项工作。与纸相比利用 Photoshop 或 Fireworks 可以方便地使用颜色、图形，并且可以利用层的功能设计出用纸张无法表现的布局效果。

本项任务是使用表格布局完成任务，在实际开发中还有更好的布局方法，就是利用 CSS 和 Div 技术（第 5 章学习）。

3.2　设计网站 Logo

在学习该项任务之前，实际上已经（前面任务已经着手设计了）对网站的主页面有一个整体规划，特别是网站标识 Logo 设计方案已经确定。

根据各自网站内容，要清楚通过 Logo 反映出什么信息或信号？

如何通过 Logo 概括性地把网站主题或设计风格展现出来？

在开始设计之前，要有一个 Logo 设计草图。这些事宜都必须在设计之前完成，当然课堂上可以根据画面情况和设计感觉，修改设计草图的创意。

本项任务就是根据 Logo 草图进行设计，利用 Fireworks 工具软件制作 Logo 效果。

关键知识点	能力要求
Fireworks 常用工具；	会使用工具条中工具并设置其属性；
文字和图形；	灵活运用文字和图形工具；
笔触和填充色；	根据需求设置笔触和填充色；
渐变色；	会使用调色板进行颜色定义；
缩放及倾斜工具；	熟练使用缩放倾斜变形工具；
属性面板的功能	运用文字和图片进行画面设计

3.2.1   任务：设计深房小区网站 Logo

1．设计效果

任务完成的设计效果如图 3.4 所示。这里显示的已经是效果图了。实际设计工作中这一环节能看到的只是设计草图。

图 3.4   网站 Logo 标识效果图

2．任务描述

设计制作网站的 Logo，包括文字：深房小区及其特效。其中"深房"文字是白色填充、浅蓝色边框、带有投影效果，"小区"文字是浅蓝色填充、白色边框且加投影。

3．设计思路

考虑 Logo 的整体效果，在设计文字时要利用中文粗些的字体，并且要为文字既添加填充色又有笔触边框设置，分别对两组文字定义滤波效果中的投影。

3.2.2   任务实现

首先，认识 Fireworks 并使用各种工具在编辑区绘制图形，同时注意相应属性面板中各项属性的设置，以及组合面板的使用。然后，开始项目设计制作。

1．定义画布大小及其属性

新建文件并设置画面大小宽 162、高 58，颜色为白色。也可以先在默认的画面上设计，最后裁剪合适大小图像。

2．输入文字确定样式

（1）选择文字工具分别输入文字：深房和小区。

（2）设置文字字体和大小，这里选择了粗体字"华文琥珀"（可以选择其他艺术字体进行比较）。

（3）设置笔触色为浅蓝、填充色为白。

> **注意**
>
> 激活笔触或填充以确定受颜色调整影响的属性。重设笔触颜色和填充颜色以应用在"首选参数"对话框中指定的默认值。激活笔触颜色或填充颜色方法：在工具栏面板的颜色区域中，单击笔触颜色或填充颜色框左侧的图标，如图3.5 所示，可以在颜色弹出窗口定义颜色。颜料桶工具使用填充颜色框中显示的颜色来填充像素选区和矢量对象。如何将笔触颜色和填充颜色重设为默认值？单击工具栏面板或混色器中的设置默认笔触/填充色按钮。如何删除选定对象中的笔触和填充？单击工具栏面板的颜色区域中的没有描边或填充按钮。若要将不活动的特性设置为"无"，请再次单击没有描边或填充按钮。也可以通过下面任一方法删除填充或笔触：单击任意填充颜色或笔触颜色弹出窗口中的透明（无色）按钮，或者从属性面板的填充选项或笔触选项弹出菜单中选择"无"。交换填充颜色和笔触颜色方法：单击工具栏面板或混色器中的交换笔触/填充色按钮。

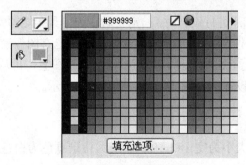

图 3.5　设置颜色的调色板

3．为文字定义滤镜效果

（1）可以将笔触色设为无，即不利用笔触色。选中文字"深房"，选择其属性面板中的【滤镜】→【阴影和光晕】→【内侧发光】项，在弹出的调整窗口中定义属性值，设置效果如图3.6 所示。

（2）选中文字：深房，选择其属性面板中的【滤镜】→【阴影和光晕】→【阴影】项，在弹出的调整窗口中定义属性值，设置效果如图 3.7 所示。

（3）同样设置文字"小区"的效果。

 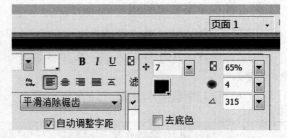

图 3.6　定义滤镜中内侧发光效果　　　　　　图 3.7　定义滤镜中阴影效果

4．将文字组合为整体

（1）同时选中两组文字，单击菜单栏中【修改】→【组合】命令，即可将两个对象组合成一个整体。

（2）使用工具栏中剪裁工具在文字周围绘制区域大小，然后在区域上双击鼠标可截下合适大小的有效图。

（3）保存文件为 Logo.png，然后另存为 Logo.jpg 文件。

3.2.3　任务拓展：设计另一个深房小区网站 Logo

前面学习利用 Fireworks 进行设计时，一定要对它的工具和能够实现的效果有一个较为完整的理解。在进行具体设计时，要考虑如何将文字、图形或已有图像素材结合起来，通过对布局、色彩对比、整体等因素进行充分的思考，然后设计出几个图案，再从中选取最为满意的一个。

任务拓展可以考虑再设计一个图案效果，如图 3.8 所示。

1．定义画面属性

新建文件，设置画面大小为宽 182、高 73 及其背景颜色为白色。

2．输入文字定义样式

（1）选择文字工具分别输入文字：深房和小区。

（2）设置文字字体和大小，尽可能选粗体字，这里选择了字体"华文琥珀"。

（3）分别选中两组文字，单击工具栏中倾斜工具设置文字向右倾斜。

（4）设置笔触色为浅蓝，填充为浅黄至#FFCC00 渐变色。应用到文字"深房"的填充色为上浅下深，即渐变色的标识为上方为黑色方形、下方为黑色菱形（可以用鼠标拖动调整）。而应用到文字"小区"的填充色则是上深下浅，如图 3.9 所示。

图 3.8　网站 Logo 标识扩展效果

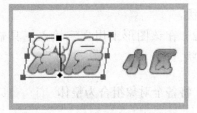

图 3.9　为文字设置笔触和填充色

颜色、渐变和笔触，颜色模型用于描述在数字图形中看到和用到的各种颜色。每种颜色模型（如 RGB、HSB 或 CMYK）分别表示用于描述颜色及对颜色进行分类的不同方法。颜色模型用数值来表示可见色谱。色彩空间是另一种形式的颜色模型，它有特定的色域（范围）。例如，RGB 颜色模型中存在多个色彩空间：Adobe RGB、sRGB 和 Apple RGB。虽然这些色彩空间使用相同的三个轴（R、G 和 B）定义颜色，但它们的色域却不相同。处理图形颜色时，实际是在调整文件中的数值。可以简单地将一个数字视为一种颜色，但这些数值本身并不是绝对的颜色，而只是在生成颜色的设备的色彩空间内具备一定的颜色含义。

3．绘制五角星

（1）选择工具栏中图形工具为星形，绘制一个小五角星并设置笔触色为黄、填充色为浅蓝色渐变色。

计算机以矢量或位图格式显示图形，理解这两种格式的差别有助于更有针对性地运用图形。使用 Fireworks 可以创建压缩矢量图形并将它们制作为 Gif 动画，还可以导入和处理在其他应用程序中创建的矢量图形和位图图形。①矢量图形，使用直线和曲线（称为矢量）描述图像，这些矢量还包括颜色和位置属性。在编辑矢量图形时，可以修改描述图形形状的线条和曲线的属性。可以对矢量图形进行移动、调整大小、改变形状以及更改颜色而不更改其外观品质。矢量图形与分辨率无关。它们可以显示在各种分辨率的输出设备上而丝毫不影响品质。②位图图形，使用在网格内排列的称作像素的彩色点来描述图像。例如，用数码相机拍摄的树叶图像，由网格中每个像素的特定位置和颜色值来描述。这是用非常类似于镶嵌的方式来创建图像。在编辑位图图形时修改的是像素，而不是直线和曲线。位图图形跟分辨率有关，因为描述图像的数据是固定到特定尺寸的网格上的。编辑位图图形可以更改它的外观品质，特别是调整位图图形的大小会使图像的边缘出现锯齿，因为网格内的像素重新进行了分布。在比图像本身的分辨率低的输出设备上显示位图图形时也会降低它的品质。

（2）利用缩放和旋转工具设置星形大小和方位。

（3）分别复制或克隆三个，设置不同大小并调整排列。

4．设计蓝色矩形和文字

（1）在文字和图形下面绘制一个笔触色为蓝色、填充色为浅蓝色的矩形，并用倾斜工具改变形状。

（2）在该图形上用文字输入工具输入网址：http://www.shenfang.com，并用倾斜工具改变形状。

5．将各个对象组合为整体

（1）将所有对象组合为一个对象。

（2）使用剪裁工具截下有效图大小。

（3）保存文件为 Logo1.png，然后另存为 Logo1.jpg 文件。

3.2.4   知识补充

除了将文字、图形、色彩等组合起来设计 Logo，还要从设计过程中得到启发去设计网页中要用到的图像或图片。涉及对色彩、文字与图形及其特效的灵活运用。在进行设计时常常要用到软件的滤镜效果。例如，同样是项目拓展中的样例，也可以将滤镜改为斜角和浮雕的内斜角效果的设计，可得到如图 3.10 所示的效果。

图 3.10   文字设计为内斜角效果

Adobe Fireworks 动态滤镜以前称为动态效果，它可以应用于矢量对象、位图图像和文本的增强效果。动态滤镜包括：斜角和浮雕、纯色阴影、投影和光晕、颜色校正、模糊和锐化。可以直接从属性面板中将动态滤镜应用于所选对象。当编辑应用了动态滤镜的对象时，Fireworks 会更新动态滤镜。应用动态滤镜后，可以随时更改其选项，或者重新排列滤镜的顺序以尝试应用组合滤镜。在属性面板中可以打开和关闭动态滤镜或者将其删除。删除滤镜后，对象或图像会恢复原来的外观。

添加滤镜弹出菜单中的内置滤镜和插件作为动态滤镜应用，可确保您能够编辑它们或将它们从对象中删除。只有当确定不需要编辑或删除滤镜时，才使用滤镜菜单应用滤镜和 Adobe Photoshop 插件。仅当撤消命令可用时，才可以删除滤镜。

安装和应用 Photoshop 插件，在属性面板中单击添加滤镜的（＋）按钮，在弹出对话框选择【选项】→【查找插件】命令，然后在出现的窗口中定位到安装 Photoshop 插件的文件夹，单击"确定"按钮即可。重新启动 Fireworks 以加载插件。若要向选定的对象应用 Photoshop 插件，请在属性面板中单击"添加滤镜"按钮，然后从选项子菜单中选择一种滤镜。

应用 Photoshop 图层效果，如果导入某个 PSD 文件，则还可以编辑该文件中已存在的图层效果。在属性面板中单击添加滤镜按钮，然后选择 Photoshop 动态效果弹出效果窗口，在左侧窗格中选择其中一种效果，接着在右侧窗格中编辑其设置。可以一次选择多种效果。

向分组对象应用滤镜，对某个组应用滤镜时，滤镜将应用于组中的所有对象。如果取消对象的组合，则每个对象的滤镜设置会恢复为单独应用于该对象。若要对组中的个别对象应用滤镜，请使用部分选定工具仅选择该对象，再添加滤镜效果。

网站 Logo 设计。初学者应根据自身的现有能力，设计一个作品。随着对工具的日益熟悉和对图像设计的感觉，可以随时修改前面的 Logo，以便自己满意作品效果。此外，在网上遇到好的图片可以及时收集起来，自己可以有针对性地使用所掌握的技术进行模仿或加工设计，创作出自己的作品。对初学者来讲，这种设计方式会带来极大的收获。

网站 Logo 是一个网站的形象，在宣传推广方面起到一定的作用。漂亮时尚的 Logo 会让人心情愉悦，有眼前一亮的视觉享受。同时，更容易让用户一眼看出网站主题，更易于记住网站。

使用混色器创建和修改颜色。通过单击菜单栏中【窗口】→【混色器】命令将混色器在组合面板中显示出来，可以查看和更改处于活动状态的笔触颜色和填充颜色。默认情况下，混色器将 RGB 颜色标识为十六进制值，显示红（R）、绿（G）、蓝（B）颜色成分的十六进制颜色值。如表 3.1 所示。十六进制 RGB 值是基于从 00～FF 的值范围来计算的。

表 3.1　颜色模式

颜色模式	颜色表示模式
RGB	红色、绿色和蓝色的值，其中每个成份都是一个 0～255 之间的值。0-0-0 表示黑色，255-255-255 表示白色
十六进制	红色、绿色和蓝色的 RGB 值，其中每个成分都有一个从 00～FF 的十六进制值。00-00-00 表示黑色，FF-FF-FF 表示白色
HSB	色相、饱和度和亮度的值。色相有一个从 0～360 度的值，而饱和度和亮度有一个从 0%～100% 的值
CMY	青色、洋红色和黄色的值，其中每个成分均有一个从 0～255 的值。0-0-0 表示白色，255-255-255 表示黑色
灰度等级	黑色所占的百分比。单个黑色（K）成分有一个从 0%～100% 的值，其中 0 表示白色，100 表示黑色，两者之间的值为灰度阴影

应用颜色、笔触和填充，可以从混色器的选项菜单中选择替换颜色模式。当前颜色的成分值随每个新颜色模式而改变。尽管 CMY 是一个颜色模式选项，但直接从 Fireworks 中导出的图形并不适合打印。若要使导出的 Fireworks 图形适于打印，先将它们导入到 Adobe Illustrator、Photoshop 或 Freehand 中。有关详细信息，请参阅这些应用程序的文档。若将颜色应用于选定的矢量对象，可以在混色器中单击笔触颜色或填充颜色框旁边的按钮，将指针移到颜色栏上单击选择。若要选取颜色，先取消选择所有对象，以防在混合颜色时对对象进行不必要的编辑操作，单击笔触颜色或填充颜色框从混色器的选项菜单中选择一种颜色模式。若要指定颜色值，请在颜色成分文本框中输入值或使用弹出滑块或者从颜色栏中选取颜色。

3.3　设计 Gif 动画

网站上使用动画来展示信息内容，如今已经是再常见不过了。一般地讲，网站主页上常常会利用一些数据量较小的 Gif 动画来呈现一些特殊的信息。

在学习该项目任务之前，要对网站的主页所要用到的 Gif 动画，有清楚的理解。通过该动画要反映出什么信息或信号，把网站主题及设计风格与 Gif 动画的结合展现出来。之前要有 Gif 动画的设计草图，还要准备好图像素材。

关键知识点	能力要求
Gif 动画； 动画基本概念，状态画面、过渡画面、状态延时； Fireworks 导出文件格式选择	熟练使用工具，设置属性、画面设计； 如何增加状态画面或过渡画面； 会设置帧延时； 对动画过程有整体思考； 会播放、测试和导出动画

3.3.1　任务：设计一个横幅的 Gif 动画广告

1. 设计效果

完成任务后的设计效果，如图 3.11 所示。

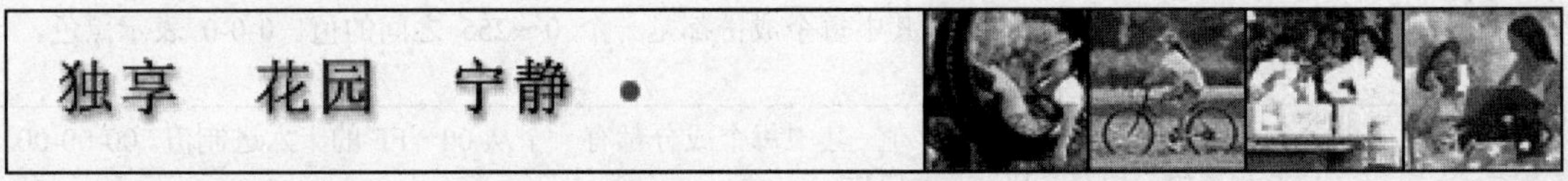

图 3.11　gif 动画效果

2. 任务描述

在画面动态效果中，左侧为文字变化区域，中间为增加的绿色小圆点，右侧为图像变化区域。其中文字变化效果是：独享、花园、宁静变化到三条模糊横线，再过渡到坐拥、城市、繁华；增加绿色小圆点的效果是：由初始一个点逐一增加到五个点，再重复该变化；右侧图像变化效果是：当中间区域绿色小圆点增到五个后更换右面的图像，直到再次重复前将图像还原为最初的图像。设置动画永久重复播放。

3. 设计思路

首先，准备好将要用到的图片素材，并对动画进行初步设计（草稿样式）。

通过定义 Gif 动画的画布大小来设定动画场景区域，并设计初始动画场景，然后在状态面板中不断增加新的状态画面并设计变化的场景。接着设置每个状态停留的时间，设置永久循环，最后利用导出向导生成 Gif 动画。

4. 技术要点

学习 Fireworks 设计动画知识。在 Fireworks 中制作动画，一种方法是通过创建元件并不停地改变它的属性来产生变化效果。效果包括让一个元件在画布上来回移动、淡入或淡出、变大或变小或者旋转。因为单个文件中可以有多个元件，这样就可以创建不同类型的动作同时发生的复杂动画效果。可以将动画作为 Gif 动画文件或 Flash swf 文件导出，类似于 Flash 动画。

另一种方法是创建多状态画面，使每个画面都有变化，连续播放这些画面生成 Gif 动画。本设计将采用第二种技术方法。

3.3.2　任务实现

1．定义画面属性

新建文件并定义画布大小作为动画场景。设置宽高分别为 538、57。

2．定义动画状态及其停留时间

（1）单击菜单栏中【窗口】→【状态】命令，组合面板中显示一个状态面板，单击状态 1 右侧的数字，在弹出的对话框中定义数字为 20，即画面停留时间为 20% 秒。

（2）在画面设计文字和图形或导入图片素材进行整体设计。左侧显示文字：独享　花园　宁静，中间显示增多的点，右侧导入图片，如图 3.12 所示。

图 3.12　第 1 个画面状态的设计

（3）选中状态面板内下面的新建/重置状态按钮，新增一个状态，然后将前一个画面复制过来，并在其中多添加一个点。

（4）同步骤（3）再新建 4 个状态，每个画面都在前一状态基础上添加一个点，如图 3.13 所示。

图 3.13　第 5 个画面状态的设计

　若要在新建状态里包含前一个状态的画面内容，可以在组合面板处于状态选项下，将鼠标放在当前状态上单击鼠标右键，在弹出的快捷菜单中选择复制现状态，然后选择插入新状态的位置和数量。

3．定义画面过渡状态

复制前一状态画面，将左侧文字改为三条模糊的直线，如图 3.14 所示。

图 3.14　第 6 个画面状态的设计

4．定义第 2 组画面状态

（1）新增第 7 个状态，在左侧设置新文字：坐拥　城市　繁华，中间一个点，右侧导入新图片，如图 3.15 所示。

图 3.15　第 7 个画面状态的设计

（2）复制前一个状态再增加 4 个状态，每个状态都多增加一个点直到五个点，第 11 个状态画面如图 3.16 所示。

图 3.16　第 11 个画面状态的设计

5．定义第 2 组画面过渡状态

复制第 11 个状态作为再增加一个状态的场景，第 12 个状态设计画面如图 3.17 所示。

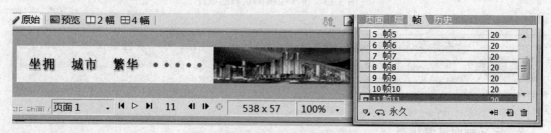

图 3.17　第 12 个画面状态的设计

6．预览并保存导出文件

（1）可以单击编辑画面窗口下边的播放按钮，对设计效果进行浏览。

（2）保存文件为 header.png，通过导出向导导出 Gif 动画 header.gif。

3.3.3　任务拓展：设计一个图形围绕中心顺时针不停旋转 Gif 动画

在实际 Gif 动画中变化是多种多样的。在通常情况下，Gif 动画都是在画面中有一个小的状态改变，不会是很多处同时在变。

接下来，学习另外一种设计 Gif 动画的方法。设计一个图形围绕中心顺时针方向不停旋转的效果，如图 3.18 所示。

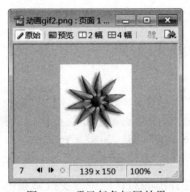

图 3.18　项目任务拓展效果

1．定义画面属性并绘制图形

（1）新建文件并默认画布大小作为动画场景。

（2）在工具栏上选择星形工具，定义颜色区域的笔触颜色为红、填充色为从黄至红的辐射状渐变，并绘制大小合适的图形如图 3.19 所示。

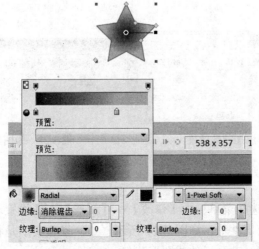

图 3.19　选择颜色绘制星形图形

2．变换图形样式

（1）在星形图形上呈现 4 个黄色的菱形标识，从上开始顺时针依次是半径 1、半径 2、圆度 1、圆度 2 和点数。用鼠标拖动圆度 2 向内则图形变换为如图 3.20 所示。

（2）用鼠标拖动左侧的点数标识为 10，画面图形变换为 10 个角，如图 3.21 所示。

图 3.20　利用圆度 2 变换图形　　　　　　图 3.21　利用点数增加变换图形

3．为图形增加滤镜浮雕效果

（1）选中图对象，在属性面板中单击增加滤镜按钮，选择【斜角和浮雕】→【内斜角】命令，在弹出的对话框中选择"平滑"项，如图 3.22 所示。

（2）接着为图形增加投影效果，选中图对象，在属性面板中单击增加滤镜按钮，选择【阴影和光晕】→【阴影】命令，在弹出的对话框中改变投影颜色为灰色，如图 3.23 所示。

图 3.22　为图形添加浮雕效果　　　　　　图 3.23　为图形添加投影效果

4．设计动画效果

（1）选中图对象后选择菜单栏中【修改】→【阴影】→【设置动画】命令，在弹出的对话框中改变帧（状态）等属性值，如图 3.24 所示（这一操作实质是将对象转换为动画元件，因为动画属性设置只能针对动画元件或图形元件）。

图 3.24　为图形添加动画的对话框

（2）设置好后单击"确定"按钮，会弹出一个询问是否自动添加帧（状态）的对话框，单击"确定"按钮后显示画面和状态面板如图 3.25 所示。

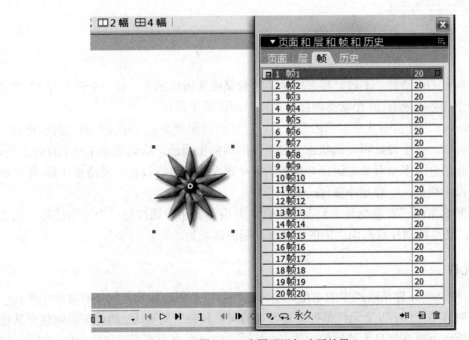

图 3.25　为图形添加动画效果

（3）在图 3.25 中可以看到图对象上有一个红色的标记，这是旋转的中心点（若定义时有移动会见到一个绿色标记为起点，红色标记为终点，本例绿色点和红色点重合）。另外，现在的图对象已经是一个动画元件的实例，这个动画元件被保存在文档库内（类似按钮元件），它所对应的属性面板中也包含该动画设置的各种属性：帧（状态）、不透明度、缩放、旋转等。

5．浏览效果并导出文件

（1）可以单击画布窗口下边的播放按钮浏览查看效果，即显示顺时针旋转的动画。

（2）最后可以使用剪裁工具将画布剪裁成合适大小，如图 3.26 所示。

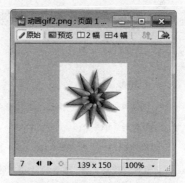

图 3.26　利用剪裁工具剪裁画布

（3）保存 png 文件，利用导出向导保存 Gif 动画文件。

通过本例的设计可以受到启发，同样的动画设计过程能够制作出沿着直线移动的图形、图像或文字效果的 Gif 动画。

3.3.4　知识补充：动画设计

1．动画

动画，特别是 Gif 动画，不过是将多个画面的效果连续播放出来。前一个任务有 12 个状态画面，后一个任务扩展有 20 个状态画面。重点是画面效果设计。

利用 Fireworks 进行前面几个实例的设计后，已经对画面效果有一个完整的理解和把握。在进行动画设计时，只不过是将动画状态分到了不同画面上而已。这就要求在动手设计之前，考虑如何将动画划分为多个有效的画面？单独的各个画面如何进行设计？要特别注意，每个相邻画面之间的微小变化，一般是小变化。

设计动画时常常将已有素材导入到某个画面，并设置其相应属性是一个常用技巧。在设计 Gif 动画时，还要特别注意画面之间的连接及间隔时间长短。

2．动画元件

Fireworks 中动画元件是动画中的主角。动画元件可以是创建或导入的任何对象，并且一个文件中可以有许多元件。每个元件都拥有其各自的属性和独立的行为，因此可以创建在其他元件淡入淡出或收缩时在屏幕上移动的元件。不是动画的每个方面都需要使用元件。但是，对于出现在多个状态中的图形使用元件和实例会减小文件大小。

可以随时使用动画对话框或属性面板更改动画元件的属性，可以在不影响文档其余部分的情况下编辑元件的图片，还可以通过移动运动路径来改变元件的运动。因为动画元件被自动放到库中，所以可以重复使用它们创建其他动画。

利用动画元件设计 Gif 动画流程：

（1）可以选择菜单栏中【编辑】→【插入】→【新建元件】命令，从头开始创建动画元件，也可以通过将现有对象转换为元件来创建动画元件。

（2）在属性面板或动画对话框中设置动画元件的动画属性值，包括设置移动的角度和方向、缩放、不透明度（淡入或淡出）以及旋转的角度和方向。注：移动的角度和方向选项只能在动画对话框中找到。

（3）使用状态面板中的状态延迟数值来设置动画速度。

（4）将文档优化为 Gif 动画文件。

（5）将文档作为 Gif 动画文件或者 swf 文件导出，或者保存为 Fireworks 的 png 文件并导入到 Flash 中做进一步编辑。

设计动画像平面设计一样，也要多看好的作品，才能受到启示，迸发出好的创意。动画效果的关键，是如何让效果动起来。既要考虑画面变化，又要考虑时间变化，即动画快慢；既要考虑整体效果，还要考虑动画文件数据量不能过大。一般的 Gif 动画文件都比较小，这也是它的优势。

在 Fireworks 中，能够创建移动的横幅广告、徽标和卡通形象等动画。

可以通过更改优化面板中的优化和导出设置来控制文件的创建方式。Fireworks 可以将动画作为 Gif 动画文件或 Adobe Flash swf 文件导出，也可以将 Fireworks 动画直接导入到 Flash 中做进一步编辑。

3.4　设计网站导航条

导航条，也称为导航栏，是网站上的一排链接按钮，通常位于网页顶端或左侧区域，起着概要导引和链接网站各个页面的作用。

在开始任务之前，要对网站的主页面所需的导航条及其功能有初步设计。根据各自网站内容、分主题及其功能的划分，必须清楚地知道如何通过导航条设计，概括性地表现出网站主题或色彩的设计风格。要有导航条的初步设计草图。

这些事宜都必须在设计之前完成，当然设计时可以根据画面情况和设计感觉，修改设计草图的创意。

关键知识点	能力要求
文字和图形； 笔触和填充色及其设置； 定义与使用渐变色； 缩放及倾斜工具； 按钮制作	灵活运用文字和图形工具； 熟练使用按钮元件进行设计； 会导出导航条为 html 与图像文件； 学会在 Dreamweaver 中导入 Fireworks 的 htm 文件

3.4.1　任务：设计一组导航条

1. 设计效果

完成任务的设计效果如图 3.27 所示，这已经是效果图。实际项目开发工作中这一环节能看到的只是设计草图。

图 3.27   网站导航条效果图

2．任务描述

设计制作主页中的按钮导航条，包括：首页、生活杂志、小区服务、新闻动态、住户之声、装修\报修、住户留言和联系我们。导航条宽为 758、高为 45，当鼠标指向按钮时标题色彩发生变化，单击时链接到相应页面。

3．设计思路

在进行具体设计时，既可以利用系统提供的按钮样式，也可以自己考虑如何将文字、图形或已有图像素材结合起来设计按钮，对导航选项画面、色彩对比、整体等因素进行充分的思考，然后设计出几个方案，最后选择最为满意的一个作品。

4．技术要点

按钮设计使用最主要的技术是按钮编辑器。利用按钮编辑器，可以引导完成按钮的创建过程，包括设计按钮的弹起、滑过、按下、按下时滑过等状态和有效区域的按钮图形及其文字标题，得到一个便于使用的按钮元件。利用该元件就可以轻松地创建多个该元件的实例，进而制作导航条的每个按钮选项。

另外，设计按钮时也可以应用按钮编辑器中提供的"导入按钮"选项（Fireworks CS3 以上版本），显示系统提供按钮样例。可以根据情况调整设计按钮的各个状态，包括色彩、光泽、文字属性等，以达到个性化设计的要求。

制作时可以通过上述两种方法，设计出一个按钮元件，此时它被放在了软件文档库内。使用时要选择菜单栏中【窗口】→【文档库】命令，在右侧组面板处显示的库面板中可见到该按钮元件，将该元件拖放到画布上即成为了该元件的实例。可以修改实例的标题、位置和大小，使之成为导航条的一个按钮项。重复拖放即可得到其他按钮。

3.4.2   任务实现

首先，根据样式设计草图判断应该使用哪些工具，在编辑区绘制图形，同时在相应的属性面板中设置各项属性，也可以使用系统提供的按钮样式进行导航条设计。

1．定义画面属性设计导航条背景

（1）新建文件并设置其画布大小及其背景色彩，保存文件。

（2）在工具栏中选择矩形工具，选择颜色区域的笔触色为无、填充色为蓝色，接着在画布上绘制一个矩形导航条背景图形。

（3）选择直线工具，设置笔触色为白色，然后在蓝色背景上绘制 9 条竖直的线段用来隔离每个待设计的按钮，如图 3.28 所示。

图 3.28　绘制导航条底图

2．定义按钮及其属性

（1）选择菜单栏【编辑】→【插入】→【新建按钮】命令，弹出按钮编辑对话框，其中有弹起、滑过、按下、按下时滑过和有效区域几个选择。

（2）在"弹起"选项下，自己绘制一个设置为蓝色笔触色、蓝色渐变色填充的合适大小圆角矩形，如图 3.29 所示。

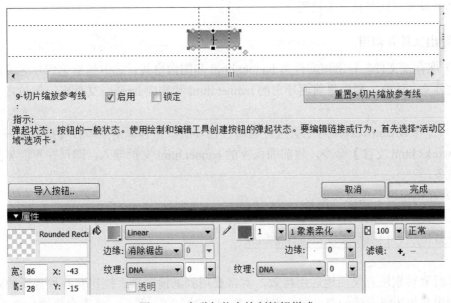

图 3.29　在弹起状态绘制按钮样式

（3）在工具栏中选择文字输入工具，定义颜色为白色，在按钮上输入合适大小的文字 Button。

（4）在按钮编辑窗口中切换到"释放"选项的编辑区，然后将"弹起"状态的按钮复制过来，修改渐变颜色将其加深设置文字颜色为蓝色等，此时将会用到组合面板中的层面板进行选中或取消。

（5）同样，再设置或修改"滑过（注意要单击右下侧的复制按钮）、按下、按下时滑过"的按钮状态。

（6）最后设置有效区域，即按钮指向时的有效区域的大小，一般情况下让热区覆盖到按钮大小即可。

（7）经过前面的步骤已经完成了按钮元件的设计，单击所在窗口的右下角的完成按钮，此时，切换回画布编辑区，并见到已经有一个按钮。该按钮实际上已经是按钮元件的实例，将其移动到合适的位置后在属性面板内修改标题为"首页"，即开始制作页面具体按钮了。

3．克隆该按钮实例定义其他按钮外观

（1）选中编辑区的按钮，单击菜单栏中【编辑】→【克隆】命令，就可以见到在按钮的

位置被克隆了一个，然后用方向键或鼠标拖动到想放的位置。接着，多次克隆可以得到多个按钮实例并将其拖到合适位置。

（2）调整按钮位置并修改各自标题文字为：生活杂志、小区服务、新闻动态、住户之声、装修\报修、住户留言和联系我们。

4．定义按钮其他属性

（1）设计过程中可以随时选择菜单栏中【文件】→【在浏览器中浏览】命令，会显示在浏览器中的观察效果。

（2）选中每个按钮可以在相应的属性面板内设置链接的路径文件、替换和目标等，也可以不在这里设置而到网页中去设置。

5．导出文件并调用

（1）保存源文件，导出该文件为 banner.html 和图像格式，选中包括无切片区域和将图像放入子文件夹（注意：最好将前面导出的 banner.html 和相应 images 文件夹一起放在主页的文件夹内）。

（2）打开 Dreamweaver 对主页进行编辑，在导航条位置单击菜单栏【插入】→【媒体】→【Fireworks html 文件】命令，将前面保存的 banner.html 文件导入，即可在页面见到已经插入的导航条。

（3）在浏览器中预览效果。

3.4.3　任务拓展：利用系统按钮设计导航条

设计时要特别注意灵活地运用特效，常常要用到滤镜效果。按钮有各种各样的效果，现在考虑利用系统按钮设计一个方案，当然，也可以对文字、图形、色彩变化进行修改。

完成任务拓展的设计效果如图 3.30 所示。

图 3.30　用系统按钮设计导航条

1．定义画面属性设计背景图

（1）新建文件并设置其画布大小宽 763、高 35，背景色为蓝色，保存文件；

（2）选择工具栏中矩形工具，定义笔触色为无、填充色为蓝色，用矩形工具在画布上绘制一个矩形导航条背景图形。

2．定义按钮样式

（1）选择菜单栏【编辑】→【插入】→【新建按钮】命令，弹出按钮编辑对话框，其中有弹起、滑过、按下、按下时滑过和有效区域几个选择。

（2）在按钮编辑窗口中，单击"导入"按钮，则打开"导入元件"对话框，如图 3.31 所示。选择公用库内提供的按钮元件样式，单击"导入"按钮后该按钮会显示在按钮编辑窗口内。

图 3.31　从导入元件窗口选项系统提供按钮元件

（3）此时，回到画布编辑区，可见到已经有一个按钮，将其标题改成"首页"。

（4）选中编辑区的按钮，单击菜单栏【编辑】→【克隆】命令，用鼠标拖动该按钮到合适位置，然后，多次克隆并拖放按钮到具体位置。

（5）调整按钮位置并修改各自标题文字为：生活杂志、小区服务、新闻动态、住户之声、装修\报修、住户留言和联系我们。

3．定义按钮其他属性

（1）设计过程中可以随时选择菜单栏【文件】→【在浏览器中浏览】命令，会显示在浏览器中观察效果。

（2）选中每个按钮后可以设置链接、替换和目标等，也可以不在这里设置而到网页中去设置。

4．导出文件并调用

（1）保存源文件，导出该文件为 banner.html 和图像格式，选中包括无切片区域和将图像放入子文件夹。

（2）打开 Dreamweaver 对主页进行编辑，在导航条位置单击菜单栏【插入】→【媒体】→【Fireworks html 文件】命令，将前面保存的 banner.html 文件导入，即可在页面见到已经插入的导航条（注意：最好将前面导出的 banner.html 和相应 images 文件夹一起放在主页的文件夹内）。

3.4.4　知识补充：导航条设计

导航条设计得合理、醒目，可以很好地引导用户进入网站查看网页。常见的类型包括：水平、垂直、固定宽度、自适应宽度、伸缩或折叠面板等。

在导航条设计过程中，实际上经常要用到图形或图片，涉及对色彩、文字与图形及其特效的灵活运用。在设计时也常常要用到滤镜效果。

在网页中通过添加按钮、菜单或导航条来简化文档中的导航。即使目前对 JavaScript 和 CSS 代码还一无所知，使用 Fireworks 可以轻松创建和实现这些导航功能。在导出带有按钮的导航条或弹出菜单时，Fireworks 会自动生成在 Web 浏览器中显示它所需的 CSS 代码或 JavaScript。在 Dreamweaver 中，也可以轻松地将 Fireworks 中的 CSS 代码、JavaScript 和 HTML 代码插入到网页、任何 HTML 或 CSS 文件。其实，导航条就是一组按钮，提供了到网站不同页面的链接。整个网站中的导航栏通常相同并提供一致的导航方法。但是，导航栏中的链接可以不同，以便满足特定页面的需要。

设计导航条的流程如下：

（1）创建并设计一个按钮元件。

（2）从文档库面板中，将该元件的一个实例（副本）拖到工作区中。

（3）通过执行下列操作之一，制作该按钮实例的副本：

◆ 选择该按钮实例，然后选择菜单栏中【编辑】→【克隆】命令；

◆ 按住 Alt 键（在 Windows 中）并拖动该按钮实例。

（4）按住 Shift 键并拖动按钮可使其水平或垂直对齐。如果要进行更为精确的控制，请使用箭头键来移动实例。

（5）重复执行步骤（3）和（4），创建更多的按钮实例。

（6）选择每个实例，然后在属性面板中为其指定唯一的名称、URL 和其他属性。

相比前面的 Logo 设计，此时在工具使用、色彩把握、画面平衡方面已经有很大的进步，完全能够设计出一个自己满意的作品。

按钮上的文字说明了点击之后将要呈现的信息。通常按钮的样式可以大致总结为两种：系统标准按钮和使用图形自制的按钮。系统标准按钮的设计起源于模拟真实的按钮，它与用户电脑的操作系统中的按钮表现上是一致的，容易识别。标准按钮具有多种状态，鼠标释放（正常状态），鼠标滑过（指向状态），鼠标按下时（点击时状态），鼠标按下（被选中状态），多种状态在视觉上呈现了变化的效果。

链接按钮在网页中也大量使用，从表面上看是一个按钮而实际上只提供了一个链接。最初网页上随处可见文字链接，设计师为了突出其中的某些特别重要的链接，将其设计成了类似按钮的样子，使得这些链接更为突出，引导用户点击。这也从侧面说明了在网页上按钮是很醒目的元素。

此外，CSS 技术也可以对按钮样式进行一些个性化的设置，可以改变按钮颜色、立体效果、文字大小和文字颜色。

3.5　导航下拉单

随着网站主题内容的急剧增加及其功能的复杂化，越来越多的网站使用下拉菜单进行导航。熟悉 JavaScript 的朋友都知道，所谓下拉菜单其实是通过 JavaScript 控制每一个元素的可见属性实现的，当然这需要专门编写大段的代码。但是选择使用 Fireworks 工具来设计就不需要这么麻烦，所有的代码都是由 Fireworks 软件自动生成，你要做的只是美化一下界面，再简单地设置一下下拉菜单的选项就可以了。

在学习该项任务之前，要对网站的主页面有一个整体规划，特别是主页导航下拉菜单。根据各自网站内容、分主题及其功能的划分，要清楚如何通过导航下拉菜单设计概括性地表现出网站主题内容和色彩的设计风格，并且方便地导航到相应页面。要有导航下拉菜单的初步设计草图，包括大小、色彩及文字搭配。

通过前面几个任务的设计制作，对于利用 Fireworks 进行设计，已经获得了一定的经验，对本项目的设计能够在效果方面有一个完整的把握，思路应该更为清晰，设计效率应该更高。

与前面设计类似，在进行下拉菜单设计时，既可以利用系统提供的按钮样式，也可以自己考虑如何将文字、图形或已有图像素材结合起来设计按钮，对导航画面、色彩对比、整体等因素进行充分的思考，然后利用弹出菜单设置窗口定义有关的菜单选项，设计出更为满意的一个作品。

关键知识点	能力要求
切片工具； 添加编辑弹出菜单	理解切片工具的功能； 会为切片添加编辑弹出菜单； 熟练设置弹出菜单窗口的各项属性

3.5.1　任务：设计一带有下拉菜单的导航条

1．设计效果

完成任务和设计效果如图 3.32 所示，在 8 个选项中有 3 个带有下拉菜单，分别是生活杂志、小区服务和新闻动态。

图 3.32　带有下拉菜单的导航条

2．任务描述

在网站导航条中选项有 8 个，分别是首页、生活杂志、小区服务、新闻动态、住户之声、装修\保修、住户留言和联系我们。鼠标释放状态为（除小区服务外）图示效果；鼠标滑过状态如图中小区服务所示；鼠标按下状态效果类似鼠标滑过，但文字采用滤镜的凹入浮雕效果。

在 8 个选项中有 3 个带有下拉菜单，分别是"生活杂志"弹出下拉菜单项为时尚直击、温馨家居、四季风景线、靓足 100 分、八方食圣、健康宝贝、教育咨询、娱乐频道，"小区服务"弹出下拉菜单项为小童管理、文体活动、停车场管理、外来客记录，"新闻动态"弹出下拉菜单项为节日活动报道、体育比赛、小区外宾参观、好人好事、小区见闻。

3．设计思路

由于导航栏选项对鼠标操作有 3 种状态效果，制作时立刻想到要使用按钮元件，在其中自己设计按钮的弹起、滑过和按下的各个状态的文字和图像效果。然后利用按钮元件制作导航栏的标题按钮。接着，在每个按钮实例制作选项的基础上，分别选中生活杂志、小区服务和新闻动态，在软件菜单修改项中为它们添加弹出菜单命令，设计下拉菜单选项、链接文件及其效果。

4．技术要点

使用技术包括切片、弹出菜单编辑器。切片是 Fireworks 中用于创建交互性的基本构造块。它是网页对象但不是以图像形式存在，而是以 HTML 代码的形式出现。

 设计下拉菜单效果首先要设定切片对象，然后针对该对象才能够设置弹出菜单效果。

弹出菜单编辑器是一个带有选项卡的对话框，可引导完成整个创建弹出菜单的过程，并快速、方便地创建垂直或水平弹出菜单。其中包括四个选项卡：

（1）"内容"包含用于确定基本菜单结构，以及每个菜单项的文本、URL 链接和目标的选项。

（2）"外观"包含可确定每个菜单单元格的"弹起"状态和"滑过"状态的外观，以及菜单的垂直和水平方向的选项。

（3）"高级"包含可确定单元格尺寸、边距、间距、单元格边框宽度和颜色、菜单延迟以及文字缩进的选项。

（4）"位置"包含可确定菜单和子菜单位置的选项：

◆ "菜单位置"将相对于切片放置弹出菜单。预设位置包括切片的底部、右下部、顶部和右上部；

◆ "子菜单位置"将弹出子菜单放在父菜单的右侧或右下部，或者放在其底部。

3.5.2 任务实现

1．定义画面属性绘制导航条背景

（1）新建文件并设置其画布大小宽 763、高 35，及其背景色为蓝色，保存文件。

（2）利用选择笔触色为无、填充色为蓝色，用矩形工具绘制一个矩形导航条背景图形。

2．定义按钮样式并在画布设计按钮外观

（1）选择菜单栏【编辑】→【插入】→【新建按钮】命令，弹出按钮编辑对话框，其中有释放、滑过、按下、按下时滑过和有效区域几个选择。

（2）经过前面一个项目的制作，对按钮制作应经已经很熟悉。现在完全可以各自独立制

作按钮的各种状态效果。本例中按钮的文字设计，利用了滤镜中的凸起浮雕效果，如图 3.33 所示。

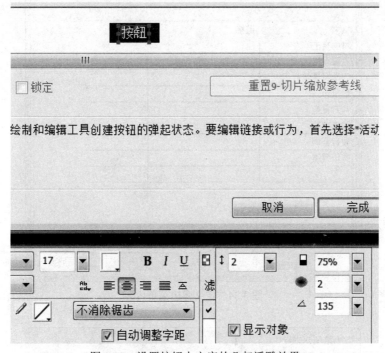

图 3.33　设置按钮上文字的凸起浮雕效果

（3）按钮元件设计完成后，在库中拖放 7 次元件至画布生成实例并设定位置，修改文字为：首页、生活杂志、小区服务、新闻动态、住户之声、装修\保修、住户留言和联系我们。

3．定义按钮的下拉单样式

（1）选中"生活杂志"按钮实例，选择菜单栏【修改】→【弹出菜单】→【添加弹出菜单】命令，或者单击按钮上中间出现的切片标记，在显示的菜单中选择"添加弹出菜单"，于是出现"弹出菜单编辑器"对话框。

（2）在弹出菜单编辑中，设置该对话框的选项卡：
◆　内容：菜单选项文字、链接、目标；
◆　外观：文字属性、弹起和滑过状态的文字和单元格颜色属性；
◆　高级：菜单单元格大小和边框等属性；
◆　位置：菜单、子菜单位置。

（3）在"内容"选项卡添加文字：时尚直击、温馨家居、四季风景线、靓足100分、八方食圣、健康宝贝、教育咨询、娱乐频道，如图 3.34 所示。

（4）在"外观"选项卡中，设置与外观相关的各个属性。

（5）在"高级"选项卡中，设置单元格大小时最好定义为"像素"单位，即选用绝对大小，设置其他属性，如图 3.35 所示。

图 3.34　定义弹出菜单内容

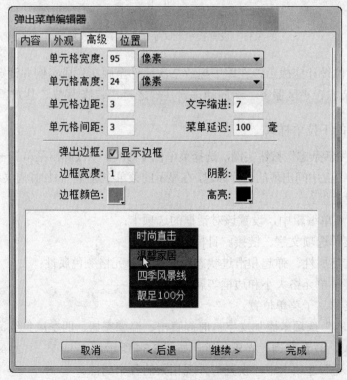

图 3.35　"高级"选项卡

（6）在"位置"选项卡中设置下拉菜单的位置，也可以设置完成后在画布中拖动下拉菜单以确定最终的位置。

4．调整下拉菜单位置并导出文件

（1）全部设置完成后单击"完成"按钮。此时，也可以通过在画布中拖动下拉菜单调整菜单位置。

（2）保存文件为 banner1.png，利用"导出向导"导出文件，选择 html 和图像，选中包括无切片区域和将图像放入子文件夹。

5．注意

（1）在"弹出菜单编辑器"对话框中，其中"外观"选项卡的单元格设置有两个选项，一种是前面制作时使用的 HTML 模式，另一种是图像模式。它们的区别在于 HTML 模式下，菜单样式完全由代码控制即时计算生成，显示速度极快，效果非常流畅；而图像模式下，菜单条目背景可以使用图片，那么每次菜单弹出时就需要即时下载背景贴图，这样对高速网络用户来说几乎感觉不到，但是对网络速度慢的用户，就会明显觉察显示时间停滞不流畅。可是图像模式生成的菜单可以制作出漂亮的效果。虽然系统提供的贴图样式只有 21 种，但只要在输出后找到这些图片文件，用自己重新定义的尺寸一致的图片将其替换掉，就可以做出完全属于自己的个性菜单。

还有一点就是调整弹出菜单位置。在画布上生成的弹出菜单是以蓝色线框呈现，它的位置就是鼠标移到母菜单按钮上它弹出的位置，大家可以按住弹出菜单的蓝色线框，拖动到想要它弹出的位置。

（2）弹出菜单。当用户将指针移到具有触发功能的 Web 对象（如按钮、切片或热点）上或单击此类对象时，浏览器中将显示弹出菜单。每个弹出菜单项都显示为 HTML 或图像单元格。单元格包含弹出状态、滑过状态以及两种状态中的文字。可以将 URL 链接附加到弹出菜单项以方便导航，还可以在弹出菜单中创建任意多级子菜单。可以使用任何或全部选项卡，还可以随时编辑选项卡设置。但必须在"内容"选项卡中添加至少一个菜单项，以创建可以在浏览器中预览的菜单项。若要预览弹出菜单，请按 F12 键在浏览器中将其显示出来。弹出菜单不会显示在 Fireworks 工作区中。

3.5.3　知识补充：再谈设计下拉菜单

通过前面的设计制作，除了会运用文字、图形、色彩等方面之外，对按钮及弹出菜单定义也有了深入理解，在不断积累设计经验的基础上，完全可以设计出目前流行的弹出菜单导航链接。导航下拉菜单不仅使网站导航更加方便，还可以为网站整体效果添彩。

此外，还可以通过公用库中的按钮样式、定义文字，使用切片来制作下拉菜单。

平面设计是一个不断积累的过程，要想设计出好作品，在不断熟练掌握技术的基础上，还要在"设计知识和技巧"方面多下功夫。课后要找一些平面设计的书籍和作品集，来进行研究，模仿和设计。这样才能见多识广，才会有更好的创意，设计出好作品来。

再谈导航下拉菜单，它通常的表现形式为，导航条主菜单→一级栏目→或二级栏目→或三级栏目→页面。即在各个栏目主菜单下设置一个下拉菜单（可以有多层结构），来指向当前网页在整个网站中的位置。

为了让导航条可以更好地发挥理想效能，设计时可以参考以下几点：

（1）导航栏位置醒目，易于发现和点击。

（2）在每个网页的固定位置上放置同样的导航栏，便于潜在用户随时定位自身位置，自主控制在网站上的阅读。根据多数用户阅读习惯，导航栏通常应该放置在网页的顶端或左侧。即使运用随页面浮动的导航栏，也应该放在不同页面的同一位置。

（3）导航各栏标题命名，用词要简短、明了、清晰。导航栏的标题能够让人在最短时间内领会到各栏目的主要内容。最保险的做法是采用诸如"首页"、"联络我们"、"产品介绍"等商定俗成用语，作为栏目标题。

（4）各个栏目分类明晰，避免重复交叉。网站中同类内容最好划分到同一栏目中，以免给潜在用户带来困惑。重要的基本信息最好单独列出，如"公司介绍"栏目，以减少潜在用户获取所需信息的点击次数。

（5）避免错误或者空白链接。潜在用户点击链接后如进入错误页面或空白页面，将极大地影响他们对导航栏，以致整个网站的信任。

（6）每个网页都有明显指向首页的链接，常见做法是将网站标志 Logo 放在导航栏左端或页面左上角，作为返回首页的链接。这样，使潜在用户在"迷路"时可以随时回到网站首页。

此外，凡是网站可以点击的链接，能否考虑设计明显标志让用户进行识别。当点击链接后，是打开一个新窗口还是在原来窗口中展示。进入网站或新页面时是否弹出令人反感的弹出窗口，也会对潜在用户的运用体验产生不同程度的影响。优秀网站一定会在每个细节上都充分思考到潜在用户的运用习惯和感受。其中有些细节，经过回忆自己从前上网的经历，会在自己设计网站时加以克服或借鉴。

3.6　用 Flash 设计文字变化动画

Flash 是美国 Adobe（原来是 Macromedia）公司出品的矢量图形编辑和动画创作的软件，它与该公司的 Dreamweaver 网页设计软件、Fireworks 图像处理软件，组成了网页设计"三剑客"，而 Flash 则被誉为"闪客"。

Flash 是当今最为流行的动画设计制作软件，特别适合制作网页动画。该软件所制作的动画是矢量图形，其数据量相对非常小。不但在动画中可以加入图像、声音和视频，还可以制作交互式的动画。Flash 动画在网页播放是利用流媒体技术，文件可边下载边播放，节省了用户等待时间。Flash 还可以作为设计网站基本平台开发出具有完备功能的网站。

关键知识点	能力要求
Flash 制作动画的种类； 基本概念，包括关键帧、普通帧、播放头、播放和测试影片； Flash 文件格式、导出文件格式	熟练使用工具栏中工具并设置其属性； 创建图形元件； 会插入和删除关键帧； 会设置动画； 会播放和测试动画

3.6.1 任务：设计一个横幅文字变化广告

1．设计效果

完成任务后设计效果如图 3.36 所示，整个广告先后有三组文字通过淡入淡出效果依次呈现出来。

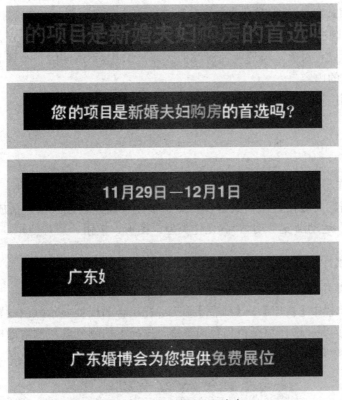

图 3.36 显示效果呈现次序

2．任务描述

整个广告背景为紫色，中间亮而周边暗。一共有三组文字先后呈现出来，每组文字都以淡入淡出效果切入场景和切出场景。每组文字颜色设置依次为："您的项目是新婚夫妇购房的首选吗？"，其中新婚夫妇为黄色，购房为绿色，其他为白色；"11 月 29 日—12 月 1 日"为黄色文字；"广东婚博会为您提供免费展位"，其中前面文字为白色，后面免费展位 4 个字为黄绿色。

3．设计思路

首先定义场景的大小等属性，然后在画面绘制场景底图，设置其填充色为放射状。接着，分别创建新图形元件设计三组文字并定义其大小、字体和颜色。最后，在不同的图层上制作每组文字的淡入和淡出显示效果。

4．技术要点

Flash 软件平台的默认工作区是一种典型工作区，与 Fireworks 相比只是多了一个时间轴面板。时间轴用于组织和控制一定时间内的图层和帧中的文档内容，是制作动画的主要场所。

首先要用到技术，包括创建图形元件，在整个文字效果设计中是离不开图形元件的，涉及设置元件的各种属性：大小、位置、透明度等。

其次，涉及时间轴上图层、各种帧的定义和设置。特别注意关键帧和延时帧。

在利用文字设计时，有时要将文字通过分离命令转换为图形。起初输入的文字不是图形。

另外，涉及到遮罩动画效果，它是一种特殊的显示方式，能够达到类似夜晚里探照灯的效果。制作时要将遮挡对象设为遮罩层，而将要显示的背景设置为被遮罩层。其实质是将遮罩层对象想象成一个只有对象区域透明而对其他区域是 100%不透明的一个黑布，移动它将会在上面看到透射出来的内容。

最后，要用到按钮元件，制作鼠标单击链接到相应网站的功能。

3.6.2　任务实现

Flash 工具操作与使用，涉及在属性面板定义对象属性，组合面板使用，时间轴面板功能。

重要概念：帧、关键帧、空白关键帧、结束帧、普通帧、过渡帧、播放头；补间类型：形状渐变（形状）、运动渐变（动画）；元件类型：图形、按钮、影片剪辑。

1．定义画面属性绘制背景图样式

（1）新建文件并设置属性：定义舞台大小为宽 360、高 45 像素。

（2）单击菜单栏中【窗口】→【颜色】命令，在组合面板处显示颜色设置窗口，如图 3.37 所示，定义笔触色为无；选择填充色为径向渐变，选择下端颜色条左侧滑动按钮，设置中心颜色为#CC3366，选择右侧滑动按钮定义边缘颜色为#672345。

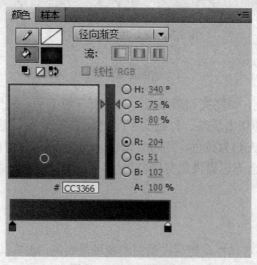

图 3.37　定义绘图颜色

渐变和位图填充的变形，通过调整填充的大小、方向或者中心，可以使渐变填充或位图填充变形。从工具栏中选择渐变变形工具，如果在工具栏中看不到渐变变形工具，请选中图形并单击鼠标右键，然后从显示的下拉菜单中选择渐变变形工具。此时，系统将显示一个带有编辑手柄的边框。当鼠标指在这些手柄中的任何一个上面的时候，它会发生变化，显示该手柄的功能。中心点手柄的变换图标是一个四向箭头。仅在选择放射状渐变时才显示焦点手柄。焦点手柄的变换图标是一个倒三角形。大小手柄的变换图标（边框边缘中间的手柄图标）是内部有一个箭头的圆圈。调整渐变的旋转，旋转手柄的变换图标（边框边缘底部的手柄图标）是组成一个圆形的四个箭头。调整渐变的宽度，宽度手柄（方形手柄）的变换图标是一个双头箭头。

（3）在时间轴面板上图层 1 中选中第 1 帧，在整个舞台上绘制一个填充放射状颜色的图形，如图 3.38 所示。

图 3.38　绘制背景图

（4）在图层 1 中为了让背景图一直显示出来，在时间轴上第 190 帧处单击鼠标右键选择"插入帧"，这样图形显示延时至该帧处，如图 3.39 所示。

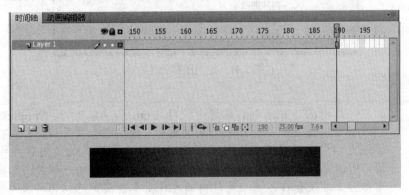

图 3.39　为显示背景层定义结束帧

①关于时间轴，时间轴面板用于组织和控制一定时间内的图层和帧中的文档内容。如同胶片一样，Flash 文档也将时长分为帧。图层就像堆叠在一起的多张幻灯胶片一样，每个图层都包含一个显示在舞台中的不同图像。时间轴的主要组件是图层、帧和播放头。②文档中的图层列在时间轴左侧的列中。每个图层中包含的帧显示在该图层名右侧的一行中。时间轴顶部的时间轴标题指示帧编号。播放头指示当前在舞台中显示的帧。播放文档时，播放头从左向右通过时间轴。③在时间轴底部显示的时间轴状态指示所选的帧编号、当前帧速率以及到当前帧为止的运行时间。

2．增加新图层并创建图形元件

（1）单击时间轴面板下边缘最左侧的按钮，新建图层2，用于显示第1组文字变换动画，如图 3.40 所示。

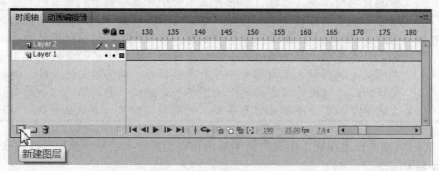

图 3.40 新建一个图层

（2）制作第1组文字动画的图形元件：单击菜单栏中的【插入】→【新建元件】命令，在弹出对话框内定义名称为 shape1、类型为图形，如图 3.41 所示。

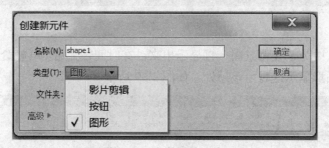

图 3.41 定义图形元件

①元件是指在 Flash 创作环境中使用 Button（AS 2.0）、SimpleButton（AS 3.0）和 MovieClip 类创建过一次的图形、按钮或影片剪辑。可在整个文档或其他文档中重复使用该元件。②元件可以包含从其他应用程序中导入的插图，所创建的任何元件都会自动成为当前文档的库的一部分。③实例是指位于舞台上或嵌套在另一个元件内的元件副本。实例可以与其父元件在颜色、大小和功能方面有差别。编辑元件会更新它的所有实例，但对元件的一个实例应用效果则只更新该实例。在文档中使用元件可以显著减小文件的大小；保存一个元件的几个实例比保存该元件内容的多个副本占用的存储空间小。例如，通过将诸如背景图像这样的静态图形转换为元件然后重新使用它们，可以减小文档的文件大小。使用元件还可以加快 swf 文件的播放速度，因为元件只需下载到 Flash Player 中一次。④在创作时或在运行时，可以将元件作为共享库资源在文档之间共享。对于运行时共享资源，可以把源文档中的资源链接到任意数量的目标文档中，而无需将这些资源导入目标文档。对于创作时共享的资源，可以用本地网络上可用的其他任何元件更新或替换一个元件。

（3）单击"确定"按钮后在显示的元件编辑画面中，输入文字："您的项目是新婚夫妇购房的首选吗？"，其中新婚夫妇为黄色，购房为绿色，其他为白色。将该文字的各种属性设置完成后，选中该组文字单击菜单栏中【修改】→【分离】命令，将文字转变为图形（分离两次）。

3．定义第 1 组文字动画

（1）从元件编辑窗口切换到舞台选项，在图层 2（可以将图层 2 改名为：第 1 组文字）设计第 1 组文字动画效果。单击菜单栏中的【窗口】→【库】命令，在组面板处显示库面板且其中保存有刚才设计的图形元件 shape1。选中该图层的第 1 帧，将 shape1 元件拖放到舞台中成为元件的实例并将其放大，如图 3.42 所示，然后选中该实例在对应的属性面板中设置其透明度 Alpha 为 0，即不可见状态。

图 3.42　定义图形元件属性

（2）在该图层第 6 帧上单击鼠标右键，从弹出菜单选择"插入关键帧"，此时见到第 6 帧显示一个小黑圆点标记的关键帧，同时将第 1 帧内容延长到该帧。单击该关键帧后在舞台上选中其中的元件实例，在其对应属性面板中将透明度 Alpha 设为 100%，且缩小到合适大小，设置如图 3.43 所示。

图 3.43　缩小图形元件

（3）选中第 1 帧，在属性面板中选择补间项为动画（CS3 版本）或者单击菜单栏中的【插入】→【传统补间】命令，此时在第 1 至第 6 帧间显示一个箭头，表明动画设置正确，如图 3.44 所示。

（4）接着，在该图层上将该文字一直显示延时至第 70 帧。即选中该图层的第 71 帧单击鼠标右键选择"插入空白关键帧"，此时见到第 70 帧显示一个小矩形标记的结束帧，表示第 6 帧的文字效果延时到第 70 帧。

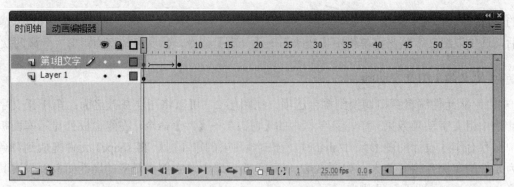

图 3.44 创建关键帧之间补间动画

4．分别定义图形元件并设计第 2、3 组文字动画

（1）定义图形元件 shape2 制作黄色文字："11 月 29 日—12 月 1 日"。定义图形元件 shape3，制作文字："广东婚博会为您提供免费展位"，设置"免费展位"为浅绿色其余为白色。

（2）在时间轴上新建图层，修改名字为：第 2 组文字。设计第 2 组文字效果：选中第 71 帧插入空白关键帧，选中该帧后将库中 shape2 元件拖放到舞台中心区域成为其实例，如图 3.45 所示。

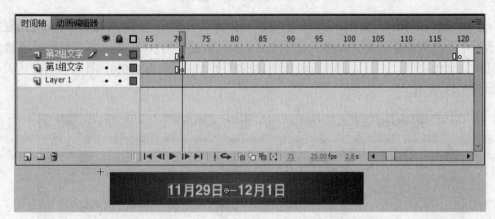

图 3.45 从第 71 帧到第 120 帧显示第 2 组文字

（3）将该文字效果延时至第 120 帧。选中该图层的第 121 帧单击鼠标右键选择"插入空白关键帧"，此时见到第 120 帧显示一个小矩形标记，表示第 71 帧的文字效果延时到第 120 帧。

（4）新建图层改名为：第 3 组文字，用于在画面上显示第 3 组文字。在第 121 帧插入空白关键帧，选中该帧后将库中 shape3 元件拖放到舞台中心区域成为其实例，并将其延时到第 190 帧（与背景图所在图层的结束帧数相同），如图 3.46 所示。

（5）新建图层改名：第 3 组文字动画，用于设计文字一个个显示出来的动画效果。先定义图形元件 shape4，制作一个与 shape3 实例文字略大一点的矩形并填充黄色，接着选中第 121 帧插入空白关键帧并将库中元件 shape3 拖放到文字左侧，选中第 131 帧插入关键帧并将矩形实例拖放至将全部文字覆盖上的位置，如图 3.47 所示。

（6）选中第 121 帧，在属性面板中将补间选项设为动画，或单击鼠标右键在弹出单中选择"创建传统补间"，则在第 120 帧到第 130 帧出现一个实线箭头，表明动画设置完成。

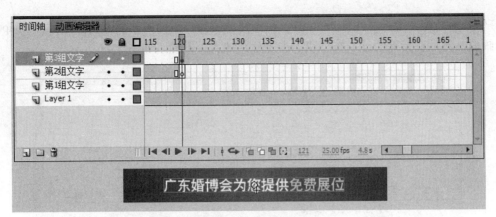

图 3.46 显示第 3 组文字

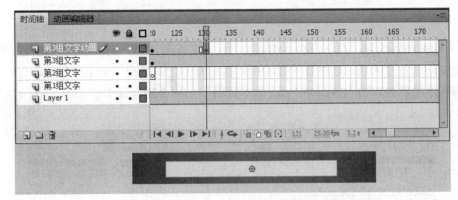

图 3.47 定义一个矩形移动动画的关键帧

（7）将鼠标指向该图层标记区域，单击右键选择"遮罩层"，此时时间轴如图 3.48 所示。其效果是：该图层的图形将会慢慢透出下一图层的内容，即呈现文字会一个个显示的遮罩效果，最后全部显示出来。

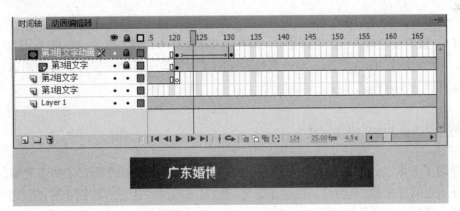

图 3.48 定义图层为遮罩层

5．定义广告画面链接

（1）新建图层改名：单击画面的链接，用于设置鼠标单击广告功能，如链接到相应网站等。

（2）新建一个图形元件 shape5，绘制一个宽 365、高 45 的蓝色矩形。

（3）再新建一个按钮元件 button1，在按钮编辑窗口中的弹起状态将库中元件 shape5 拖放到画面，然后在指针经过、按下和点击等分别插入关键帧，如图 3.49 所示。

图 3.49　设计按钮

（4）切换回到场景，在单击画面的链接图层中选中第 1 帧，将库中按钮元件拖放到场景舞台中覆盖动画背景区域，选中该按钮实例单击鼠标右键从弹出菜单上选择"动作"，在动作面板中的程序编辑窗口输入 ActionScript 脚本代码，如图 3.50 所示。

图 3.50　编写程序代码

（5）然后将该按钮实例的透明度设置为 0，即选中该实例后将属性面板的颜色选项中的 Alpha 定义为 0%。接着设置该按钮的延时显示，即在第 190 帧插入帧使该效果一直呈现在画面上。

（6）保存文件为：3_6.fla，单击菜单栏中的【控制】→【测试影片】命令测试影片，导出影片文件成为 swf 格式文件。

3.6.3　知识补充：Flash 动画设计

在学习了基本动画设计和本任务的设计制作过程中，已经对动画有了初步理解，对相关技术的使用也有了掌握。实际上，特别需要总结的是对关键帧状态的认识和对该状态中各种属性的设置，还有运动动画与形状渐变动画的应用。该动画能够分解为几个小段动画，基本上体现了动画的本质。

元件在 Flash 中是一个经常要使用的"道具"，可以看成是整个动画的一部分组件。每个元件都有一个特定的名字，并且允许多次被调用。元件可以分为图形元件、影片剪辑元件和按钮元件。重复使用元件能够大大降低 Flash 动画文件的数据量。当元件创建完成后，通常被存放在元件库里，可以在元件库中找到它们。

可以把一个完整的 Flash 动画称为 Movie，即影片。它可以包含文字、图片、动画、按钮和声音等。

场景舞台是展示动画信息的区域，即动画编辑与展示区域。

1．动画类型

Flash 能够制作动画的种类：逐帧动画、传统补间、补间形状、补间（渐变）动画、运动动画、引导线动画、遮罩层动画。

Flash 提供了多种方法来创建动画和特殊效果，各种方法为您创作精彩的动画内容提供了多种可能。Flash 支持以下类型的动画：

（1）逐帧动画，使用此动画技术可以为时间轴中的每个帧指定不同的艺术作品，可创建与快速连续播放的影片帧类似的效果。对于每个帧的图形元素必须不同的复杂动画而言，此技术非常有用。逐帧动画类似于 gif 动画创建每个帧的画面设计，然后逐帧播放这些连续变化画面而形成的动画。

（2）补间动画，也称运动动画。使用补间动画可设置对象的属性，通过定义动画中一个对象起点和终点的状态，如一个帧中以及另一个帧中的位置和 Alpha 透明度。然后 Flash 在中间自动内插帧的属性值。对于由对象的连续运动或变形构成的动画，补间动画很有用。前者可以控制元件实例、组合或文字，产生位置、大小、颜色、透明度和转动等变化；后者是控制图形或文字的形状、颜色、透明度等变化。补间动画在时间轴中显示为连续的帧范围，默认情况下可以作为单个对象进行选择。补间动画功能强大，易于创建。

（3）传统补间，以前也称为补间形状，在传统补间中可在时间轴中的特定帧绘制一个形状，然后更改该形状或在另一个特定帧绘制另一个形状。Flash 将内插中间帧的中间形状，创建一个形状变形为另一个形状的动画。传统补间与补间动画类似，但是创建起来更复杂。传统补间允许一些特定的动画效果，使用基于范围的补间不能实现这些效果。

反向运动姿势用于伸展和弯曲形状对象以及链接元件实例组，使它们以自然方式一起移动。可以在不同帧中以不同方式放置形状对象或链接的实例，Flash 将在中间内插帧中的位置。

（4）由运动渐变动画还会引申出引导线动画和遮罩层动画。引导线动画可以实现运动沿着任意路径变化；遮罩动画可以实现形状和运动之外的特殊效果。

一般构建 Flash 动画的流程如下：

（1）计划应用效果，确定要执行哪些基本任务。

（2）添加媒体元素，创建并导入媒体元素，如图像、视频、声音和文本等。

（3）排列元素，在舞台上和时间轴中排列这些媒体元素，以定义它们在应用程序中显示的时间和显示方式。

（4）应用特殊效果，根据需要应用图形滤镜（如模糊、发光和斜角）、混合和其他特殊效果。

（5）若要使用 ActionScript 控制行为，编写 ActionScript 代码以控制媒体元素的行为方式，包括这些元素对用户交互的响应方式。

（6）测试并发布应用程序，进行测试以验证应用程序是否按预期工作，查找并修复所遇到的错误。在整个创建过程中应不断测试应用程序。将 fla 文件发布为可在网页中显示并可使用 Flash Player 播放的 swf 文件。

在实际应用中可根据任务和工作方式，按不同的顺序来运用上述步骤。

2．组织时间轴和库

时间轴上的帧和图层是显示资源的放置位置，并确定任务的工作方式。时间轴和库的设置方式和使用方式，将影响整个 fla 文件及其整体可用性。以下几点提示会对高效地创作文档内容并支持其他创作者能够更好地理解文档有很大帮助：

（1）为每个图层起一个直观的图层名，并将相关资源放在相同位置。避免使用默认的图层名（例如，图层 1、图层 2）。为每个图层或文件夹命名时，最好能清楚地说明其用途或内容。在有些情况下，可以考虑将包含 ActionScript 的图层和用于设置帧标签的图层放在时间轴中图层的最上方。例如，将包含 ActionScript 的图层命名为动作。

（2）使用图层文件夹来分组和组织类似的图层，以便于找到包含代码和标签的图层。

（3）锁定不使用或不需要修改的图层。直接锁定 ActionScript 图层，不允许在该图层上放置元件实例或媒体资源。

（4）切勿将任何实例或资源放到包含 ActionScript 的图层上。因为这可能会导致舞台上的资源和引用资源的 ActionScript 之间发生冲突，所以请将所有代码放在各自的"动作"图层上，并在创建操作图层后将其锁定。

（5）如果要在 ActionScript 代码中引用帧，则请在代码中使用 fla 文件中的帧标签，而不要使用帧号。如果在以后编辑时间轴时这些帧发生更改，并且使用的是帧标签且在时间轴上移动了这些帧，则无需更改代码中的任何引用。

（6）使用库文件夹，使用库中的文件夹来组织 fla 文件中的类似元素（例如元件和媒体资源）。如果每次创建文件时对库文件夹的命名方式都一致，则会很容易回想起资源所放置的位置。常用的文件夹名有 Buttons、MovieClips、Graphics、Assets，有时还使用 Classes。

3．保存文件与版本控制

保存 fla 文件时，文档使用一致的命名方案。这在需要保存一个项目的多个版本时尤为重要。如果只处理一个 fla 文件，而在创建文件时没有保存各个版本，则可能会出现一些问题。可能会由于保存在 fla 文件中的历史记录而使文件变大，或者在处理文件时使文件损坏（如同使用的其他软件一样）。如果在开发时保存了多个版本，则在需要还原时就可以使用以前的版本。

请对文件使用直观的文件名，这样易于阅读，含义清晰，并且在线使用效果也很好：

（1）如果保存同一文件的多个版本，请设计一个统一的编号系统，例如 menu01.swf、menu02.swf 等。

（2）由于某些服务器软件区分大小写，因此考虑在命名方案中全部使用小写字符。

（3）考虑采用以名词加动词或形容词加名词的形式来命名文件的命名系统，例如，classplanning.swf 和 myproject.swf。

可以使用多个选项来保存文件，有保存、另存为、保存并压缩等命令。保存文件时，Flash 在创建此文档的优化版本前不会分析所有数据，而是将对文档所做的更改追加到 fla 文件数据的末尾，这样就缩短了保存文档所用的时间。选择"另存为"命令时，Flash 将写入此文件新的优化版本，此操作生成的文件较小。选择"保存并压缩"命令时，Flash 将创建新的优化文件（删除撤消历史记录）并删除原始文件。

重要说明：如果在处理文档时选择"保存"命令，则可以撤消该保存点之前所进行的操作。而"保存并压缩"命令删除了文件的前一个版本，并使用优化版本将其替换，所以无法撤消原来所做的更改。

如果没有使用版本控制软件创建 fla 文件的备份，请在完成项目的每个阶段之后，使用"另存为"命令并为文档键入新的文件名。

许多软件包都允许用户对文件进行版本控制，版本控制能使团队高效率地工作并减少错误（如覆盖文件或处理旧版本文档）。和处理其他文档一样，可以使用这些程序在 Flash 之外组织 Flash 文档。

3.7　用 Flash 设计带有图文变化动画

Flash 广告设计中除了单纯文字变化外，更多的是还带有图形或图像的变化效果。本例中将要在动画中接触到足球俱乐部的 Logo 和其他图像的运用和设置。所以一般情况下是文字效果和图像效果的有机组合。

关键知识点	能力要求
动画设计基本过程； 创建元件及其用途； 变形渐变动画	会定义图形元件属性； 会删除一串帧； 理解多个效果同时变化； 理解帧速度和动画帧之间的关系

3.7.1　任务：设计一个带有图文变化广告条

1．设计效果

完成任务设计后的 Flash 效果如图 3.51 所示，其动态变化效果依次由上到下。

2．任务描述

该动画的效果是从图 3.51 自上向下发生变化。第 1 张图效果：进入画面显示红色背景和 Nike 的 Logo，99 五星由大变小淡入呈现，接着依次出现后面两个，都显示出来有短暂停留后与红色背景一起淡出画面。第 2 张图效果：画面呈现草坪背景，第一组文字进入场景由大逐渐缩小，停留一段时间后淡出衔接下一个画面。第 3 张图效果：队徽图和文字进入场景由大逐渐缩小，以及右下方斜条形状逐一增加，停留一段时间后淡出衔接下一个画面。第 4 张图：中间文字进入场景由大逐渐缩小，右下方网址则直接出现，画面内容停留一段时间后淡出画面。

3．设计思路

先定义舞台场景大小，创建图形元件设计红色背景，将其拖放到场景中并设置大小和属性，定义其延时区间帧数。接着，创建图形元件分别设计三个五星图形，然后在不同图层上制作按前后次序淡入淡出的呈现效果。

图 3.51   图文变化效果

进入第二个舞台中后，也要先设计其背景。这里要导入草坪图像，新创建图形元件拖入。接着在新的图层中从前面背景转换位置为起点，制作新舞台进入效果。然后，新建图形元件分别设计第 1、2、3、4、5 组文字，再新建图形元件导入 Logo 图像转换分离为图形。

最后，制作文字的出场和出场效果。

4．技术要点

在图形元件中添加导入的图像，是动画设计中常见的事。使用时将要先将图像利用菜单项中【文件】→【导入】命令导入到库中，然后再拖放到元件里对其进行设置。通常情况下要通过菜单栏中【修改】→【分离】命令，对使用的图像进行分离转化为图形状态。

3.7.2　任务实现

1．设置画面属性导入背景图像

（1）新建文件并设置属性：定义舞台大小为宽 950、高 90 像素。

（2）将图层 1 改为：草地背景，用于设计第 2 个画面的草地图形效果。单击菜单栏中的【文件】→【导入到库】命令，选择草坪图像文件将其导入到库并命名为 image1。然后单击菜单栏中的【插入】→【新建元件】命令，选择图形类型并命名为 shape1，将图像 image1 拖放其中，并单击菜单栏中的【修改】→【分离】命令将其分离为矢量图，如图 3.52 所示。

图 3.52　将图像分离后效果

 说明

Flash 可以导入矢量图形、位图和图像序列，包括如下情况：

（1）将 Adobe Illustrator 和 Adobe Photoshop 文件导入到 Flash 中时，可以指定保留大部分插图可视数据的导入选项，以及通过 Flash 创作环境保持特定可视属性的可编辑性的功能。

（2）将矢量图像从 Freehand 导入到 Flash 中时，可以选择用于保留 Freehand 图层、页面和文本块的选项。

（3）从 Fireworks 导入 PNG 图像时，可以将文件作为能够在 Flash 中修改的可编辑对象进行导入，或作为可以在 Fireworks 中编辑和更新的平面化文件进行导入。

（4）选择用于保留图像、文本和辅助线的选项。注：如果通过剪切和粘贴从 Fireworks 导入 png 文件，该文件将转换为位图。

（5）可以直接导入到 Flash 文档（而不是库）中的 swf 和 Windows 元文件格式（swf）文件中的矢量图像是作为当前图层中的一个组导入的。

（6）可以直接导入到 Flash 文档中的位图（扫描的照片、bmp 文件）是作为当前图层中的单个对象导入的。Flash 保留导入位图的透明度设置。因为导入位图可能会增大 swf 文件的文件大小，所以应考虑压缩导入的位图。

注：通过拖放操作将位图从应用程序或桌面导入 Flash 时，将不能保留位图透明度。若要保留透明度，请使用菜单栏中【文件】→【导入到舞台】或【导入到库】命令进行导入。

（7）直接导入到 Flash 文档中的任何图像序列（如 pict 或 bmp 序列）都是作为当前图层的连续关键帧导入的。

（3）切换到场景舞台，选中图层第 24 帧插入空白关键帧，将库中元件 shape1 拖放至舞台并覆盖整个区域，在第 157 帧插入帧将其延时至此，如图 3.53 所示。

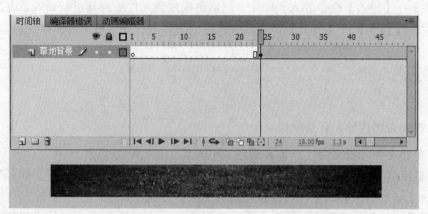

图 3.53　将草地图放在第 24 帧至 157 帧

2．设计红色过渡到草坪的背景动画效果

（1）新建图层红色背景。新建一个图形元件命名为 shape2，绘制一个填充红色#B8283E，宽 950、高 90 像素的矩形。

（2）切换到场景舞台，选中第 1 帧将库中元件 shape2 拖放主舞台中，分别在第 25 帧和第 27 帧插入关键帧，将第 27 帧画面透明度设置为 0%，将第 25 帧画面透明度设置为 67%，然后定义为动画（红色背景过渡到草地效果），如图 3.54 所示。

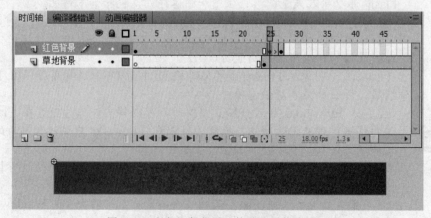

图 3.54　定义红色背景及其过渡到草地效果

3．设计 99 五星动画效果

（1）新建图层左侧五星。新建图形元件命名为 shape3，绘制如图 3.55 所示的五星图形。

图 3.55　绘制五星图形

（2）切换到场景舞台，选中第 1 帧将元件 shape3 拖放到舞台中并放大，如图 3.56 所示。

图 3.56　将元件实例放大效果

（3）在第 5 帧插入关键帧并将其缩小到合适大小，接着在第 6、7、24、27 帧插入关键帧。

（4）设计五星切入场景由大到小渐渐清晰的效果。选中第 1 帧将元件实例的透明度设置为 0%，单击第 1 帧定义为补间动画。接着选中第 6 帧将对应五星稍微放大一点，即设计第 5 帧过渡到第 7 帧有一个中间效果。

（5）设计五星出场时渐渐消失的效果。选中第 27 帧的关键帧并将其缩小，设置透明度为 0%，单击第 24 帧设置其透明度为 67%，然后定义其补间动画，如图 3.57 所示。

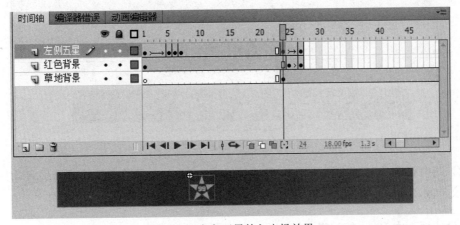

图 3.57　定义五星的入出场效果

（6）新建中间五星、右侧五星两个图层，分别设计 06、08 五星动画效果。分别新建图形元件命名为 shape4 和 shape5，绘制 06、08 五星图形。如同步骤（1）至（5），设计 06、08 五星的入场和出场的动画效果，如图 3.58 所示。

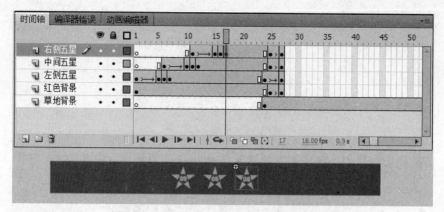

图 3.58　定义中间和右侧五星的入出场效果

4．设计第 1 组文字效果

（1）新建图层第 1 组文字，设计黄色文字由大淡入进来以适当大小呈现在画面中央，然后再淡出。在第 27 帧插入空白关键帧，选中该帧后在画面中输入文字：三度夺冠　辉煌加冕，设置为黄色并调整大小，选中文字后单击菜单"修改"→"分离"命令，再次分离，使文字转换成图形。然后单击菜单栏中【修改】→【转换为图形元件】命令，命名为 text1，此时画面的文字即为元件实例。接着，在第 33、67、70 插入关键帧。选中第 27 帧将画面实例放大到合适大小，设置其属性面板上透明度属性为 0%，并定义补间动画，如图 3.59 所示。

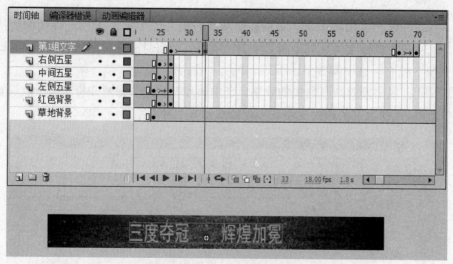

图 3.59　第 1 组文字动画效果

（2）选中第 70 帧，将其实例透明度属性修改为 100%，并将其缩小到合适尺寸，选中第 67 帧定义补间动画。即第 67 至第 70 帧为文字的出场动画效果。

5．设计画面中 Logo 的效果

（1）新建图层 Logo，设计 Logo 动画效果为：在第 69 帧插入关键帧，在画面上导入 Logo 图片到库，命名为 Image2，然后将其拖放到画面上并转换为图片元件，命名为 Shape6，此时将其放在偏左侧并放大，设置透明度为 0%。

（2）在第 75 帧插入关键帧，将 Logo 实例拖放到恰当位置并设置大小和透明度为 100%，在第 112、115 帧插入关键帧，设置第 115 帧画面图形缩小且透明度为 0%。设置第 67 到 75 帧、第 112 到 115 帧为补间动画，设计淡入淡出的动画效果，如图 3.60 所示。

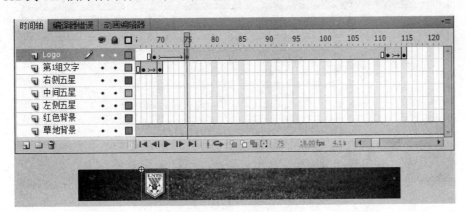

图 3.60　Logo 动画效果

6．设计右下角的图案效果

（1）新建图层 8 并命名为"线条 1"，用于设计如图 3.51 所示第 3 个图右下角的图案效果。新建一个图形元件命名为 Shape7，绘制一个白色小长条。在图层的第 69 帧创建关键帧，将 Shape7 拖入画面右下角并调整大小、旋转为倾斜，设置其透明度为 0%，设为图中最上边一个。如图 3.61 所示，在第 73 帧插入关键帧，调整其颜色为淡黄色，接着在第 112、115 帧插入关键帧。设置第 69 至 73 帧的补间动画。设计淡出效果：设置第 115 帧透明度为 0%，定义第 112、115 关键帧间为补间动画。

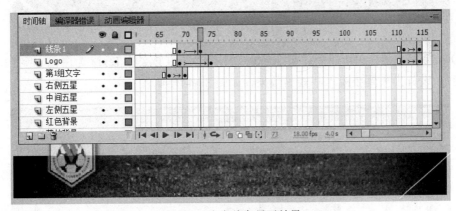

图 3.61　定义线条显示效果

（2）同样，在新建的 7 个其他图层设置色条淡入淡出效果，如图 3.62 所示。

7．设计第 2、3 组文字动画效果

（1）新建图层命名为"第 2 组文字"。先定义图形元件 Text2 为黄色文字"山东鲁能　08 中超之王"。设计文字由大变小的淡入效果：第 59 帧插入关键帧，将元件 Text2 拖入画面并将其放大，设置其透明度为 0%，在第 73 帧插入关键帧，设置透明度为 100%，大小合适、位置

居中。设置两关键帧间为补间动画。添加第108、111帧为关键帧，设置第111帧透明度为0%，定义两个关键帧之间为补间动画，设计淡出效果，如图3.63所示。

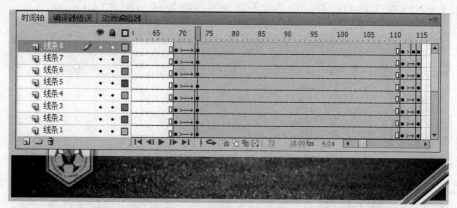

图 3.62　定义其他 7 个色条显示效果

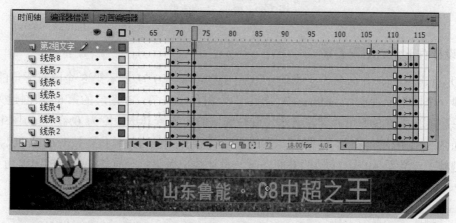

图 3.63　定义第 2 组文字淡入淡出效果

（2）类似第1步，在新建图层第3组文字中，定义图形文件 Text3 为白色文字"JUST DO IT 鲁能"。设计由大到小淡入和淡出效果，如图3.64所示。

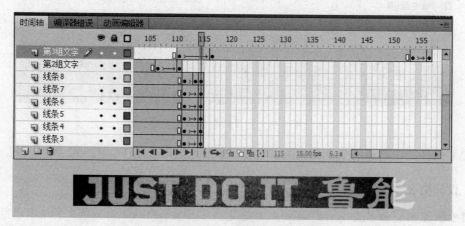

图 3.64　定义第 3 组文字淡入淡出效果

8．设计其他显示效果

（1）新建图层"网址显示"。先创建图形元件 Shape8，在其中输入白色文字"NIKEFOOTBOLL．COM.CN"。在第 115 至 157 帧制作淡入和淡出效果，如图 3.65 所示。

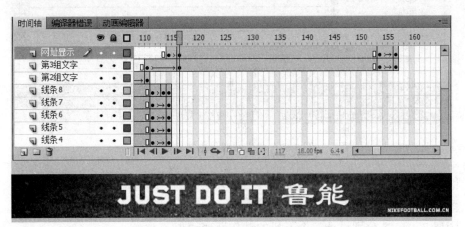

图 3.65　定义网址文字的淡入淡出效果

（2）新建图层 22 来设计 Nike 的 Logo。单击选中第 1 帧，在其中绘制 Nike 的 Logo 图形，然后将画面延时至 157 帧，如图 3.66 所示。

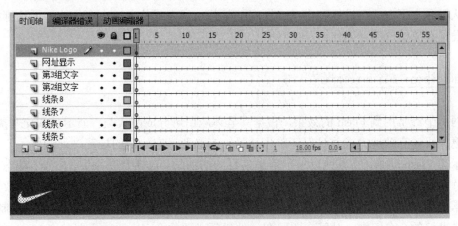

图 3.66　设计 Nike Logo

（3）新建图层"链接网址"设计单击鼠标链接到网站。创建一个按钮元件命名为 Button1，在弹起和单击状态绘制一个与场景舞台同大小的矩形（任意颜色）。切换回场景舞台，选中图层的第 1 帧，将该按钮元件拖入画面并使其覆盖整个舞台区域，设置其属性透明度为 0%，如图 3.67 所示。然后，为该按钮添加程序代码：

```
on( release ){
    getURL("http://www.sina.com","_blank");
}
```

（4）保存文件为 3_7.fla。测试影片浏览效果，导出影片文件为 swf 格式。

在制作过程中要注意分解动画的时间顺序，来决定每个动画从何时开始，到何时结束。本项目任务分解动画过程，将其拆分成独立的动画部分。包括：

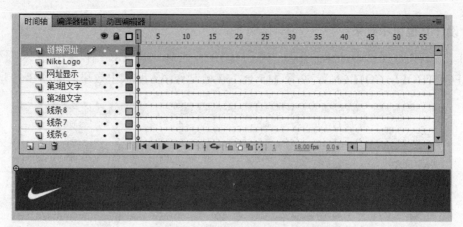

图 3.67   定义按钮单击链接网址

1）图层 1 改为：背景，显示草皮；
2）图层 2 显示红色图；
3）图层 3、4、5 分别设计三个五星的动作渐变动画；
4）图层 6、7、8 分别设计三段文字动作渐变动画效果；
5）图层 8 显示耐克图标。

在设计动画时，经常涉及对象的进场和出场效果。最常见的就是同一位置淡入和淡出，但也有从舞台上下左或右进场和出场，还有就是从小向大或从大向小变化的。无论哪种情况，多数要设置对象的透明度变化。

3.7.3   知识补充：Flash 设计规范

在网页中经常用到 Flash 的效果，根据其具体应用可分成两大类：演示类和交互类。为了使应用更加快速有效地完成并且保证工作质量，有必要遵守一定的规范进行制作。

演示类 Flash 动画，指单纯以展示信息为目的的动画。包括专题片头、广告、动态 banner，以及部分电子杂志的内页等。通常在制作之前会先完成平面效果图，然后制作动态效果。

通常主场景里面只放一个单独的影片剪辑，而所有动画效果全部包括其中。在制作过程中要养成良好的命名习惯，对每个图层和元件进行必要的命名。通常设置整个 Flash 属性帧频为 12fps，背景大小根据实际需要调整。发布中基本是 Flash 默认设置，有特殊需要才改变。

当需要从外部导入其他文件（如图片、音频、视频）的时候，在导入之前应当对外部文件进行优化处理，尽量控制外部导入文件的大小。特殊视频输出需要进行相关设置，当需要输出 avi 等格式视频文件时一定要把影片剪辑设置成图形格式放置于主舞台当中。主舞台时间轴不能小于影片剪辑内部的帧数，否则无法全部显示。

制作逐帧动画时，不要大量使用影片剪辑元件，尽量使用组。合理地利用洋葱皮工具并根据传统的手绘动画原理，即可制作出理想的逐帧动画。

尽量避免在同一时间内安排多个对象同时产生动作。有动作的对象也不要与其他静态对象安排在同一图层里。应该将有动作的对象安排在各自独立的图层内，以便加速 Flash 动画的处理过程。

用 LoadMovie 命令减轻 Flash 一开始下载时的负担。若有必要，可以考虑将 Flash 划分成多个子文件，然后再通过主 Flash 里的 LoadMovie、UnloadMovie 命令随时调用、卸载子文件。

3.8 用 Flash 设计复杂变化效果

本节所要设计的广告效果是网页广告中比较常见的一类。除了涉及到图形元件还要用到影片剪辑元件，用于设计单独的一个动画效果，此外还涉及按钮元件。在一般动画设计中，不可能只有几个元件就能够实现，而是要大量地使用图层和元件，完成舞台中的不同对象的不同效果。

关键知识点	能力要求
复杂动画设计基本过程； 创建影片剪辑元件及其用途； 基本动画技术在复杂综合动画中的使用	学会创建影片剪辑、按钮元件； 会将复杂动画效果分解为简单动画的组合； 理解多个效果合成的技术； 理解和掌握复杂动画设计制作规律

3.8.1 任务：设计一个复杂变化效果广告

1．设计效果

完成后设计效果，依次如图 3.68 所示。

2．任务描述

该动画效果是自上向下的过程发生变化见图 3.68。第 1 张图效果：进入画面显示红色背景和银行的 Logo 及文字，只是立刻呈现出来没有其他效果。接着下一张图画面显示出来彩带的淡入后，两侧的花自下而上淡入进来并不断有花瓣落下的画面。第 4 张图效果：文字"开通"从画面上面淡入地落下来，接着文字"贵宾网银"从中间靠右侧一点淡入并向左靠近"开通"，然后文字"享受至尊服务"淡入进画面，接着画面文字"银"和"务"上端出现两个光源闪烁效果，随后该组文字向上移动淡出舞台。第 9 张图效果：文字由小到大淡入进入舞台，然后在文字"网"上端出现光源闪烁效果，有段时间停留于画面。最后一张图中花朵淡出画面，整个动画结束。

3．设计思路

定义舞台大小，在图层 1 设计广告背景效果。接着，在图形元件中设计飘带效果，拖放到图层，设置其透明度得到合适效果。在图形元件中设计两朵花效果，然后在新建影片剪辑元件制作花瓣落下效果。

接着，设计文字入场和出场的效果。

注意其中的光源效果是通过创建影片剪辑元件进行制作的。

图 3.68　依次从上到下显示动画效果

4．技术要点

创建影片剪辑元件，在其中设计一直在舞台中变化的动画片断。该元件在复杂动画设计中将是经常或者频繁地被使用，其实质与在舞台中制作动画是完全相同的，只不过在设计效果时可以多次调用和使用它。

影片剪辑元件是任务实现具有独立时间轴的一段动画片断。

3.8.2　任务实现

1．在图层 1 设计广告的背景图效果

定义舞台大小，在第 1 帧绘制红色渐变矩形，浅色设为#FFC8C8，深色设为#FF0000，然后选中该图形后单击菜单栏中【修改】→【转换为元件】命令，定义图形元件为 Shape 1。在第 171 帧插入帧，使其效果延时至此。

2．设计飘带效果

（1）新建图层 2，新建图形元件 Shape 2，在其中绘制飘带图形（绘制矩形并用鼠标拖动边缘变形即可实现），如图 3.69 所示。切换回场景，选中图层 2 第 1 帧，将其拖放到舞台的右侧，在第 10 帧插入关键帧，设置第 1 帧飘带透明度为 0%且定义补间动画。在第 171 帧插入帧，使其效果延时至此。

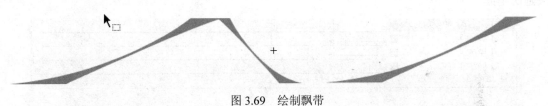

图 3.69　绘制飘带

（2）新建图层 3，同上一步继续设计左侧飘带效果。

3．新建图层 4 设计花朵淡入舞台效果

（1）新建图形元件 Shape 3，绘制两朵花，如图 3.70 所示。

图 3.70　绘制两朵花

（2）接着，再创建 3 个图形元件 Shape 31、Shape 32、Shape 33，分别在其中绘制接上图的花瓣落下过程的效果。然后创建一个影片剪辑元件 Sprite 1，在其中分别在第 1、5、9、12帧显示前面 4 个效果，后面延时止于第 14 帧，如图 3.71 所示。

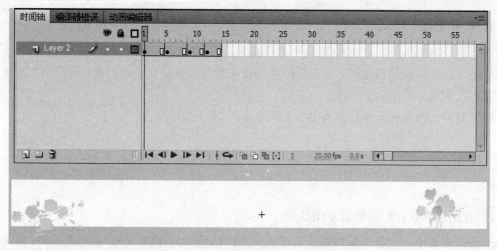

图 3.71　在影片剪辑中设计花瓣落下效果

注意　影片剪辑元件，实质上就是用于设计一段动画片断的元件，它具有自己独立的时间轴。可以在 Flash 文件中不断运行，适合于反复播放的动画效果。

（3）切换回场景中，在图层 4 的第 10 帧创建关键帧，将元件 Sprite 1 拖放至舞台下边，设置其透明度为 0%。在第 20 帧插入关键帧并将元件实例对象拖到舞台合适位置，设置其透明度为 100%，接着选中第 10 帧设置补间动画，如图 3.72 所示。在第 160 帧插入帧，将该效果延时至此。

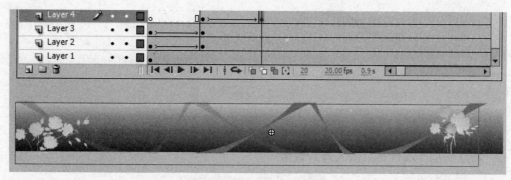

图 3.72　定义花朵淡入效果

4．新建图层 5、6、7 设计第 1 组文字的显示效果

（1）新建图形元件 Shape 4，在其中输入文字"开通"，设置文字大小和字体，对其进行两次分离转变为图形。设置其填充色如图 3.73 所示，左 1 滑块为：#FFD857、左 2 滑块为：#6C4200、左 3 滑块为：#FBE5AB、左 4 滑块为：#E9E687、左 5 滑块为：#ECC52A、左 6 滑块为：#FCFFE1、左 7 滑块为：#FCFFE1、右 1 滑块为：#6B2900。接着新增一个图层，将其拖到下面设计文字阴影效果，如图 3.74 所示。

（2）同样，新建图形元件 Shape 5、Shape 6 和 Shape 7 分别输入文字：贵宾网银、享受至尊服务、工行推出贵宾版个人网上银行，填充与上面相同的渐变色并制作文字阴影。

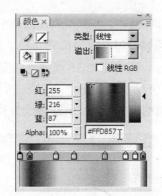

图 3.73　定义图形文字的填充色

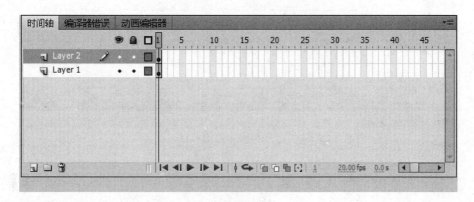

图 3.74　设计文字艺术效果

（3）切换回场景，选中图层 5 的第 23 帧插入关键帧，将库中图形元件 Shape 4 拖放到舞台区域外的上面一点，在第 30 帧插入关键帧并将其实例移入舞台内的合适位置，选中前面关键帧设置为补间动画。接着在第 73 帧插入关键帧，在第 81 帧插入关键帧并将其向上移出舞台，设置透明度为 0%，选中第 73 帧设置为动画，如图 3.75 所示。

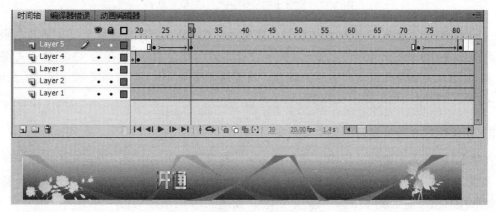

图 3.75　设计第 1 组文字动画

（4）选中图层 6 第 28 帧插入关键帧，拖放元件 Shape 5 到舞台区域中间右侧并设置其透明度为 0%，然后在第 31 帧插入关键帧将其对象位置左移至画面中间，设置其透明度为 75%，定义该段的补间动画如图 3.76 所示。接着在第 36 帧插入关键帧并将其位置移到与前面文字相接，设置其透明度为 100%，如图 3.77 所示。下一步在第 73 帧插入关键帧，在第 81 帧插入关键帧并将其向上移出舞台，设置透明度为 0%，设置该段为补间动画。

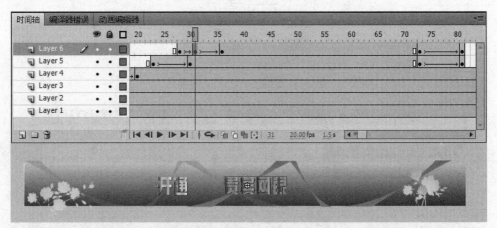

图 3.76　文字"贵宾网银"移动显示

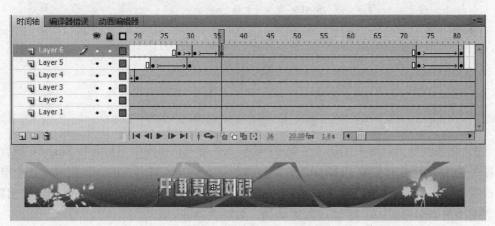

图 3.77　文字"贵宾网银"中间位置动画

（5）选中第 7 层第 33 帧插入关键帧，拖放元件 Shape 6 到舞台区域上层文字的右侧，定义其透明度为 0%。在第 45 帧插入关键帧，设置其透明度为 100%。在第 73 帧插入关键帧，在第 81 帧插入关键帧并将其向上移出舞台，设置透明度为 0%（与前面文字一起淡出画面）。设置该两段为补间动画，如图 3.78 所示。

5．新建图层 8 设计最后一组文字效果

在第 82 帧插入关键帧，将库中元件 Shape 7 拖放到舞台的中部，设置其缩小和透明度为 0%。在第 90 帧插入关键帧并将其透明度定义为 100%，放大大小到合适，定义其间为补间动画。最后将其效果延时到 170 帧（即插入帧），如图 3.79 所示。

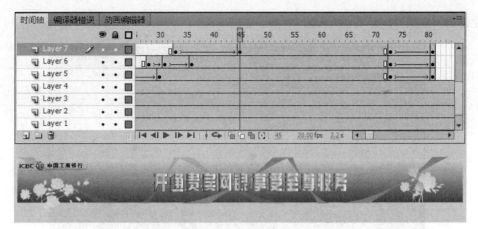

图 3.78　文字"享受至尊服务"动画效果

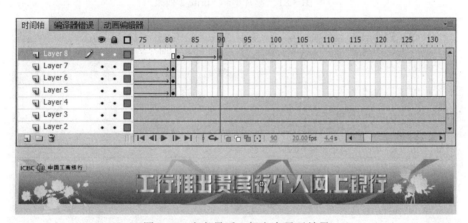

图 3.79　定义最后一组文字显示效果

6．新建图层 9、10、11 设计画面光源闪亮效果

（1）新建图形元件 Shape 8，绘制光源，如图 3.80 所示。制作完成后将其中背景设置为白色。

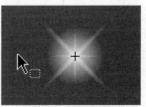

图 3.80　制作光源效果

（2）接着创建一个影片剪辑元件 Sprite 2，选中第 1 帧将元件 Shape 8 拖入放置在中心点处，接着插入多个关键帧至第 19 帧，改变各个关键帧中对象的大小设置透明度并旋转，生成一个灯光闪烁效果，如图 3.81 所示。

（3）切换回场景，选中图层 9 的第 104 帧插入关键帧，拖放库中元件 Sprite 2 到舞台区域中"人"字的上方一点，将其效果延时到 170 帧（即插入帧），如图 3.82 所示。

（4）选中图层 10 的第 47 帧，将库中元件 Sprite 2 拖到舞台区域中间"银"字的上端，将其效果延时到第 71 帧（即插入帧），如图 3.83 所示。

图 3.81 影片剪辑 Sprite 2 效果

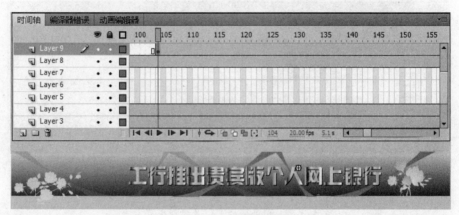

图 3.82 画面闪光效果

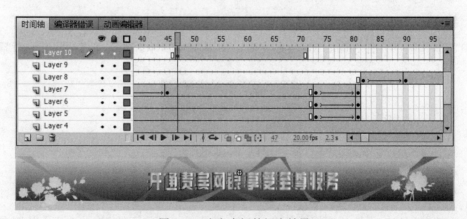

图 3.83 定义中间的闪光效果

（5）同前一步骤，在图层 11 利用元件 Sprite 2 设计右侧闪光效果，如图 3.84 所示。

7. 新建图层 12 设计银行的 Logo 和文字效果

导入银行 Logo 和文字的图形，创建图形元件 Shape 9 将图形拖入放在中心点区域。选中图层 12 第 1 帧将元件 Shape 9 拖放到左上角，然后将其延时到第 170 帧，如图 3.85 所示。

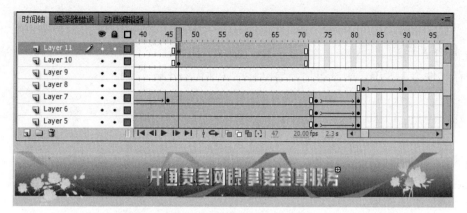

图 3.84　定义右侧的闪光效果

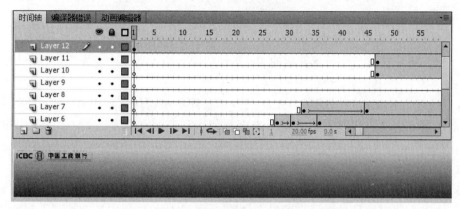

图 3.85　显示 Logo 效果

8．新建图层 13 设计鼠标单击按钮效果

新建按钮元件 Button 1，在点击状态绘制一个场景大小的黑色矩形并转换为图形元件 Shape 10。选中图层 13 第 1 帧将库中按钮元件拖放到舞台并覆盖全部，单击该元件打开动作编辑器窗口在其中加入程序代码，如图 3.86 所示。

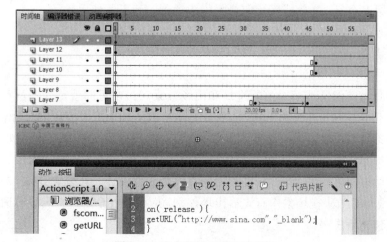

图 3.86　定义按钮及其程序代码

9．保存文件

保存文件为 3_8.fla，测试影片，导出影片文件为 swf 格式文件。

3.8.3 知识补充：Flash 动画场景应用

在该任务的动画设计过程中，体现出动画的本质是变化。凡是画面变化的单个东西都要看成是独立的角色，设计制作时应该将它们单独设计成动画部分或动画段或影片剪辑，这样就会使动画效果更加好看。

场景应用。使用多个场景类似于使用若干个 swf 文件来创建一个较大的 Flash 文件。每个场景都有一个时间轴。当播放头到达一个场景的最后一帧时，播放头将前进到下一个场景。发布 swf 文件时，每个场景的时间轴会合并为 swf 文件中的一个时间轴。该 swf 文件编译后，其行为方式与使用一个场景创建的 fla 文件相同。由于存在上述原因，以下情况应避免使用场景：

（1）场景会使文档难以编辑，尤其在多作者环境中。任何使用该 fla 文档的人员可能都需要在一个 fla 文件内搜索多个场景来查找代码和资源。请考虑改为加载内容或使用影片剪辑。

（2）场景通常会导致 swf 文件很大。

（3）场景将强制用户必须渐进式下载整个 swf 文件，而不是只加载实际想观看或使用的资源。如果不使用场景，则用户可以在浏览 swf 文件的过程中控制想要下载的内容。用户对要下载的内容量有了更大的控制权，这更有利于进行带宽管理。缺点是需要管理大量的 fla 文档。

（4）与 ActionScript 结合的场景可能会产生意外的结果。因为每个场景时间轴都压缩至一个时间轴，所以可能会遇到涉及 ActionScript 和场景的错误，这通常需要进行额外的复杂调试。

如果要创作长篇动画，则会发现使用场景是很有利的。如果文档中使用场景存在上述弊端，请考虑使用多个 fla 文件或影片剪辑来生成动画，而不要使用场景。

3.8.4 任务小结

在设计动画时，经常涉及对象的进场和出场效果。最常见的就是同一位置淡入和淡出，但也有从舞台上下左或右进场和出场，还有就是从小或大向大或小变化的。无论哪种情况其实多数要设置对象的透明度变化。这里请思考如图 3.87 所示的动画变化效果，如何设计。

设计思路提示：将每组文字定义为各自图形元件，然后在各自定义的影片剪辑元件中设计每组文字的动态变化效果。同样分别利用影片剪辑元件设计光环变化效果、彩色碎片变化效果。但为了实现每组效果在场景中有先后出场差别，应当在各个影片剪辑设计时确定起始帧和结束帧的位置和先后次序。

图 3.87 动画变化效果

3.9　在主页中检查插件和跳出公告窗口

在主页中经常要设计一些必要的附加功能。最常见的就是在进入网站加载主页时，检查网页内容中所需要安装的各种插件，以及随着主页的加载随之弹出的公告等信息窗口。

这些功能将会用到 Dreamweaver 软件中的行为技术，主要涉及到客户端行为。在 Dreamweaver 软件中，所谓添加行为就是使用所见即所得的方式来添加一些常用的 JavaScript 脚本，这些脚本在 Dreamweaver 中已经封装好，在需要时添加即可，从而极大地节省了开发人员的工作量。一个行为是由一个事件和一个动作构成的。我们可在行为面板中找到这些 JavaScript 的代码。如我们经常看到的当鼠标移动至一张图片上时，图片发生变化就是使用行为来实现的。这里鼠标移动是一个事件，图片发生变化是一个动作。常用的事件有 onMouseOver、onMouseOut、onClik 等，常用的行为有改变属性 Change Property、检查插件 Check Plugin、播放声音 Play Sound、显示和隐藏层 Show-Hide Layers 等。本项目将要学习这些技术及其在网页设计制作中的运用。

关键知识点	能力要求
添加行为的基本过程； 行为、事件和特定任务	学会在行为面板中添加和删除事件； 熟练设置检查浏览器、插件和打开浏览器窗口； 会在行为面板中改变和设置事件； 掌握将行为附加到页面元素并修改以前所附加行为的参数技术

3.9.1　任务：网站首页检查插件并弹出一个公告

1．设计效果

在网站中打开主页时，若系统没有检测到 Flash 插件，会弹出我们设计好的提示信息页面。否则，直接显示正常网页内容。同时，随着加载主页面弹出一个公告窗口。

2．任务描述

在加载主页面的同时要设计以下两项内容：

（1）检查客户端浏览器是否带有显示页面内容所需要用到的 Flash 插件，若没有则提示用户下载该插件。

（2）随着主页跳出一个页面窗口，显示含有内容的公告信息。

3．设计思路

在完成该项任务时，将要使用 Dreamweaver 的行为面板，可以在该面板上选择相应的检查插件和打开浏览器窗口命令，来设置相应参数值和属性。

（1）对于检查插件的功能，可以直接在行为面板的加号按钮上单击鼠标左键，在出现的菜单中单击"检查插件"命令，在弹出的对话框内设置相应的属性。

（2）对于弹出公告信息窗口功能，也是在行为面板的加号按钮上单击鼠标左键，在出现的菜单中单击"打开浏览器窗口"命令，接着在弹出的对话框内设置相应的属性。

这里，要注意事先应该考虑好，对于检查插件功能可能会出现两种情况：其一是用户机器已经安装了 Flash 插件，则直接找到要显示的网页页面；其二是用户机器无 Flash 插件，则要显示让用户安装所需插件的页面，但该页面应该在之前已经准备好，只要让页面链接到该页面即可。

4．技术要点

学习利用行为面板，并在其加号按钮上单击鼠标左键，为页面添加各种功能的时候，它们都会出现在菜单列表命令中，如图 3.88 所示。选项包括：播放声音、打开浏览器窗口、弹出信息、调用 JavaScript、改变属性、恢复交换图像、检查表单、检查插件、检查浏览器、交换图像、控制 Shockwave 或 Flash、设置导航条图像、设置文本、时间轴、跳转菜单、跳转菜单开始、拖动层、显示-隐藏层、显示弹出式菜单、隐藏弹出式菜单、预先载入图像、转到 URL、显示事件、获取更多行为等。

图 3.88　页面添加各种功能的菜单选择项命令

当选择某个命令并在弹出的对话框内设置相应的属性后，将会在行为面板中显示相应的事件和动作。

在事件选项中可以设定的事件如表 3.2 所示，针对不同的浏览器或版本有多种事件选项，常见的包括 onLoad、onClick、onMouseOver、onMouseDown、onMouseMove、onMouseOut、onMouseUp 等。

表 3.2　事件对应的功能及可使用的浏览器或版本

事件	适用浏览器	简单描述
onAbort	NS3、NS4、IE4	当用户终止下载传输时发生
onAfterUpdate	IE4	当页面中的数据被更新时发生
onBeforeUpdate	IE4	当页面中数源完成更新但还未失去焦点时发生
onBlur	NS3、NS4、IE3、IE4	当用户取消焦点时（如取消文字选中）发生
onChange	NS3、NS4、IE3、IE4	当用户改变对象属性时发生
onClick	NS3、NS4、IE3、IE4	当用户用鼠标单击特定对象时发生
onDblClick	NS4、IE4	当用户用鼠标双击特定对象时发生
onError	NS3、NS4、IE4	当页面出现错误时（下载期间）发生
onFinish	IE4	字幕结束一个循环时发生
onFocus	NS3、NS4、IE3、IE4	产生焦点时发生
onHelp	IE4	当用户单击浏览器帮助按钮时发生
onKeyDown	NS4、IE4	当用户按下一个按键（未释放）时发生
onKeyPress	NS4、IE4	当用户按下一个按键（已释放）时发生
onKeyUp	NS4、IE4	当按键被释放时发生
onLoad	NS3、NS4、IE3、IE4	当网页加载时发生
onMouseDown	NS4、IE4	当用户按下鼠标键时发生
onMouseMove	IE3、IE4	当用户在对象上移动鼠标时发生
onMouseOut	NS3、NS4、IE4	当用户将鼠标移离对象上时发生
onMouseOver	NS3、NS4、IE3、IE4	当用户将鼠标移入对象上时发生
onMouseUp	NS4、IE4	当鼠标按键被释放时发生
onMove	NS4	当鼠标移动时发生
onReadyStateChange	IE4	当指定元素状态改变时发生
onReset	NS3、NS4、IE3、IE4	当重置表单初始值时发生
onResize	NS4、IE4	当用户改变（窗口）大小时发生
onRowEnter	IE4	当当前指针记录所对应的源记录被改变时发生
onRowExit	IE4	当当前指针记录所对应的源记录即将改变时发生
onScroll	IE4	当滚屏时发生
onSelect	NS3、NS4、IE3、IE4	当选中文字时发生
onStart	IE4	当字幕开始循环时发生
onSubmit	NS3、NS4、IE3、IE4	当提交时发生
onUnload	NS3、NS4、IE3、IE4	当重新下载时发生

在本例中我们将用到 onLoad 事件，即在网页加载同时检查插件是否存在和弹出浏览器窗

口显示公告信息。在定义时事件栏将显示 onLoad，在动作栏将分别显示检查插件和打开浏览器窗口。

这些事件集合从其命名来看，都容易理解。限于篇幅，在表格中只能对它们进行简单的描述。在下面的制作过程中，将结合实例说明所用行为的设置和使用方法。

3.9.2　任务实现

在 Dreamweaver 中打开主页文件。开始检查 Flash 插件项目的制作。

1．打开行为面板

若右侧各种面板组选项中不见行为面板时，则单击菜单栏中【窗口】→【行为】命令，将会在面板组区域中显示该面板，如图 3.89 所示。

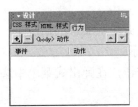

图 3.89　行为面板

Dreamweaver CS3 以上版本的内置行为，是将 JavaScript 代码放置到文档中，访问者可以通过多种方式更改 Web 页，或者启动某些任务。行为，是某个事件和由该事件触发的动作的组合。在行为面板中，可以先指定一个动作，然后指定触发该动作的事件，然后将行为添加到页面中。使用内置行为可以修饰 Web 站点的外观、增强 Web 站点的功能以及提高 Web 站点的吸引力。Dreamweaver 中将这些行为附加到 Web 页的元素上，这类操作不需要了解 JavaScript 即可以完成。

2．定义行为

（1）在行为面板中单击加号按钮，选择弹出式菜单中的"检查插件"命令，则会显示如图 3.90 所示对话框。其中在插件"选择"项中包括 Flash、Shockwave、LiveAudio、QuickTime、Windows Media Player 等。本例中选择 Flash。

图 3.90　"检查插件"对话框

当需要时选择"输入"，并在其文本框中输入插件的确切名称。

（2）"如果有，前往 URL"：在前往 URL 中输入页面路径和文件，或通过"浏览"按钮选择页面文件名称。

"否则，前往 URL"：通过"浏览"按钮选择另一个页面提示文件名称。

若选中"如果无法检测，则始终转到第一个 URL"，就会默认检测到而链接第一个页面文件。

（3）单击"确定"按钮，此时会在行为面板内显示出对应的事件和动作。若事件项中不是 onLoad，则要选中出现的事件并单击事件和动作项之间的倒三角按钮标记，在弹出式菜单中若没有该事件就选择显示事件项中的浏览器，然后再找到相应 onLoad 事件。

（4）若前一步中无法找到 onLoad 事件，则应该在制作该项目之前先在网页编辑区的下面，单击<body>标记变成粗体，表示选中了该项。此时，等于选中了整个网页内容，再为其添加事件。这时一定会见到 onLoad 事件了。

3．定义跳出公告窗口

（1）在 Dreamweaver 中已经打开主页文件的情况下，在主页文件中单击选择编辑窗口下面的<body>标记，则会变成粗体显示。

（2）在行为面板中单击加号按钮，在弹出式菜单中选择"打开浏览器窗口"命令，则会显示对话框，如图 3.91 所示。

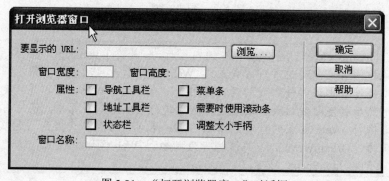

图 3.91　"打开浏览器窗口"对话框

（3）在对话框中"要显示的 URL 中"，通过单击"浏览"按钮选择待弹出公告信息的页面文件名称。

在窗口宽度和高度项中，定义其大小。

在属性选择中，设置打开的浏览器窗口中是否带有导航工具栏、菜单条、地址工具栏、需要时使用滚动条、状态栏和调整大小手柄等。通常情况下都不选择，而是只跳出窗口本身。

在"窗口名称"选项中，可以为该窗口定义一个名称。

4．保存文件

保存文件为 index.html，在浏览器中预览网页效果。

使用行为面板的目的，是将行为附加到页元素（更具体地说是附加到标签）或修改以前所附加行为的参数。这里的行为是与包含可以触发该动作的特定事件相关联。只有在选择了行为列表中的某个事件时才会触发相关的动作。根据所选对象的不同，事件列表中显示的事件也有所不同。如果未显示预期的事件，则检查是否选择了正确的页面元素或标签（若要选择特定的标签，请使用文档编辑区域窗口底部左侧的标签选择器）。同时确保在显示事件子菜单中选择了正确的浏览器。

要使用行为面板制作页面特定的信息形式，定义相对应的动作同时要正确地对事件定义和选择。

其实，可以利用行为面板的其他技术设计更为有效的页面效果。包括检查浏览器类型、定义页面背景音乐、设计可以拖动层的动画广告、弹出信息窗口、设计各种导航菜单等。

3.9.3　知识补充：行为面板及其功能

1．事件

每个浏览器都提供一组事件，这些事件可以与行为面板的动作（＋）弹出式菜单中列出的动作相关联。当 Web 页的用户与页进行交互时（例如，单击某个图像），浏览器生成事件。这些事件可用于调用引起动作发生的 JavaScript 函数（没有用户交互也可以生成事件，例如设置页每 10 秒钟自动重新载入）。Dreamweaver 软件提供许多可以使用这些事件触发的常用动作。有关每个浏览器所提供的事件的名称和说明，请参见 Dreamweaver 支持中心的内容（www.adobe.com/go/ dreamweaver_support_cn/）。

请注意，大多数事件只能用于特定的页元素。若要查明对于给定的页元素给定的浏览器支持哪些事件，可以在文档中插入该页元素并向其附加一个行为，然后查看行为面板中的事件弹出式菜单。默认情况下，事件是从 HTML 4.01 事件列表中选取的，并受大多数新型浏览器支持。如果页面中尚不存在相关的对象或所选的对象不能接收事件，则菜单中的事件将处于禁用状态（灰显）。如果未显示所需的事件，请确保选择了正确的对象，或者单击显示事件在弹出子菜单中更改目标浏览器。如果要将行为附加到某个图像，则一些事件（例如 onMouseOver）显示在括号中。这些事件仅用于链接。当选择其中之一时，Dreamweaver 在图像周围使用<a>标签来定义一个空链接。在属性面板的链接框中，该空链接表示为"javascript:;"。如果要将其变为一个指向另一页面的真正链接，可以更改链接值，但是如果删除了 JavaScript 链接而没有用另一个链接来替换它，则将删除该行为。

若要更详细、更进一步地了解具体哪些标签，可以在给定的浏览器中与给定的事件一起使用，请在 Dreamweaver/Configuration/Behaviors/Events 文件夹的某个文件中搜索该事件。

下载并安装第三方行为，Dreamweaver 软件最有用的功能之一就是它的扩展性，即它为精通 JavaScript 的用户提供了编写 JavaScript 代码的机会，这些代码可以扩展 Dreamweaver 的功能。很多用户选择将他们的扩展提交到 Adobe Exchange for Dreamweaver Web 站点与其他用户共享。若要从 Exchange 站点下载和安装新行为，请执行以下操作：打开行为面板并从动作（＋）弹出式菜单中选择"获取更多行"，此时主浏览器打开，出现 Exchange 站点（您必须连接到 Web 才能下载行为）；浏览或搜索扩展包；下载并安装所需的扩展包。有关详细信息，请参见添加功能扩展 Dreamweaver。

2．应用行为

行为代码，是客户端 JavaScript 代码。即它运行在浏览器中，而不是服务器上。事件是浏览器生成的消息，它指示该页的访问者已执行了某种操作。例如，当访问者将鼠标指针移到某个链接上时，浏览器将为该链接生成一个 onMouseOver 事件；然后浏览器检查是否应该调用某段 JavaScript 代码（在当前查看的页面中指定）进行响应。不同的页元素定义了不同的事件；例如，在大多数浏览器中，onMouseOver 和 onClick 是与链接关联的事件，而 onLoad 是与图像和文档的 body 部分关联的事件。

动作，是一段预先编写的 JavaScript 代码，可用于执行以下任务：打开浏览器窗口、显示或隐藏 AP 元素、播放声音或停止播放 Adobe Shockwave 影片。Dreamweaver 所提供的动作提供了最大程度的跨浏览器兼容性。注意：可适用于新型浏览器。在较旧的浏览器中将失败，但不会产生任何后果。

可以将行为附加到整个文档（即附加到<body>标签），也可以附加到链接、图像、表单元素和多种其他 HTML 元素。在将行为附加到某个页面元素之后，每当该元素的某个事件发生时，行为即会调用与这一事件关联的动作（JavaScript 代码，可以用来触发给定动作的事件，随浏览器的不同而有所不同）。例如，如果想要将"弹出消息"动作附加到一个链接上，并指定它将由 onMouseOver 事件触发，则只要有人将指针放在该链接上，就会弹出消息。

单个事件可以触发多个不同的动作，可以指定这些动作发生的顺序。

3．应用拖动 AP 元素行为

拖动 AP（带有绝对位置的 Div）元素行为，可让用户拖动绝对定位的（AP）元素。使用此行为可创建拼板游戏、滑块控件和其他可移动的界面元素。实际应用中可以指定以下内容：允许用户向哪个方向拖动 AP 元素（水平、垂直或任意方向），将 AP 元素拖动到的目标，当AP 元素距离目标在一定数目的像素范围内时是否将 AP 元素靠齐到目标，当 AP 元素命中目标时应执行的操作等。

具体操作步骤：

（1）选择菜单栏中【插入】→【布局对象】→【AP Div】命令，或单击插入选项上的绘制 AP Div 按钮，在文档窗口的设计视图内绘制一个 AP Div。

（2）单击文档窗口左下角的标签选择器中的<body>。

（3）从行为面板的动作菜单中选择"拖动 AP 元素"命令。如果该拖动 AP 元素不可用，则可能已选择了一个 AP 元素。

（4）在 AP 元素弹出菜单中选择此 AP 元素。

（5）从移动弹出菜单中选择"限制"或"不限制"。不限制移动适用于拼板游戏和其他拖放游戏。对于滑块控件和可移动的布景（如文件抽屉、窗帘和小百叶窗），选择"限制"移动。

（6）对于限制移动，在上、下、左和右框中输入值（以像素为单位）。这些值是相对于 AP元素的起始位置的。如果限制在矩形区域中移动，则在所有四个框中都输入正值。若只允许垂直移动，则在上和下的文本框中输入正值，在左和右的文本框中输入 0；若只允许水平移动，则在左和右的文本框中输入正值，在上和下的文本框中输入 0。

（7）在左和上的框中为拖放目标输入值（以像素为单位）。拖放目标是希望用户将 AP 元素拖动到的点。当 AP 元素的左坐标和上坐标与在左和上的框中输入的值匹配时，便认为 AP 元素已经到达拖放目标。这些值是与浏览器窗口左上角的相对值。单击"取得目前位置"可使用 AP 元素的当前位置自动填充这些文本框。

（8）在靠齐距离的框中输入一个值（以像素为单位），以确定用户必须将 AP 元素拖到距离拖放目标多近时，才能使 AP 元素靠齐到目标。较大的值会让用户太容易找到拖放目标。

（9）对于简单的拼板游戏和布景处理，到此步骤为止即可。若要定义 AP 元素的拖动控制点、在拖动 AP 元素时跟踪其移动以及在放下 AP 元素时触发一个动作，请单击"高级"标签。

（10）若要指定用户必须单击 AP 元素的特定区域，才能拖动 AP 元素。请从拖动控制点的菜单中选择"元素内的区域"；然后输入左坐标和上坐标以及拖动控制点的宽度和高度。此选项适用于 AP 元素中的图像包含提示拖动元素（例如一个标题栏或抽屉把手）的情况。如果希望用户可以通过单击 AP 元素中的任意位置来拖动此 AP 元素，请不要设置此选项。

（11）选择任何要使用的"拖动时"选项：如果 AP 元素在拖动时应该移动到堆叠顺序的最前面，则选择"将元素置于顶层"。如果选择此选项，请使用弹出菜单选择"是"将 AP 元素保留在最前面还是将其恢复到它在堆叠顺序中的原位置。在调用 JavaScript 框中，输入 JavaScript 代码或函数名称（例如 monitorAPelement()），以在拖动 AP 元素时反复执行该代码或函数。例如，可以编写一个函数用于监视 AP 元素的坐标，并在一个文本框中显示提示（如：正在接近目标或离拖放目标还很远）。

（12）在第二个调用 JavaScript 的框中，输入 JavaScript 代码或函数名称（例如，evaluateAPelementPos()）可以在放下 AP 元素时执行该代码或函数。如果只有在 AP 元素到达拖放目标时才执行 JavaScript，则选择"只有在靠齐时"。

（13）单击"确定"按钮，验证默认事件是否正确。如果不正确，请选择另一个事件或在显示事件子菜单中更改目标浏览器。

4．应用跳转菜单行为

当选择菜单栏中【插入】→【表单】→【跳转菜单】命令创建跳转菜单时，Dreamweaver 创建一个菜单对象并向其附加一个跳转菜单（或跳转菜单转到）行为。通常不需要手动将跳转菜单的行为附加到对象。这可以通过以下两种方式中的任意一种编辑现有的跳转菜单：在行为面板中双击现有的跳转菜单行为，编辑和重新排列菜单项，更改要跳转到的文件，以及更改这些文件的打开窗口；也可以选择该菜单并使用属性面板中的列表值按钮，在菜单中编辑这些项，就像在任何菜单中编辑项一样。具体操作：

（1）如果您的文档中尚无跳转菜单对象，则创建一个跳转菜单对象。

（2）选择对象，然后从行为面板的动作菜单中选择跳转菜单命令。

（3）在跳转菜单的对话框中进行所需的更改，然后单击"确定"按钮。

5．应用跳转菜单转到行为

跳转菜单转到的行为与跳转菜单的行为密切关联。跳转菜单转到，允许将一个转到按钮和一个跳转菜单关联起来（在使用此行为之前，文档中必须已存在一个跳转菜单）。单击转到按钮，打开在该跳转菜单中选择的链接。通常情况下，跳转菜单不需要一个转到按钮；从跳转菜单中选择一项通常会引起 URL 的载入，不需要任何进一步的用户操作。但是，如果用户选择已在跳转菜单中选择的同一项，则不发生跳转。通常情况下这不会有多大关系，但是如果跳转菜单出现在一个框架中，而跳转菜单项链接到其他框架中的页，则通常需要使用"转到"按钮，以允许用户重新选择已在跳转菜单中选择的项。

注：当将"转到"按钮用于跳转菜单时，"转到"按钮会成为将用户跳转到与菜单中的选定内容相关的 URL 时所使用的唯一机制。在跳转菜单中选择菜单项时，不再自动将用户重定向到另一个页面或框架。具体操作：

（1）选择一个对象用作"转到"按钮（通常是一个按钮图像），从行为面板的动作菜单中选择"跳转菜单转到"命令。

（2）在选择跳转菜单的菜单中，选择转到按钮要激活的菜单，然后单击"确定"按钮。

6. 应用播放声音行为

可以使用播放声音行为，在每次鼠标指针滑过某个链接时播放声音效果，或在加载页面时播放音乐剪辑，等等。

注：浏览器可能需要通过附加的音频支持（例如音频插件）来播放声音。因为不同的浏览器使用不同的插件，所以很难准确预先估计这些声音的播放效果。具体操作：

（1）选择对象，然后从行为面板的动作菜单中选择播放声音命令。

（2）单击浏览选择一个声音文件，或在播放声音框中输入路径和文件名。

（3）单击"确定"按钮，验证默认事件是否正确。如果不正确，请选择另一个事件或在显示事件子菜单中更改目标浏览器。

7. 应用预先载入图像行为

预先载入图像行为，可以缩短页面图像显示时间。其方法是对在页面打开之初不会立即显示的图像（例如那些将通过行为或 JavaScript 缓入的图像）进行缓存。

注：交换图像的行为，会自动预先加载在交换图像对话框中，选择"预先载入图像"选项时，所有高亮显示的图像，因此当使用交换图像时不需要手动添加预先载入图像。具体操作：

（1）选择一个对象，然后从行为面板的动作菜单中选择"预先载入图像"命令。

（2）单击"浏览"按钮，选择一个图像文件，或在图像源文件框中输入图像的路径和文件名。

（3）单击对话框顶部的加号（+）按钮将图像添加到预先载入图像的列表中。

（4）对其余所有要在当前页面预先加载的图像重复第（3）步和第（4）步。

（5）若要从预先载入图像的列表中删除某个图像，请在列表中选择该图像，然后单击减号（−）按钮。

（6）单击"确定"按钮，验证默认事件是否正确。如果不正确，请选择另一个事件或在显示事件子菜单中更改目标浏览器。

8. 应用设置导航栏图像行为

使用设置导航栏图像的行为，可将某个图像变为导航栏图像，也可以更改导航条中图像的显示和动作。使用"设置导航栏图像"对话框中的"基本"选项卡，可以创建或更新导航栏图像，更改用户单击导航条按钮时显示的 URL，以及选择用于显示 URL 的其他窗口。

使用"设置导航栏图像"对话框中的"高级"选项卡，可设置根据当前按钮的状态改变文档中其他图像的状态。默认情况下，单击导航条中的一个元素将使导航条中的所有其他元素自动返回到它们的一般状态；如果要设置，使鼠标指针按下所选图像或置于其上时改变某个图像的状态，则使用该"高级"选项卡。

实训项目三

一、实训任务要求

1．在前面所设计的网站页面基础上设计其首页，同时添加弹出消息用于公告、打开一个浏览器窗口用于通知、背景音乐等。

2．在有 Flash 动画的页面上使用检查插件的功能。若无插件，则给出下载网址。若有就直接显示网页内容。

3．利用 Fireworks 和 Flash 设计网站 Logo、导航菜单和广告动画等。

4．注意整个网站的系统性。

二、实训步骤和要求

1．首先对前面所设计网站页面进行功能的扩充设计，完成第 1 项任务。

2．如果有已经使用了 Flash 动画的网页，就在此基础上对该页面进行插件检查。若没有则设计一个带有 Flash 动画的网页，再进行设计。

3．设计时要不断进行浏览，以便观察所设计的效果。

三、评分方法

1．完成项目的所有功能。（40 分）

2．网页信息运用规范、正确、色彩搭配合理舒适。（40 分）

3．实训报告书。（20 分）

四、实训报告

要求如下：

1．总结所涉及网页制作技术。

2．网页主要设计思想。

3．实现过程及步骤描述。

4．设计中的收获。

4

超链接

超链接，是网站开发的基本技术，只有利用超链接才能将千千万万个网页组织成一个个网站，它是 Web 的灵魂。网站中许许多多的网页就是通过超链接连成一体的，浏览者可以通过单击不同的超链接，在 Internet 上漫游。Dreamweaver 提供多种创建链接的方法，可创建到网页、图像、多媒体文件或可下载软件的链接。也可以建立到页面内部任意位置的任何文本或图像的链接，包括标题、列表、表、绝对定位的元素（AP 元素）或框架中的文本或图像。

超链接一般分为内部链接、外部链接、锚点链接、电子邮件链接以及其他的一些链接，如图像热点等。

在本章学习中，将通过完成 2 个任务来达到学习目标：

（1）设计页面各种超链接。

（2）创建锚点链接以及图像热点。

4.1 创建文字图片内外部链接和电子邮件链接

用 Dreamweaver 设置了存储 Web 文件的站点和创建了 HTML 页之后，就需要创建网页到网页之间的链接。

超链接将各个不同的页面联系起来，达到快速指向需要浏览页面的目的。链接的创建与管理有几种不同的方法。有些 Web 设计者喜欢在工作时创建一些指向尚未建立的页面或文件的链接；有些则倾向于先完成所有的文件和页面，然后再添加相应的链接。而另一种管理链接的方法是创建占位符页面，在完成所有站点页面之前为这些页面添加和测试链接。本项目涉及不同的链接方法并应用到实际案例中。

关键知识点	能力要求
文本外部、内部链接和空链接； 图像链接	学会创建各种链接的定义方法； 掌握图像链接操作方法

4.1.1 任务：设计页面各种超链接

1．设计效果

完成任务设计具有链接功能的页面效果，如图 4.1 所示。

图 4.1 定义带有链接的页面

2．任务描述

打开页面文件，将页面导航区域、正文部分文字标题和页脚区域文字设置链接到相应的网页；将友情链接区域的图片定义为外部网站链接；将页脚区域的"联系我们"设置为电子邮件链接。

3．设计思路

打开"生活杂志"页面文件，选中文本标题、左侧"生活杂志"导航栏区域、页脚区域文字等，在属性面板上设置内部链接文件；将友情链接区域图片设置为外部完整网站地址的链接；将页脚中"联系我们"定义为电子邮件地址的链接。

4.1.2　任务实现

1．创建内部链接

选中页面内要创建链接的文字，在属性面板中单击"链接"项旁边的按钮，如图 4.2 所示。出现选择文件对话框，选择超链接要指向的文件名。如为页脚区域文字"小区服务"、"新闻动态"、"住户之声"、"装修/报修"、"住户留言"文字分别设置内链接文件名，链接设置跳转的页面分别为 page1、page2、page3、page4、page5.html。

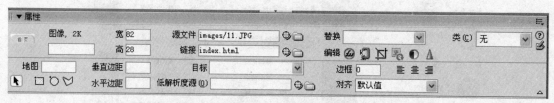

图 4.2　属性面板

 ①当利用属性面板的"链接"框后的文件夹，查找要链接的网页文件时，选择相对于文件所在目录（网站）的相对路径。②目标选项有：_blank 将链接的文件载入一个新的、未命名的浏览器窗口；_parent 将链接的文件加载到该链接所在父框架浏览器窗口；_self 将链接的文件载入链接所在的同一框架或窗口，此目标是默认的；_top 将链接的文档载入整个浏览器窗口，从而删除所有框架。

 图片也能制作超链接，只要选中图片就行。试一试？另外，在热区属性面板的 Alt 框中，还可以为图片添加说明文字。即当鼠标指向区域，会以提示信息方式显示这些说明文字。

2．制作外部链接

（1）选中"友情链接"导航区域下面的几个图片。

（2）在属性面板中的"链接"框中输入一个要链接到的外部网址。如：http://www.sina .com.cn。

 不能省略"http://"，否则浏览时会出现"该页无法显示"的提示信息。

内外链接的制作方法完全相同，不同点在于内部链接用于跳转到网站内部的
文件，而外部链接用于跳转到该网站之外的页面。

3．制作电子邮件链接

（1）在网页的页脚区域选中文字"联系我们"。

（2）在属性面板中的"链接"框中输入 mailto:，后跟电子邮件地址。

4．保存文件

保存文件为 index.html，在浏览器中预览页面效果。

5．特别注意链接路径和链接属性

为文本和图像创建外部和内部链接涉及到文件的绝对路径、相对路径和站点根目录相对
路径。每个网页都有一个唯一地址，称作统一资源定位器（URL）。不过，在创建本地链接时，
即从同一站点一个文件到另一个文件的链接，通常不指定作为链接目标的文件的完整 URL，
而是指定一个始于当前文件或站点根文件夹的相对路径。通常有三种类型的链接路径：

绝对路径，如 http://www.adobe.com/support/dreamweaver/ contents.html。

文档相对路径，如 dreamweaver/contents.html。

站点根目录相对路径，如 /support/dreamweaver/contents.html。

对于大多数 Web 站点的本地链接来说，文件相对路径通常是最合适的路径。在当前文件
与所链接的文件或资源位于同一文件夹中，而且可能保持这种状态的情况下，相对路径特别有
用。文件相对路径还可用于链接到其他文件夹中的文件或资源，方法是利用文件夹层次结构，
指定从当前文档到所链接文件的路径。其基本思想是省略掉对于当前文件和所链接的文件或资
源都相同的绝对路径部分，而只提供不同的路径部分。

设置超链接所呈现的链接颜色。单击菜单栏中【修改】→【页面属性】命令或按 Ctrl+J
组合键，进入"页面属性"对话框，如图 4.3 所示。在该窗口的链接项内，可以设置包括链接
字体、链接文字大小、链接颜色、变换图像链接颜色、已访问链接颜色、活动链接颜色以及下
划线样式。

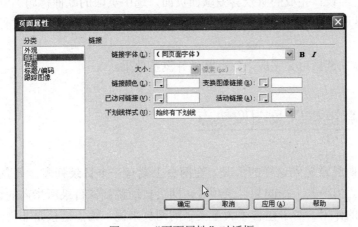

图 4.3　"页面属性"对话框

在拓展练习中设置不同选项来控制页面链接的效果；尝试改变链接颜色，变换图像链接、已访问链接和活动链接的颜色看一看页面中点击超链接颜色的变换情况，尝试改变下划线样式可以改变超链接文字的样式。

其中，"链接"类别中的"链接颜色"指定应用于链接文本的颜色，"已访问链接"指定应用于已访问链接的颜色，"活动链接"指定当鼠标（或指针）在链接上单击时应用的颜色。

项目拓展：在页面定义链接目标为声音文件，项目效果如图 4.4 所示。

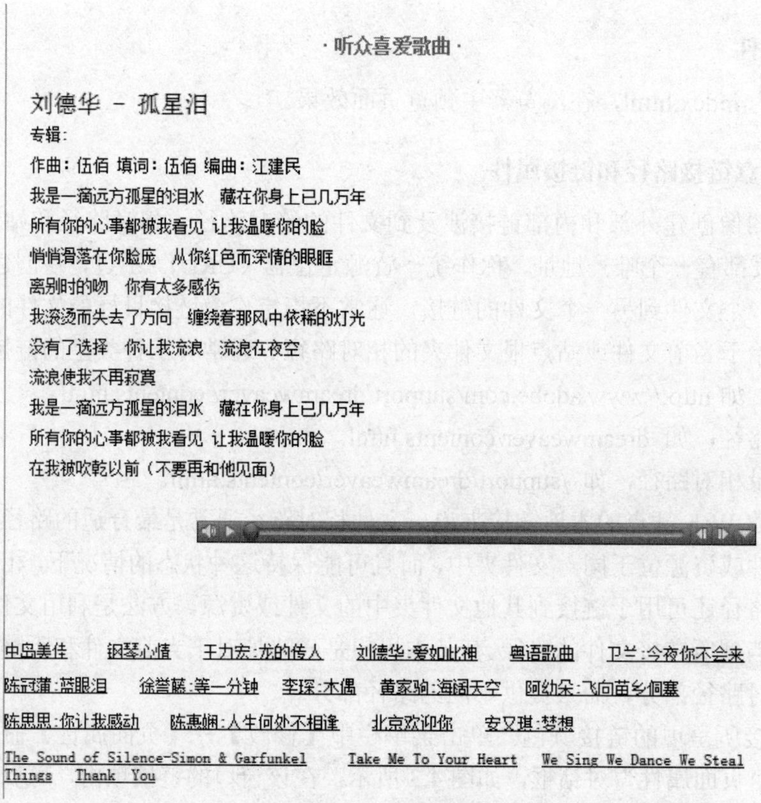

图 4.4　链接指向声音文件的页面

（1）打开已经设计完成的听众喜爱歌曲页面，选中页面的歌曲标题。

（2）在属性面板内的"链接"文本框中，选择要链接到的歌曲 mp3 文件。设置目标选项为：_blank。

（3）全部歌曲链接定义完成，保存文件并浏览效果。

4.2　创建锚点链接以及图像热点

在浏览网站时经常碰到这样的情况，在网页上端有一个目录列表，列表下面分别是各项目录的详细内容。当单击上端的某目录项时，网页自动跳到该目录所指向的详细内容位置处。这就是锚点链接的作用。对于包含了大量文字的网页来说，锚点链接是非常实用的。

在 Dreamweaver 中实现链接到页面文件中的特定位置，首先创建命名锚记，可使用属性面板链接到文件的特定部分。命名锚记可以在文件中定义设置标记，然后创建指向这些锚记的链接，这些链接可快速将访问者带到指定位置。

　　创建到命名锚记链接的过程分为两步：首先，创建命名锚记；然后创建到该命名锚记的链接。

关键知识点	能力要求
锚点链接； 图片热点映射	掌握创建锚点链接的操作方法； 掌握制作图片热点映射的操作方法

4.2.1　任务：为页面信息设置锚点链接

1. 设计效果

完成任务后页面锚点链接设计效果，如图 4.5 所示。

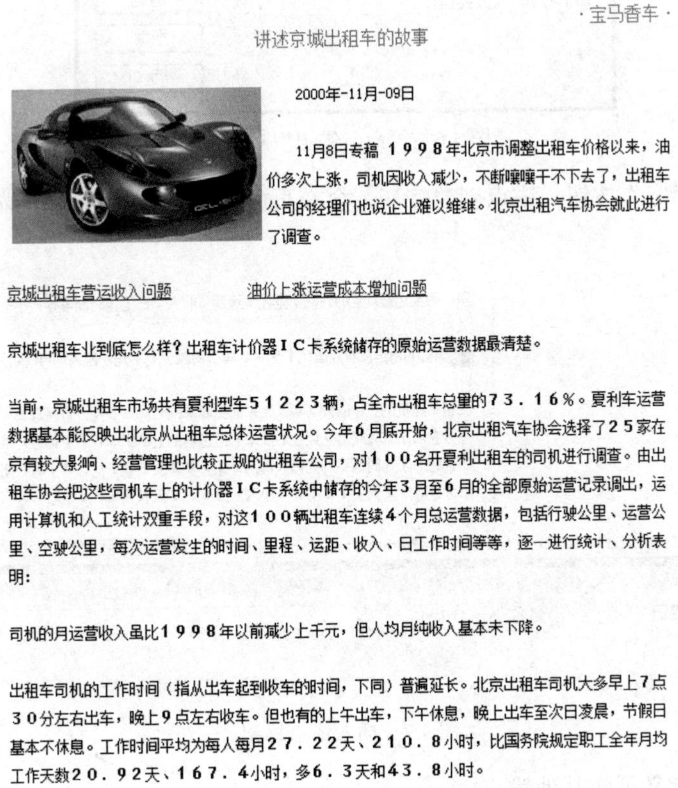

·宝马香车·

讲述京城出租车的故事

2000年-11月-09日

11月8日专稿 1998年北京市调整出租车价格以来，油价多次上涨，司机因收入减少，不断嚷嚷干不下去了，出租车公司的经理们也说企业难以维维。北京出租汽车协会就此进行了调查。

京城出租车营运收入问题　　　　　油价上涨运营成本增加问题

京城出租车业到底怎么样？出租车计价器IC卡系统储存的原始运营数据最清楚。

当前，京城出租车市场共有夏利型车51223辆，占全市出租车总量的73.16％。夏利车运营数据基本能反映出北京从出租车总体运营状况。今年6月底开始，北京出租汽车协会选择了25家在京有较大影响、经营管理也比较正规的出租车公司，对100名开夏利出租车的司机进行调查。由出租车协会把这些司机车上的计价器IC卡系统中储存的今年3月至6月的全部原始运营记录调出，运用计算机和人工统计双重手段，对这100辆出租车连续4个月总运营数据，包括行驶公里、运营公里、空驶公里，每次运营发生的时间、里程、运距、收入、日工作时间等等，逐一进行统计、分析表明：

司机的月运营收入虽比1998年以前减少上千元，但人均月纯收入基本未下降。

出租车司机的工作时间（指从出车起到收车的时间，下同）普遍延长。北京出租车司机大多早上7点30分左右出车，晚上9点左右收车。但也有的上午出车，下午休息，晚上出车至次日凌晨，节假日基本不休息。工作时间平均为每人每月27.22天、210.8小时，比国务院规定职工全年月均工作天数20.92天、167.4小时，多6.3天和43.8小时。

图 4.5　锚点链接页面

2. 任务描述

　　在页面的顶部定义该页内容的目录标题，单击每个标题后将会跳转到该页面所对应内容的位置。

3．设计思路

本项任务将在前一个案例的基础上，打开已经完成的页面。在页面中需要链接的地方设置锚点名称，选中所对应的顶部标题在属性面板内的"链接"文本框中输入"#"号和锚点名称。

4.2.2　任务实现

1．定义文件中的锚点

（1）打开"讲述京城出租车的故事"的网页，在页面文件窗口中，将光标放在要插入锚点的位置，即"司机的月运营收入"一句段首。

（2）单击菜单栏中【插入】→【命名锚记】命令，弹出对话框如图 4.6 所示。在对话框中输入（定义）锚点名字，如"article1"。名字可以任取，但最好不要用中文。

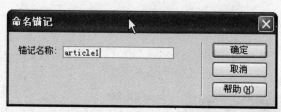

图 4.6　"命名锚记"对话框

（3）单击"确定"按钮，锚点创建完毕，会在页面上该位置呈现一个锚点标记，如图 4.7所示。

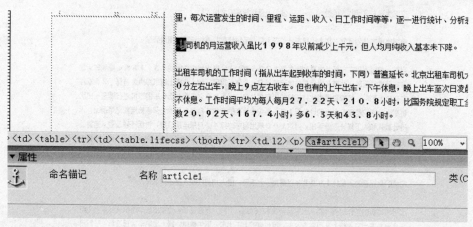

图 4.7　插入锚点标记

（4）同前面定义页面其他锚点。

2．定义锚点链接标题

（1）接着，在页面顶部输入文字标题："京城出租车营运收入问题"和"油价上涨运营成本增加问题"。

（2）分别选中网页顶部文字标题。在属性面板中的"链接"框中输入"#"号和锚点名。

锚点链接与其他的超链接不同之处在于"链接"位置增加了"#"号标志，因此通过看是否有"#"就可以判断出是否是页面中锚点链接了。

3．保存文件

保存文件，预览效果将看到图 4.4 所示建立了锚点链接的页面。

4.2.3　任务拓展：在页面地图上设置热点链接

网页上经常运用图像地图，地图可以被分为多个区域（称为热点），当用户单击某个热点时，会打开一个新文件。客户端图像地图将超文本链接信息存储在 HTML 文档中，当站点访问者单击图像中的热点时，相关 URL 被直接发送到服务器。这样使得客户端图像地图比服务器端图像地图要快，因为服务器不必解释访问者的单击位置。

1．定义页面图像的热点

在页面插入图像，对应的属性面板将见到三个热点绘制工具：矩形、圆形和多边形。使用多边形工具可在地图不同区域间绘制封闭图形，如图 4.8 所示。

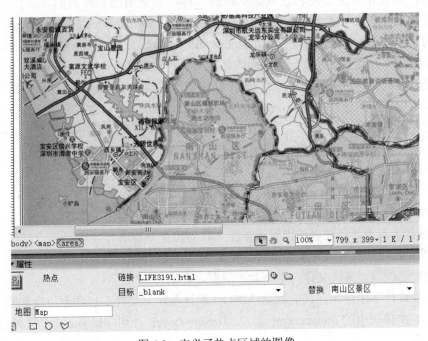

图 4.8　定义了热点区域的图像

2．为热点区域定义链接

为每个绘制完成的热点区域，在属性面板内的链接文本框中输入链接文件、目标中选项、替换中文字。

3．保存文件

保存文件，在浏览器中预览效果。

4.2.4　知识补充：网页文档的设计备注

设计备注是为文件创建的备注。设计备注与它们所描述的文件相关联，但存储在单独的文件中。可以在展开的文件面板中看到哪些文件具有设计备注，设计备注图标会出现在"备注"列中。

设计备注，可以用来记录与文档关联的其他文件信息，如图像源文件名称和文件状态说明。例如，如果将一个文档从一个站点复制到另一个站点，则可以为该文档添加设计备注，说明原始文档位于另一站点的文件夹中。

也可以使用设计备注来记录出于安全原因而不能放在文档中的敏感信息，例如，记录某一价格或配置是如何选定的或哪些市场因素影响了某一设计决策等信息。

如果在 Fireworks 或 Flash 中打开一个文件并将其导出为其他格式，则 Fireworks 和 Flash 会自动将原始文件的名称保存在"设计备注"文件中。例如，如果您在 Fireworks 中打开 myhouse.png 并将其导出为 myhouse.gif，则 Fireworks 会创建一个名为 myhouse.gif.mno 的设计备注文件。此设计备注文件包含原始文件的名称，它采用的是绝对的 file:URL。因此，myhouse.gif 的设计备注可能包含此行：fw_source =file:///Mydisk/sites/assets/orig/myhouse.png。类似的 Flash 设计备注可能包含此行：fl_source=file:///Mydisk/sites/assets/orig/myhouse.fla。

注：若要共享设计备注，应定义相同的站点根路径（例如 sites/assets/orig）。

当将图形导入 Dreamweaver 中时，设计备注文件随该图形一起自动复制到站点中。当在 Dreamweaver 中选择图像并使用 Fireworks 编辑它时，Fireworks 将打开源文件以供编辑。

对站点启用和禁用设计备注。可以在站点定义对话框的设计备注类别中，设置启用和禁用设计备注。启用设计备注时，如果需要与他人共享设计备注。执行下面步骤：

（1）打开管理站点对话框。

（2）在该对话框中选择一个站点，然后单击"编辑"按钮。

（3）在对话框中，展开"高级"设置选项并选择"设计备注"类别。

（4）选择维护设计备注以启用设计备注（取消选择即禁用）。

（5）若要删除站点的所有本地设计备注文件，单击"清理"按钮，然后单击"是"按钮。（如果要删除远程设计备注文件，则需要手动删除它们）。

注：清除设计备注命令，只能删除 MNO（设计备注）文件。该命令不会删除 _notes 文件夹或_notes 文件夹中的 dwsync.xml 文件。Dreamweaver 使用 dwsync.xml 文件保存有关站点同步的信息。

（6）选择"启用上传并共享设计备注"项，将与站点关联的设计备注与其余的文档一起上传，然后单击"确定"按钮。

如果选择该选项，则可以和小组的其余成员共享设计备注。在上传或获取某个文件时，Dreamweaver 将自动上传或获取关联的设计备注文件。

如果未选择此选项，则 Dreamweaver 在本地维护设计备注，但不将这些备注与文件一起上传。如果独自在站点上工作，取消选择此选项可改善性能。当存回或上传文件时，设计备注并不会传输到远程站点，因此您仍可以在本地为站点添加和修改设计备注。

建立设计备注与文件的关联。可以为站点中的每个文档或模板创建设计备注文件，还可以为文档中的 Applet、ActiveX 控件、图像、Flash 内容、Shockwave 对象以及图像域创建设计备注。

注：如果在模板文件中添加设计备注，用该模板创建的文档不会继承这些设计备注。

1）请执行下列操作之一：

◆ 在文档窗口中打开文件并选择菜单中【文件】→【设计备注】命令；

◆ 在文件面板中右键单击（Windows）或按住 Control 单击（Macintosh）该文件，然后选择设计备注。

注：如果该文件位于远程站点中，则必须首先取出或获取该文件，然后在本地文件夹中选择它。

2）在"基本信息"选项卡中，从状态菜单中选择文档的状态。

3）单击日期图标（在备注框的上方），在备注中插入当前本地日期。

4）在备注框中键入注释。

5）选择"文件打开时显示"，在每次打开文件时会显示设计备注文件。

6）在"所有信息"选项卡中，单击加号（+）按钮可以添加新的键值；若选择一个键值，然后单击减号（−）按钮可以将其删除。

例如，可以将一个键命名为 Author（在名称框中），并将值定义为 Heidi（在值框中）。

7）单击"确定"按钮，保存备注。

Dreamweaver 将备注保存到名为_notes 的文件夹中，与当前文件处在相同的位置。文件名是文档的文件名加上 .mno 扩展名。例如，如果文件名是 index.html，则关联的设计备注文件名为 index.html.mno。

如何使用设计备注？将设计备注关联到文件之后，可以打开设计备注，更改其状态或将其删除。

打开与文件关联的设计备注可执行下列操作之一：

◆ 在文档窗口中打开文件，然后选择【文件】→【设计备注】命令；

◆ 在文件面板中右键单击（Windows）或按住 Control 单击（Macintosh）该文件，然后选择设计备注；

◆ 在文件面板的备注列中，双击黄色的设计备注图标。

注：若要显示黄色的设计备注图标，请选择【文件】→【管理站点】→【站点名称】→【编辑】→【高级设置】→【文件视图列】命令。

在列表面板中选择备注，然后选择显示选项。当单击文件工具栏上的展开按钮，以显示本地站点和远程站点时，本地站点中会包含一个备注列，为任何带有设计备注的文件显示一个黄色备注图标。

指定自定义设计备注状态：

1）打开文件或对象的设计备注（请参阅前面的步骤）；

2）单击"所有信息"选项卡；

3）单击加号（+）按钮；

4）在名称字段中，输入：status 一词；

5）在值字段中输入状态。如果已存在状态值，则该值将被新状态值取代；

6）单击"基本信息"选项卡并记下在状态弹出菜单中显示的新状态值。

注：状态菜单中一次只能有一个自定义值。如果再次执行此步骤，则 Dreamweaver 将用您输入的新状态值替代第一次输入的状态值。

从站点中删除未关联的设计备注：

1）选择菜单中【文件】→【管理站点】命令；

2）选择站点，然后单击"编辑"按钮；

3）在"站点定义"对话框中，从左侧的分类列表中选择"设计备注"；

4）单击"清理"按钮。

Dreamweaver 提示确认它应删除任何不再与站点中的文件关联的设计备注。

如果使用 Dreamweaver 删除具有关联设计备注文件的文件，则 Dreamweaver 也将同时删除设计备注文件。因此，通常只有当在 Dreamweaver 外删除或重命名文件后，才会出现孤立的设计备注文件。如果在单击"清理"前取消对"维护设计备注"选项的选择，则 Dreamweaver 将删除站点的所有设计备注文件。

实训项目四

一、实训任务要求

1. 在前一章项目设计的基础上，完成网站主页的各种超链接的设置。
2. 设置文本链接、导航栏链接。
3. 创建外部链接、内部链接、E-mail 链接、锚点链接和图像热点链接。

二、实训步骤和要求

1. 打开已经设计的网站主页面。
2. 在页面上对导航和链接的内容进行定义。
3. 设计一个页面文字等信息较多的网页，对其内容定义锚点链接。
4. 设计一个页面加载地图的网页，针对不同区域定义图像热点链接。

三、评分方法

1. 完成项目的所有功能。（40 分）
2. 网页信息运用规范、正确、色彩搭配合理舒适。（40 分）
3. 实训报告书写工整等。（20 分）

四、实训报告单

要求如下：

1. 总结所学的几种超链接方法并区分其不同。

2．锚点在同一个文件中是否可以重名？
3．如何设置链接到指定的网站？
4．实现过程及步骤描述。
5．设计中的收获。

5

网页配色与 CSS 定义布局设计

页面的版式设计，简单地讲就是对网页内容进行排版。其实质是按照一定规律把网页上的文字和图片等页面元素排列成最佳的视觉效果。即确定文字、图片、区域分割和背景的位置及其修饰与配色。所谓视觉效果，要达到易于阅读、页面图案配色协调友好。同时，让用户很容易找到感兴趣的内容。

在进行具体设计之前，应该明确网页的整体结构，在纸上绘制一个页面版式结构的草图。即版面的初步构想。

接着，将草图效果在绘图软件 Photoshop 或 Fireworks 上实现。按照结构草图要求，在软件中定义绘图辅助线、绘制结构底图、添加内容、对效果图进行切片优化、输出切片到 Dreamweaver 中进行布局。当然，如果页面设计不是非常复杂，也可以将每个部分单独设计和制作。

本章利用一个实例，将主页设计分为几个工作任务来学习，每个任务都有其侧重点，其中前两项关于页面图片素材制作与设计，要求有一定的 PS 或 FW 操作基础，这也是网页设计的必备基础技能。接着，将学习如何一步一步地构建一个 CSS 页面。首先是关于如何在 PS/FW 中制作导航按钮素材；接着针对的是内容背景、页面的整体布局以及顶部解析等，最后一部分是如何整合 CSS 和 HTML。

在本章学习中，将通过完成 3 个任务来达到学习目标：

（1）玻璃质感导航按钮与主页配色设计。

（2）页眉图片和 Logo 视觉修饰设计。

（3）用 CSS 与 Div 设计网页。

5.1 玻璃质感导航按钮与主页配色设计

正确选择主页的色调和导航菜单中所涉及的颜色，虽然它没有很多的技术含量，但使用的颜色是否恰当，对后期整体效果会有很大影响。另外一部分是关于 Logo 和页面背景，侧重于制作背景图片素材时的一些细节问题。

　　鉴于网站的风格存在差异，网页和素材色系的选择也是界面设计阶段很重要的内容，网络上有很多关于网页色彩的文章，大家可以依据其中介绍的一些基本知识进行参考，良好的色彩感觉需要很长一段时间来培养。有些人可能会疑惑为什么要从导航按钮图片的制作开始，事实上，是让大家了解注重素材制作中的一些细节，至少在视觉上对最终的作品效果有很大的影响。

关键知识点	能力要求
常用绘图工具； 调色板； 玻璃质感效果	会定义透明度调整画面效果； 学会画面整体效果设计技巧； 学会简单修饰设计； 学会网页配色技巧

5.1.1　任务：设计一组玻璃质感按钮

1．设计效果

　　任务完成后的效果，如图 5.1 所示。

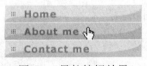

图 5.1　导航按钮效果

2．任务描述

　　利用 FW 图像处理软件，设计一组 178*22 像素的矩形导航按钮，包括弹起状态的灰色、翻转状态的蓝或粉色玻璃质感图片。图片呈现立体光感效果，左侧有 9 个小点作为修饰 上部为浅色，下部为深色阴影，整体带有玻璃质感效果。

3．设计思路

　　利用图像软件中的矩形工具，定义填充色绘制矩形，在左侧和上侧各绘制一条白色线呈现光照的立体效果,在左侧用铅笔等工具绘制小点,下部用钢笔工具绘制封闭区域填充阴影色。注意设计中巧用图层的定义，以便于修改。

4．技术要点

　　矩形绘图工具、填充色定义、铅笔和钢笔工具的使用、定义图层和应用、设置调色板，艺术设计创意等。

5.1.2　任务实现

1．设计弹出状态按钮

　　（1）首先在 PS/FW 中建立一个 178*22 像素的 RGB 空白文档，单击菜单栏中【窗口】→

【层】命令，在组合面板组中找到层并切换为该选项，添加一个新图层命名为"按钮"。

（2）在工具栏中选择矩形工具，将笔触色设为无并用灰色#ECECEC 进行填充，在画布上绘制矩形。

（3）选择层面板再新建一个图层命名为"高光"，在画布矩形的上、左边缘用画笔或单像素直线工具各绘制 1px 的白色线条。然后用橡皮工具把左边缘白线的底部擦除一段，在这里使用大小 20px、透明度为 50%的橡皮刷，如图 5.2 所示。

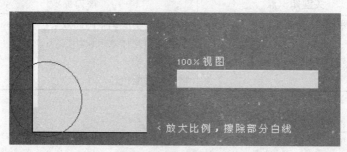

图 5.2　绘制灰色矩形

（4）选择层面板新建一个名为"网点"的图层，用 1px 的铅笔工具在适当的位置绘制 9 个小点，示例中的颜色是#727272，当然这里可以自由发挥设计更有创意的小点组合，关键就是要让它们看起来精致有序，如图 5.3 所示。

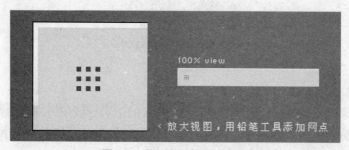

图 5.3　在矩形上绘制几个点

（5）接着，选择层面板新建一个名为"阴影"的图层，利用钢笔工具绘制路径创建封闭区，并在选区内填充#d6d6d6 颜色，来模拟玻璃的质感效果，如图 5.4 所示。

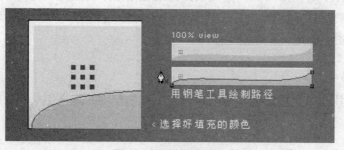

图 5.4　绘制封闭区域

（6）保存文件，浏览该图片。整个图片素材的制作过程虽然不是很复杂，但是最终效果看起来也不是很差。

2．设计鼠标经过导航时翻转图片

（1）创建翻转效果图片，只要简单地在前面设计基础上调整色调即可。将前面文件另存，选择层面板中的按钮图层，将填充色改为#BFE3FF（浅蓝）作为背景。

（2）同样，将阴影图层的玻璃质感改为#A5D1F3。

（3）将网点图层的 9 个小点，改为颜色#E4001B。

（4）重复前面 3 个步骤，可以设计图 5.5 中下面两个绿色和浅红玻璃质感按钮。

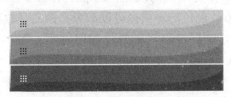

图 5.5 翻转图片效果

这部分涉及到一些 PS/FW 的基本知识，如果不是很熟悉，建议先学习一些 PS/FW 的入门基础，毕竟 Adobe 兼并了 Macromedia 之后，其旗下软件尤其是这两种与网页设计的关联性已经越来越紧密了。要设计出优秀美观的网页，离不开这些软件的运用。颜色选择要根据你的需要，制作的方法大致相同。当然，可以发挥各自的创意进行更好的细节设计。

5.1.3 知识补充：颜色搭配设计

在颜色的搭配上，不论是主色还是辅助色，都要善于通过它们的明度变化来衍生更多的色彩。例如在上面颜色基础上衍生色彩，如图 5.6 所示。如果只是反复地使用三种以下的颜色未免会让人感觉单调，当然这也不是意味着颜色变化越多你的页面看起来就会越出色，仍然要关乎网站的整体风格和设计者对颜色的驾驭能力。

图 5.6 通过亮度衍生色彩

事实上，色彩的选择会体现很多个人因素，毕竟每个人都会有各自的色彩偏好，选择也会彰显个人风格。没人能建议你"必须选择什么颜色"，这里也只能提供一些个人认为比较实用的意见，如图 5.7 所示的色彩组可以考虑以下因素进行选择。

 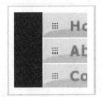 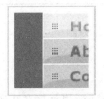

图 5.7 颜色对比选择

（1）使用至少一种高饱和度、高辨识度的色彩，并以其色调定义站点的整体基调。把这个色彩运用在文本链接上，能使其更加显眼、引人关注。

（2）切记不要在一个页面中使用过多的颜色，这样只会让网页看起来很花哨繁杂。建议所使用颜色最好保持在三种之内，一个主调色和两个辅助色。

在 PS/FW 中，人们可以通过在色相/饱和度设置对话框，调整参数来调配颜色。事实上，上图中的几组颜色就是通过这种方法调制出来的，当然在这个面板中可以变化出很多颜色，具体哪个参数应该为什么值都没有硬性的规定，网络上有很多推荐的色彩组合并明确给出了 RGB 值，大家在利用这种方法配色的时候也可以参考那些文章教程。

如果经过了上面的学习之后，仍然不知道如何着手，参考这段关于颜色的影片http://www.mariaclaudiacortes.com/colors/Colors.html或许会对你有所帮助。事实上每个人都应该去看一下这个影片，不仅因为它本身设计得相当有趣，更重要的是对于认识和了解大众化的色彩体验和感知从而运用到网页设计中，它都是一个很好的引导和巩固。

网页色彩运用的目的，是要达到独特创意的效果。单纯依靠多种色彩的机械组合难以达到目的，必须进行合理的配置，包括注意对比色以及浅、中、深的相互作用关系；把握主色调的比重及其与辅色的协调、呼应、对比和映照作用。辅助色调比重不能超过主色调，否则会喧宾夺主、本末倒置。

5.2　页眉图片和 Logo 视觉修饰设计

这部分是关于素材设计的一部分，首先看一下这部分设计的效果图。在前面制作按钮时曾用了粉红和暗绿两种色调，可能看起来有点怪，但有些人可能很中意这个组合。在设计网页整体页面的过程中，我们会给出一些意见和建议，重点是顶部的页眉图片，如何增加一些修饰细节，让它看起来更加美观、精致，如图 5.8 所示。

图 5.8　图像添加修饰效果

关键知识点	能力要求
页面色调选择与确定； 从色调出发选取图像素材； 页眉画面效果	学会通过色相/饱和度来改变图像色度； 会使用透明度调整画面效果； 学会画面整体效果设计技巧

5.2.1　任务：设计一幅页眉图片

1. 设计效果

完成 5.2 节后的页眉设计效果如图 5.9 所示，在一张偏粉色的图案上添加暗绿和黄色、浅色的修饰图案。

图 5.9　页面顶部图片效果

2．任务描述

在以粉红、深绿和灰色作为网页用色的基础上，筛选图片素材用于修饰图的底图。然后，在图中增加一些修饰细节，使得它与粉红、深绿和灰色搭配让人感到和谐美观。

3．设计思路

在前面学习过导航按钮的颜色选择，现在来看一下如何处理一张花卉图像的色调（如图 5.10 所示），使其与页面的风格达到统一。在用到的花卉图像素材中，大家可以发现它上面也有红和绿两种色调，现在要做的事情就是把其中的颜色调制成粉红和暗绿，就好似导航菜单中使用的色调一样，如图 5.11 所示。

图 5.10　花卉图像色调

图 5.11　按钮所使用色调

先来看一下图片中花朵的颜色，它的色调偏于大红，可以使用 PS/FW 中的色相/饱和度命令来对它进行调整，将其变成偏于粉色。然后，对图像进行放大处理，选取局部图像区域，再进行线条和图案修饰。

4．技术要点

画面色相与饱和度定义，模糊工具的运用，通过控制透明度的线条修饰效果，艺术创意技巧，仙人掌标识效果设计。

5.2.2　任务实现

1．调整样图色彩

（1）打开素材图像文件，在属性面板中调出色相/饱和度调整对话框，在色相调整滑块中针对图像中的红色进行调整。拖动色相滑块调制出需要的粉红色。具体的数值依据实际情况，比如本例大致是-30左右，如图5.12所示。

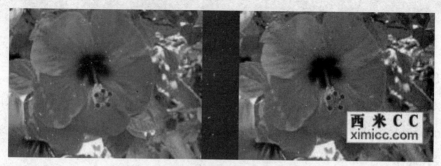

图 5.12　调整图像色相将其变成粉红色

 下一步就是通过修饰细节，增加一些辅助色调来增进视觉效果，为接下来的滤镜处理做一些预处理。顶部图片的处理对创意有一定的要求，如果有相关的经验的话也就不是件难事，所以素材处理能力以及个人的美工基础都会对设计过程、设计结果产生影响。

（2）将图像画面放大多倍，使得原来带有细节的清晰画面变成某种程度模糊，以便选取其中的某个区域作为效果图的底图，如图5.13所示。

图 5.13　将原图放大多倍

 在之前的步骤中图片尺寸无疑已进行了调整，但是如果有比较多的细节要处理，建议还是在原始尺寸上操作，像本例中的图片刚开始也是在1600*1200的原始大小下进行处理的。

2．选取部分图像设计修饰

（1）选择工具栏中矩形选取或裁剪工具，在图像中剪切 692*90 的矩形区域作为设计的底图。

（2）为图像添加了个人比较偏爱的绘画涂抹效果，选择工具栏中涂抹工具（PS中【滤镜】→【艺术效果】命令），在画面上颜色交界和纹理清晰部位进行涂抹，让它们融为一体。其效果如图5.14所示。

 在 PS/FW 中，滤镜运用是很有趣的一件事情，调节其中的参数就可以达到很多意想不到的效果，加之在 CS 版本中提供了可用滤镜效果的缩略图预览，让这个实用的工具用起来更加方便。

图 5.14　涂抹底图

3．添加修饰效果

（1）接着，添加一些波浪线条营造虚幻的意境，可以用笔刷或者钢笔绘制一些浅粉色曲线，当然也可以用渐变工具制作，调整它们的边缘羽化和透明度，达到如图 5.15 中左和中部的渐隐线效果。在图片的右边，利用 Tamuz 字体添加了一个修饰符号，效果如图 5.15 右侧所示。如果对以上面的操作有疑问，可以在地址http://homepage.mac.com/vpieters/css_step2/step2_whooshes.mov.zip，下载 QuickTime 演示影片观看。

图 5.15　设计渐隐线和修饰

 事实上，我们只需要做出其中一条就可以了，然后复制图层调整其透明度、角度、扭曲再制作出其他的线条。这里使用的颜色还是推荐使用粉红，为了区别于花朵的颜色，可以把线条的粉红明度调大一点。

（2）在图片上添加 Blog 标题。Blog 的标题反映了网站的内容主题，其文字组织因人而异，一般还会加上一个 Logo 标识，毕竟每个人都想自己的 Blog 与众不同，有一些标志性的元素，在这里我们就简单地选用一个仙人掌标识，如图 5.16 所示。保存文件为 header.jpg。

图 5.16　添加 Logo 标识

 下面是一些关于字体或修饰符号的资源链接：http:// store.adobe.com/type/browser/C/C_ornament.jhtml; store sessionid = TSUS1JHN0R5NTQFI0IKRT5-GAVDJBIIV1，Minion 修饰符和 Tamuz 字体：http://www.fonts.com/findfonts/detail.asp?pid =201879，Adobe 提供的修饰性字体、一系列免费的 Dingbats 字体：http://www.fontfreak. com / ding-e.htm。

是时候开始思考背景图案了。在 PS/FW 等软件中创作背景图案时，往往要精细到像素，尤其是那些平铺填充的背景。首先新建一个 **30px** 像素见方的空白文档，填充适当的颜色，并用铅笔工具在其上绘制一些单像素小点，如图 5.17 所示。

图 5.17　背景图案

　　如同前面学习导航按钮时绘制小点一样，应该发挥自己的创意。但有几点需要注意，比如小点的颜色，不能与背景色反差太大，不然平铺以后它们会变得很刺眼；如果要利用小点来组合出一些图案或线条，通常建议采用复制图层并通过方向键调整其位置的方法来完成；适当的时候可以变化其图层模式或透明度等，如图 5.18 所示。

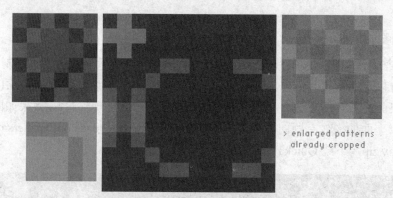

图 5.18　放大的背景图案

　　制作这样的背景图案有一个难点，就是如何保证图案平铺时能实现无缝接合。毕竟背景的面积往往比较大，上面若出现割裂就会很显眼。通常采用的方法是利用 PS/FW 中的矩形选框工具，如图 5.19 所示中正方形选区左上角标识出的像素必须与其他三个标识区一致，这样当把这样一块区域截取下来进行平铺时才不会显现问题。

图 5.19　图案特殊像素点

　　当然，这个问题是否容易解决，也是关乎最初设计的背景图案，如果我们动手的时候就把可能遇到的一些问题考虑在内，那么到解决的时候也不会太费力甚至返工了。

5.2.3　知识补充：网站整体风格设计

　　网站整体风格及其创意设计，是网站设计的最难点所在。难在没有一个固定的模式可以参照和模仿。谈到风格（style），本身就是抽象的。在网站设计中可以指站点的整体形象呈现给用户的综合感受。这个"整体形象"包括站点的 CI（标识、色彩、字体、标题）、版面布局、浏览方式、交互性、文字、图像、内容价值、存在意义等诸多因素。例如，网易网站给人感受是平易近人，迪斯尼网站是生动活泼，IBM 是专业严肃。这些都是网站给用户留下的不同感受。

　　回到网页的页眉设计，只有积累更多设计经验的基础，才能设计出适合网站整体风格的好作品。有道云笔记网站：http://note.youdao.com/，其页眉图像设计效果如图 5.20 所示。

图 5.20　渐变色与图结合的页眉设计

国外网站：http://www.noedesign.com/2008/index.php，如图 5.21 所示。非常漂亮的抽象背景图片，内容以光晕、烟雾类为主。效果有着非常好的渐变，与网页背景色融合得非常和谐。透明的元素不但给人高端、干净的感觉，还让背景图片能够透过元素凸显出来，减少因为元素的遮挡从而让原本漂亮的背景失去吸引力。

图 5.21　带有云雾透明效果的页眉设计

无论是平面设计，还是网页设计，色彩永远是最重要的一环。当用户距离显示屏较远的时候，看到的不只是优美的版式或者美丽的图片，而是网页的色彩。

关于色彩的原理有许多，大家可以参看相关设计书籍，有利于系统地理解。在此仅仅提供给大家一些网页配色的小技巧。

（1）先选定一种色彩，然后通过调整透明度或者饱和度，生成新的色彩，它们之间具有相关近似性。选择这样的色彩用于页面，让人感到色彩统一、有层次感。

（2）先选定一种色彩，然后选择它的对比色。

（3）用一个色系。简单讲，就是用一个感觉的色彩，例如淡蓝、淡黄、淡绿；或者土黄、土灰、土蓝。

在配色时也要切记：不要将所有颜色都用到，尽量控制在三种色彩以内。背景和前文的对比尽量要大，以便突出网页中最主要东西：文字内容。

5.3 用 CSS 与 Div 设计网页

至此为止，不论是制作导航按钮还是顶部图片，都没有遇到太多棘手的难题。现在的任务就是把设计出来的素材整合在一起，拼合成一个最终的界面效果。这已经到网面设计的最后一个阶段，若还有什么可添加的修饰元素，最好都在页面效果图中体现出来。在本项目的页面中，文章标题和友情链接的前面都用精致的图标进行修饰，效果看起来还可以，当然也可以选择自己喜欢的素材替换，也能在设计过程中体会到乐趣。

前面已经完成了网页素材设计工作，现在关注如何对效果图进行解析，并利用 CSS 与 Div 设计网页的结构。

CSS，英文全称为 Cascading Style Sheet，译为层叠样式表。CSS 用于控制网页中字体、颜色、图像、表格、链接和布局格式，是 Web 页面设计的重要技术，它使得网页内容与样式定义彻底分开，甚至可以将 CSS 保存为.css 的文件，使用时再进行调用导入。这样就可以通过定义和修改 CSS 达到设计页面的效果。

关键知识点	能力要求
创建设计版式结构； 定义 CSS 样式； Div 标签及其属性	学会几种添加和删除 Div 标签方法； 会定义 CSS 控制布局块效果； 学会设计画面整体效果技巧； 学会用 CSS 设计导航按钮； 学会用 CSS 设计链接的技巧

5.3.1 任务：一个网页的布局设计

1．设计效果

利用 CSS 与 Div 进行网页设计完成后的效果，如图 5.22 所示。

2．任务描述

首先我们必须明确几个问题：比如设计好的界面应该划分成几块？每块对应网页中的哪部分内容？只有对这些问题有了思考之后，我们才能开始进行切片和导出的操作，或者用 Dreamweaver 进行设计。如果对页面构建的整个流程很熟悉，那么以上几个问题并没有太大的难度，可能在 PS/FW 中设计素材的时候就已经开始考虑之后的 Div 划分。当然，我们要有一定的应变能力，合理地组织 CSS 和 HTML5，让最终出炉的网页具有更好的灵活性和可访问性。

3．设计思路

首先对页面显示信息进行模块的划分。本例中页面大的区域模块划分，如图 5.23 所示。包括：

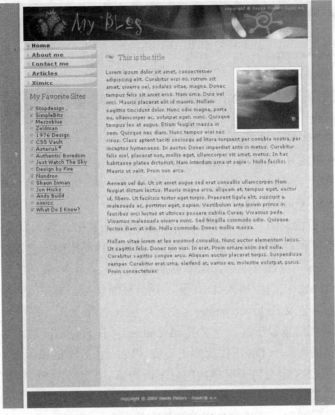

图 5.22 页面设计效果

图 5.23 页面构成示意图

- ◆　页面顶部（the header）；
- ◆　左侧边栏（the left）；
- ◆　主体内容（the content）；
- ◆　页脚（the footer）。

在 PS/FW 中进行设计完成切片并导出图片的 jpg 或 gif 文件包括：

- ◆　顶部页眉图片（header）；
- ◆　默认导航按钮图片（bg_navbutton）；
- ◆　翻转导航按钮图片（bg_navbutton_over）；
- ◆　文字链接图标（bullet_extlink）；
- ◆　文章标题图标（bullet_title）。

也许有人会想：那背景图片呢？这里没有把它罗列在其中，因为背景图片比较特殊，不论在何种分辨率下都要保持主体内容的居中，所以需要一种更聪明的方法。就是让导出的背景图片的尺寸是 1600*5px，应该够用了，除非你拥有 Apple 公司 30 英寸的超宽屏显示器。

接着，思考在 HTML 代码中插入<Div>标签划分页面结构。先在页面插入 Div 标签，作为划分结构的一个容器，定义其 id=container。在其中插入 3 个 Div，分别作为左侧导航栏，定义其 id=left；作为右侧信息显示区，定义其 id=content；作为分离区域，定义其 class=clear。然后在容器 Div 下面插入一个 Div，作为网页页脚区域，定义其 id=footer。

最后，通过利用 CSS 定义每个区域内的显示内容格式，涉及 Div 标签及其属性的定义，常用属性，CSS 样式表格式，id 和 class 的应用，利用 h1 标签及其属性进行内容块定义，用无序列表格式定义导航按钮，链接的几个关键状态等内容。

5.3.2　任务实现

1．定义页面的基本布局结构

（1）新建页面文件，在代码视图编辑窗口添加的页面代码如下：

```
<body>
<!-- Begin Container -->
<div id="container">
<header></header>
<nav>
<!-- Begin LEFT -->
<div id="left">

</div>
<!-- End LEFT -->
</nav>
<!-- Begin Content on the RIGHT -->
<article>
<div id="content">
</div>
</article>
```

```
<!-- End Content on the RIGHT -->

<div class="clear"> </div>

</div>
<!-- End Container -->
<!-- Begin Footer -->
<footer>
<div id="footer">
</div>
</footer>
<!-- End Footer -->
</body>
```

即将页面用分为上下四个大区域：在上面用于显示页眉的顶部区域、左侧的导航栏区域、右侧的正文区域和底部的页脚区域。代码中暂时还没有考虑页眉图片的显示。

（2）在容器 container 的最上部首先显示页眉文字"My Blog"并以标题 1 格式呈现。然后，在 id 为 left 的 Div 内添加 2 个 id 为 navcontainer 和 id 为 favlinks 的 Div，分别用来显示左侧边栏上部的导航按钮和下部的超级链接标题文字。其代码如下黑体显示：

```
<header>
<h1>My Blog</h1>
</header>
<nav>
<!-- Begin LEFT -->
<div id="left">
<!-- Begin navigation -->
<div id="navcontainer">
    </div>
<!-- End navigation -->
<!-- Begin favorite links -->
<div id="favlinks">
    </div>
<!-- End favorite links -->
</div>
<!-- End LEFT -->
</nav>
```

2．页面顶部图片显示的实现

建议顶部 Blog 的标题最好使用 H1 标签，以文本的形式表现标题内容，原因是不论在 CSS 关闭的情况下，还是对于搜索引擎的抓取，H1 标签结合文本的形式都具有更好的可访问性。这个提议很有道理，很多人也是这么做的，所以我们也建议大家对之前的代码进行调整。若使用 H1 标签来实现 Blog 标题，又想保持原来标题位置的图片，那么就有必要了解一下 CSS 中很经典的图像替换文本技术。简单地说，就是在 XHTML 中包含了文本，并为其设置背景图片，但是要通过 CSS "隐藏" 文本而仅仅显示背景图片。若对这个技术不是很了解，有很多网站专门介绍关于图像替换文本技术的文章，希望对你有所帮助。

　　这里，可以使用图像替换文本技术来显示顶部图像。这个技术有时候也称之为文本替换或图像替换，其核心是在 HTML 代码中使用文本，然后通过一些方法将文本"隐藏"，而仅显示背景或其他形式的图片，这样在保证可访问性的同时，也使得页面因图像的应用而更加美观。

　　（1）现在就将图片设置为背景，定义 h1 标签的 CSS 样式表，单击菜单栏中【文本】→【CSS 样式】→【新建】命令，在弹出对话框中定义选项如图 5.24 所示。

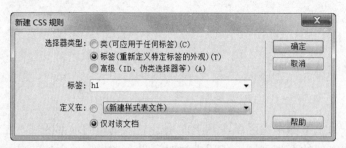

图 5.24　定义 h1 标签的 CSS

①若要创建一个可作为 class 属性应用于任何 HTML 元素的自定义样式，请选择"类"选项，然后在选择器名称文本框中输入样式的名称，类名称必须以句点（.）开头（例如 .myhead1），如果没有输入开头的句点，系统将自动加入它。②若要重新定义特定 HTML 标签的默认格式，请选择"标签"选项，然后在选择器名称文本框中输入 HTML 标签或从下拉列表中选择一个标签。③若要定义包含特定 ID 属性的标签的格式，请选择"ID"选项，然后在选择器名称文本框中输入唯一 ID（例如 containerDIV），ID 必须以井号（#）开头（例如 #myID1），如果没有输入开头的井号，系统也将自动加入它。④若要定义同时影响两个或多个标签、类或 ID 的复合规则，请选择"高级/复合内容"选项并输入用于复合规则的选择器。例如，如果输入 div p，则 div 标签内的所有 p 元素都将受此规则影响。⑤最下面的选项"定义在"，为选择要定义规则的位置。若要创建外部样式表，请选择"新建样式表文件"。若要在当前文档中嵌入样式，请选择"仅对该文档"。

　　（2）单击确定后弹出"CSS 规则定义"对话框，如图 5.25 所示。在"背景"项中定义背景图像属性选择文件，在"区块"项中定义文字缩进属性为-9999 px，在"方框"项中定义宽属性为 692 px、高属性为 90 px、边界属性为 0 px、填充属性为 0 px。

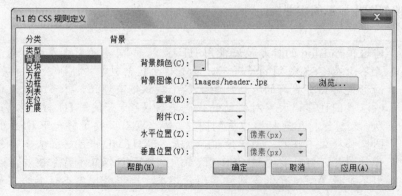

图 5.25　定义 h1 标签 CSS 属性值

（3）单击"确定"按钮后会在页面顶部呈现图片。切换到代码视图查看代码，发现在 <head> </head>内添加了如下代码：

```
<style type="text/css">
  h1 {
    width: 692px;
    height: 90px;
    text-indent: -9999px;
    background: url(images/header.jpg);
    margin: 0;
  padding: 0;
  }
</style>
```

<style></style>为样式表标签，由于前面选择了内嵌入文档的 CSS 文件形式，所以在其中显示所定义的样式。width 和 height 属性是必须定义的，且与背景图片的尺寸保持一致。而后利用 text-indent 设置文字缩进属性，使文本有足够的缩进实现隐藏。当然对于外围容器而言，利用 margin: 0px 和 padding:0px 定义边界和填充值。

3．左侧导航菜单的实现

（1）首先定义导航外围容器 id 为 left 的 Div 样式，这里只定义其宽度属性。类似前面添加 CSS 的步骤或直接在代码编辑窗口内输入代码。

```
#left {
  Width: 178px;
  float: left;
}
```

其中 float 属性定义该 Div 浮动靠在外边容器的左边。

（2）用所添加的 id 为 navcontainer 的子容器来放置导航菜单。设计导航标签时推荐使用无序列表 ul，再通过 CSS 改变其外观和格式。在设计视图页面该 Div 内输入下列文字并定义其为无序列表格式，页面文字显示如下。

◆　Home
◆　About me
◆　ximicc
◆　Articles
◆　Photo roll

（3）为每行文字在属性面板上的"链接"文本框内输入#，即设置为链接样式。切换到代码视图，见到如下 HTML 结构代码。

```
<div id="navcontainer">
  <ul>
   <li><a href="#">Home</a></li>
    <li><a href="#">About me</a></li>
    <li><a href="#">ximicc</a></li>
    <li><a href="#">Articles</a></li>
    <li><a href="#">Photo roll</a></li>
  </ul>
```

```
</div>
```

ul 和 li 标签构建了一个简单的项目列表，其项目符号默认为小圆点。但这里不需要这种显示方式。

（4）利用 CSS 可以去掉文字前面的小圆点，并用背景图片的形式替换为我们制作好的图标。定义相关 CSS 样式如下：

```
#navcontainer {
   width: 178px;
}
#navcontainer ul {
    margin: 0;
    padding: 0;
   list-style-type: none; //去掉项目符号前的点标记，在定义的列表项中类型选无
   font: bold 12px/22px Verdana, Arial, Helvetica, sans-serif;
   text-indent: 20px; //区块项中文字缩进为 20
   letter-spacing: 1px; //区块项中字母间距为 1
   border-bottom: 1px solid #fff; //边框项中样式的项下选实线、对应宽度为 1
}
```

第一段代码还是定义导航容器的宽度，其值与 left 容器相同。第二段代码主要用于改变列表的外观，margin 和 padding 值为 0 确保导航项与容器边界没有空隙，并去除了列表项默认的缩进，list-style-type 则定义了列表的项目符号为无，text-indent 使文本向右缩进一段，给左边空出一定的空间，以便于后面定义背景图片，并保证背景图不会被文本遮盖。最后一行代码在每个导航项的底部生成一条白线，兼具美化和分界的功能。

（5）接下来，为改变链接外观定义 CSS 样式。

```
#navcontainer  a {
    display: block; //定义区块项中显示项选块
    width: 178px;
    height: 22px;
 }
```

以上代码是为导航内 a 标签而定义的 CSS，作用于导航中的每个链接元素。display: block 将链接对象转换为块级元素，然后再定义其宽和高，使得链接项目能具有类似按钮一样矩形的触发区域，以便于后面利用伪类 a:hover 来定义鼠标经过链接时的翻转效果。示意如图 5.26 所示。

图 5.26　鼠标触发区域示意

（6）为改变背景色或背景图片显示，在代码视图内添加如下两段代码：

```
#navcontainer a:link, #navcontainer a:visited {
   background: url(images/bg_navbutton.gif);
   color: #5C604D;
   text-decoration: none; //类型项中文字修饰定义为无
}
#navcontainer a:hover {
```

```
  background: url(images/bg_navbutton_over.gif);
  color: #A5003B;
  text-decoration: none;
}
```

两段代码分别定义了 3 个状态 link 弹起、visited 访问和 hover 鼠标指向的链接文本颜色，并设置 text-decoration 属性为 none，用来去除链接默认的下划线。此时，页面显示链接为如图 5.27 所示。

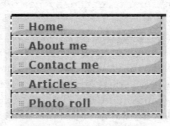

图 5.27　链接项目的样式

若想让访问过的状态在项目显示上留下印记，则将 visited 放在 hover 的 CSS 中，就可以实现这个效果。

（7）导航设计往往要求简洁明了，具有很强的指示性。所以这里定义一个额外的样式 #current，来呈现当前页面处于导航中的哪个项目。在代码中定义 Home 的链接标签 id 为 current。然后定义下面的 CSS 代码：

```
#navcontainer li a#current {
  background: url(images/bg_navbutton_over.gif);
  color: #A5003B;
  text-decoration: none;
}
```

id 为 current 的样式，针对列表项目 li 中的链接元素，其属性的定义与链接的 hover 状态样式一样，要做就是把这个样式应用到 HTML 中。现在，current 样式已经应用到了第一个 li 上，也就是浏览器解析后"Home"导航项较之其他的菜单项有其独特的外观，表明当前的页面是属于"Home"这个栏目的，如图 5.28 所示。

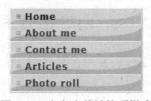

图 5.28　定义当前链接项样式

4. 左侧栏友情链接样式

（1）首先，把该项链接内容放置在前面定义的一个名为 favlinks 的 Div 容器中，类似"3. 左侧导航菜单的实现"的步骤（3），在 HTML 中找到该容器添加如下代码：

```
<div id="favlinks">
<h2>My Favorite Sites</h2>
<ul class="extlinks">
```

```
<li><a href="http://stopdesign.com/">Stopdesign</a></li>
<li><a href="http://www.simplebits.com/">SimpleBits</a></li>
<li><a href="http://www.mezzoblue.com/">Mezzoblue</a></li>
<li><a href="http://www.zeldman.com/">Zeldman</a></li>
<li><a href="http://www.1976design.com/blog/">1976 Design</a></li>
<li><a href="http://cssvault.com/">CSS Vault</a></li>
<li><a href="http://www.7nights.com/asterisk/">Asterisk*</a></li>
<li><a href="http://www.cameronmoll.com/">Authentic Boredom</a></li>
<li><a  href="http://www.justwatchthesky.com/Journal/">Just  Watch  The  Sky
</a></li>
<li><a href="http://designbyfire.com/">Design by Fire</a></li>
<li><a href="http://www.nundroo.com/">Nundroo</a></li>
<li><a href="http://www.shauninman.com/">Shaun Inman</a></li>
<li><a href="http://www.hicksdesign.co.uk/journal/">Jon Hicks</a></li>
<li><a href="http://www.andybudd.com/">Andy Budd</a></li>
<li><a href="http://ximicc.com">ximicc</a></li>
<li><a href="http://www.whatdoiknow.org/">What Do I Know?</a></li>
</ul>
</div>
```

栏目标题利用 H2 标签实现，而链接项文字则还是用无序列表 ul 来实现。

（2）请尝试把样式表定义为外联式的格式，来实现 CSS 样式的设定。类似前面的步骤，现在创建外部 favlinks.css 文件，在其中定义 favlinks 容器的样式 width、margin 和 padding 等属性。单击菜单栏中【文本】→【CSS 样式】→【新建】命令，在弹出对话框中定义选项内选择高级，在标签输入框内输入#favlinks，然后选择下面"定义在"项为"新建样式表文件"。接着定义代码如下：

```
#favlinks {
    width: 163px;
    padding-left: 15px;
    margin-top: 10px;
}
```

 注意　width 值与导航菜单的宽度 178 不相等，是在 padding-left 中定义了 15px 的内填充，所以其宽度值应该是 178-15=163px。顶部边界也离开 10px。

（3）下面为栏目标题文字定义 CSS，其程序代码如下：

```
#favlinks h2 {
    font: normal 16px Georgia, Times New Roman, Times, serif;
    color: #5C604D;
    margin: 0 0 10px 0;
    padding: 0;
}
```

 说明　善于运用 CSS 的缩写规则：①关于边距（4 边），注意上、右、下、左的书写顺序：1px 2px 3px 4px（上、右、下、左）、1px 2px 3px（省略的左等于右）、1px 2px（省略的上等于下）、1px（四边都相同）。②简化所有：body{ margin: 0 } 表示网页内所有元素的 margin 为 0、#menu{ margin: 0 } 表示 menu 盒子下的所有元素的 margin 为 0。③缩写（border）特定样式：border: 1px solid #ffffff、border-width: 0 1px 2px 3px。

除了设置文字的字体和颜色之外，定义 padding 和 margin 属性也是必须的，因为如果不明确指定的话，栏目标题和链接列表之间的间隔可能会不可预期，在这里我们直接用 margin 属性定义了 10px 的下边距。

（4）为无序列表 ul 定义 CSS，其程序代码如下：

```
#favlinks ul {
    margin: 0;
    padding: 0;
    list-style-type: none;
}
```

这里的属性设置与前面实现导航的 ul 设置一样，主要是隐藏了默认的小圆点项目符号，并把边距和填充设置为 0。

（5）为列表中各个链接文字前添加一个图像标记，先在 XHTML 中为该 ul 标签定义类 class 为 extlinks，然后定义 CSS 代码如下：

```
ul.extlinks li {
    background: url(images/bullet_extlink.gif) no-repeat 0 3px;
    font: normal 11px/16px Verdana, Arial, Helvetica, sans-serif;
    padding-left: 12px;
}
```

在 XHTML 中已经把名为 extlinks 的 class 类，应用在了 ul 标签上，所以这里用 ul.extlinks li 的选择符组合来定义 extlinks 下级中的 li 元素样式。图标还是采用背景的方式实现，属性中为其定义了坐标，即 y 轴方向下移 3px，目的是让图标与其后面的链接文字看上去对齐。padding 中只定义了一个左填充，防止链接文字与图标产生重叠。

（6）为链接样式定义 CSS，分别设定链接的正常状态、访问过状态和鼠标指向状态的代码：

```
.extlinks a:link {
    color: #A5003B;
    text-decoration: none;
    border-bottom: 1px dotted #A5003B;
}
.extlinks a:visited {
    color: #6F2D47;
    text-decoration: none;
    border-bottom: 1px dotted #959E79;
}
.extlinks a:hover {
    background-color: #C3C9B1;
    color: #A5003B;
    text-decoration: none;
    border-bottom: 1px solid #A5003B;
}
```

在各种状态中，除了背景色外还用边框属性定义了一条 1px 的实线下边框。关于字体属性定义不是必须的，因为在 li 标签的 CSS 中已经体现过了。对访问之后的链接，我们将文字及下边框的颜色作了细微的淡化，使其不会那么显眼，并提示访问者这个链接你已经点击过了。定义链接样式的时候，注意四个链接转台的顺序，正确的应该是 LVHA，否则鼠标经过等效果可能会不能正常显示，这里有一种很有趣的方法能够帮你牢记这个顺序：LOVE/HATE。

（7）创建外部样式表，现在所有的页面设计和构建工作已经完成了，剩下最后一项工作。在前面学习中可能发现人们经常使用内联样式，而实际应用中很多人更看重使用外部样式表。即把 CSS 样式定义在一个单独的样式表文件中，然后与网页文档连接起来。现在也可以把之前的样式定义剪切出来，粘贴到一个新文档中，类似命名为 favlinks.css 这样的文件格式。

在 HTML 代码中使用<link/>标签，连接外部样式表如下：

```
<link rel="stylesheet" type="text/css" media="screen" href="favlinks.css" />
```

因为这里的样式只显示在电脑屏幕上，所以连接代码里的 media 参数设置为 screen，若需要打印页面，则把该参数设置为 print 会有更好的打印效果。关于该参数更多的设置，可以参考http://www.w3schools.com/css/专业网站的相关内容。

5．正文与图片混排 CSS

（1）现在开始在页面正文部分添加内容。首先定义正文部分布局格式，在 CSS 中添加一个 id 选择符为 content，在其中定义一个宽度值 514px（692-178）：

```
#content {
    width: 514px;
    float: left;
}
```

其中 float: left 语句，让该 Div 的左浮动是针对其外围容器，解析之后它将紧靠导航区域显示在右侧。

（2）此时会发现正文部分跟导航菜单贴得很紧，但可以利用 padding 属性来增加与边界之间的间隙，在该 CSS 中增加黑体代码如下：

```
#content {
    width: 479px;
    float: left;
    padding-top: 15px;
    padding-right: 0;
    padding-bottom: 10px;
    padding-left: 20px;
}
```

也可以将代码简化为：

```
#content {
    width: 479px;
    float:: left;
    padding: 15px 0 10px 20px;
}
```

这样定义后正文部分布局效果示意如图 5.29 所示。不论是 padding 还是 margin，若其后跟着四个数值，对应的边缘顺序是上右下左，即顺时针方向。大家会发现现在#content 中定义的宽度由原来的 514 变成了 479，这是为了让正文内容区域与左右边框空出一点距离，左边缘用 padding 实现，而右边界因为整个 Div 是左浮动的，所以直接将 Div 的宽度缩减 15px，所以 width 的值就变成了 514-20-15 =479px。

图 5.29　CSS 定义的正文区域布局效果示意图

　　也许你可能会有疑问：为什么不直接使用 "width: 494px"和"padding-right: 15px" 呢？对初学者刚开始也许会这么做，在 Safari, FireFox 和 Mozilla 浏览器中的效果还算正常，但在 IE 中就会出现问题，正文版块跳到了导航的下面，好像右边没有足够的空间容纳下正文 Div，具体问题出在哪里？可能是 IE 的一个 Bug 吧。

　　（3）定义正文区域的文章标题，先来看一下规划正文内容版块的结构示意，如图 5.30 所示。可以把文章的标题放在 H2 标签中，即在 HTML 内的 id 为 content 的 Div 添加如下代码：

```
<h2>This is the title</h2>
```

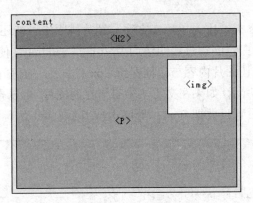

图 5.30　正文内容板块划分

针对文章标题的 CSS 定义如下：

```
#content  h2 {
    font: normal 18px Georgia, Times New Roman, Times, serif;
    color: #80866A;
    background:  transparent url(images/bullet_title.gif) no-repeat;
    width: 454px;
    padding: 0 0 0 30px;
    margin: 0;
}
```

　　这里使用 #content　h2 的选择符组合，当然也可以直接对 h2 标签进行定义，但是会对页面中所有的 h2 元素都起作用。这个 CSS 样式的定义中，除了常规的字体集、颜色、字号之外，还利用 padding 属性在标题文本左边空出 30px 的缩进，目的是不要遮盖背景图片。background

属性中，除了图片的路径及其平铺方式，还定义了背景色为透明 transparent，使整个标题更好地与其他元素融合。

（4）添加正文文字，在 XHTML 中添加 3 组段落标签 p 来放置文本（这里只显示一个段落样例），并定义其 class 为 text，代码如下：

```
<p class= "text" >Here  comes  the  text </p>
```

（5）下面定义该段文字 class（类）.text（正文文字）的 CSS 样式代码为：

```
. text {
    font: 11px/18px Verdana, Arial, Helvetica, sans-serif;
    color: #5B604C;
    margin-bottom: 10px;
}
```

与 id 不同的是，class 类可以在网页页面中重复使用，里面的属性比较简单。需要解释的一点是，11px/18px 表示字体大小是 11px，行高是 18px。

（6）正文中添加混排图片，在页面上该段文字的后面插入一个图片文件，并定义图片的 class 为 imageright，下面编写应用在图片上的 CSS 样式代码：

```
. imageright {
    float: right;
    padding: 7px;
    background-color: #ffffff;
    border: 1px  solid  #bac1a3;
}
```

这里还是使用了 class 类，因为以后在文字与图片排版中可能还会用到它。float：right 让图片在文本块中居右，而白色的背景和四边均为 7px 的 padding，使得图片的四周有了类似 7 像素白边的效果，目的是让图片内容与边框保持 7px 的间距。而真正的边框由 border 定义，为 1 像素实线，如图 5.31 所示。如果在文本块中有居左的图片，可以再添加一个名为 .imageleft 的 class 类，具体的属性设置只要把 float：right 改成 float：left 就可以了。

图 5.31　图文混排样式

关于正文内容显示的另一种方式。前面在添加正文内容时，是将其放在了一个 Div 容器中，而事实上如果用段落 p 标签作容器，也可以达到相同的效果。而且当 CSS 关闭时也能正常显示。用 P 标签来实现的话，还可以用 margin 来控制段落的上、下边距，也就不需要什么换行标签了。

6．页脚模块的构建

首先要提醒大家，相对于表格布局方式，CSS 中页脚的实现有很大区别。遗憾的是，Safari 作为一个新生浏览器，对 Web 标准的支持还不是很完善，如 min-width 和 min-height 属性，在 Safari 中还没能得到良好的支持。但是在页脚的设计中往往需要用到它们。

现在回顾一下网页的 Div 结构，之前设计中所涉及内容，如顶部、导航、正文等，都封装到一个 id 名为 container 的 Div 中，这组容器标签紧跟在 body 标签之后，接着就是一个 id 名为 footer 的页脚容器。

（1）在页脚 id 为 footer 的 Div 中输入以 h2 标签显示的文字 "copyright © 2013 Veerle Pieters -Duoh!® n.v."，为 "-" 后文字设置链接http://www.duoh.com。然后为该 Div 定义 CSS 设置代码如下：

```
#footer {
    margin: 0px auto;
    position: relative;
    background-color: #717F51;
    border-top: 9px solid #F7F7F6;
    width: 692px;
    padding: 5px 0;
    clear: both;
}
```

页脚设置使用了暗绿色的背景，以及 9px 的上边框，宽度定义为 692px。clear 属性用于清除浮动，即在其左边或右边不允许有任何浮动元素。margin：0px　auto 在之前已经出现过，其作用就是让页脚在页面中居中显示。为了防止页脚中的文字与边界贴得太近，用 padding 在上、下空出 5px 的填充空隙。

（2）接下来，为页脚中的文字定义 CSS 样式：

```
#footer h2 {
    maring: 0;
    text-align: center;
    font: normal 10px Verdana, Arial, Helvetica, sans-serif;
    color: #D3D8C4;
}
```

（3）为页脚中的链接文字定义 CSS 样式：

```
#footer h2 a: visited, a: link {
    color: #D3D8C4;
    text-decoration: none;
    border-bottom: 1px dotted #D3D8C4;
}
#footer h2 a: hover {
```

```
    color: #F7F7F6;
    text-decoration: none;
    border-bottom: none;
    background-color: #A5003B;
}
```

（4）接下来，要添加一段 JavaScript 程序，让页脚在 Safari 浏览器中也能固定在浏览器底部。确保所使用的 id 名与在 JS 中定义的函数名保持一致。完成 JS 的添加后，如果在浏览器中预览会发现页脚并没有显示出来。这可能是因为有两个浮动容器（#left 和#content），都需要进行浮动清除，添加下面代码进行修正。首先在页脚的 Div 上面添加一个用于清除浮动的 Div：

```
<div class="clear"> </div>
```

然后为其定义 CSS：

```
. clear {
clear: both;
}
```

7．为整个页面设置背景

为背景设计一个小窄条的 jpg 或 gif 文件即可，定义<body>标签的 CSS 样式代码如下：

```
body {
    background: #F7F7F6 url(images/background.gif) repeat-y 50% 0;
    background-attachment: fixed;
    margin: 0;
    padding: 0;
    text-align: center;
}
```

其中背景颜色为# F7F7F6 灰色，图片文件 url，repeat-y 为纵向重复，水平位置为 50%，垂直位置为 0，背景图附件为 fixed 固定，边界为 0，填充为 0，文字对齐方式为 center 居中。这里设置文字居中显示，保证了整个页面的 Div 为居中显示方式。也可以在 HTML 代码中的<body>与</body>之间，添加 标签来实现。

至此，整个网页设计完成。保存文件为 index.html，在浏览器中预览网页效果。

5.3.3 任务拓展：CSS 及其规则

1．CSS 规则

CSS 格式设置规则由两部分组成：选择器和声明（大多数情况下为包含多个声明的代码块）。选择器是标识已设置格式元素的术语（如 p、h1、类名称或 id），而声明块则放在{ }之间用于定义样式属性。声明由两部分组成：属性和值。其实，通过前面的设计已经能够熟练使用 CSS 规则了。

样式（由一个规则或一组规则决定）存放在与要设置格式的实际内容分离的位置，通常在外部样式表文件或 HTML 文档的文件头部分中。因此，可以将例如 h1 标签的某个规则一次应用于许多标签（如果在外部样式表中，则可以将此规则一次应用于多个不同页面上的许多标签）。通过这种方式，CSS 可提供非常便利的更新功能。若在一个位置更新 CSS 规则，使用已定义样式的所有元素的格式设置将自动更新为新样式。

在 Dreamweaver 中可以定义以下样式类型：

（1）类样式，可将样式属性应用于页面上的任何定义了该类的元素。

（2）HTML 标签样式，定义特定标签（如 h1）的格式。创建或更改 h1 标签的 CSS 样式时，所有用 h1 标签设置了格式的文本都会立即更新。

（3）高级样式，定义特定元素组合的格式，或其他 CSS 允许的选择器表单的格式（例如，每当 h2 标题出现在表格单元格内时，就会应用选择器 td h2）。还可以重定义包含特定 id 属性的标签的格式（例如，由 #myStyle 定义的样式可以应用于所有包含属性/值对 id="myStyle"的标签）。

CSS 规则可以位于以下位置：

（1）外部 CSS 样式表，存储在一个单独的外部 CSS（.css）文件（而非 HTML 文件）中的若干组 CSS 规则。此文件利用文档头部分的链接或@import 规则链接到网站中的一个或多个页面。

（2）内部（或嵌入式）CSS 样式表，若干组包括在 HTML 文档头部分的 style 标签中的 CSS 规则。

（3）内联样式，在整个 HTML 文档中的特定标签内定义（不建议使用内联样式）。

Dreamweaver 可识别现有文档中定义的样式（只要这些样式符合 CSS 样式准则）。Dreamweaver 还会在设计视图中直接呈现大多数已应用的样式。不过，在浏览器窗口中预览文档将使您能够获得最准确的页面动态呈现。有些 CSS 样式在 Internet Explorer、Netscape、Opera、Safari 或其他浏览器中呈现的外观不相同，而有些 CSS 样式目前不受任何浏览器支持。

2．CSS 用于页面布局

CSS 页面布局用于组织网页上的内容。CSS 布局的基本构造块是 Div 标签，它是一个 HTML 标签，在大多数情况下用作文本、图像或其他页面元素的容器。当创建 CSS 布局时，会将 Div 标签放在页面上，向这些标签中添加内容，然后将它们放在不同的位置上。与表格单元格（被限制在表格行和列中的某个现有位置）不同，Div 标签可以出现在网页上的任何位置。既可以用绝对方式（指定 x 和 y 坐标）或相对方式（指定与其他页面元素的距离）来定位 Div 标签。还可以通过指定浮动、填充和边距（当今 Web 标准的首选方法）放置 Div 标签。

从头创建 CSS 布局确实比较困难，因为有很多种实现方法。可以通过设置几乎无数种浮动、边距、填充和其他 CSS 属性的组合来创建简单的两列 CSS 布局。另外，跨浏览器呈现的问题导致某些 CSS 布局在一些浏览器中可以正确显示，而在另一些浏览器中无法正确显示。对于初学者，Dreamweaver 通过提供 16 个适合不同浏览器预先设计的布局，可以轻松地利用这些 CSS 布局构建页面。

3．使用 Div 标签

插入和编辑 Div 标签，可以通过手动插入 Div 标签，并对它应用 CSS 定位样式来创建页面布局。Div 标签，是用来定义网页的内容中的逻辑区域的标签。使用该标签可以将内容块居中，创建列效果以及创建不同的颜色区域等。如果对使用 Div 标签和层叠样式表（CSS）创建网页不熟悉，则可以基于 Dreamweaver 附带的预设布局模板来创建 CSS 布局。

注：Dreamweaver 将带有绝对位置的所有 Div 标签，视为 AP 元素，即分配有绝对位置的元素，即使未使用 AP Div 绘制工具创建那些 Div 标签也是如此。

4．CSS3 是全新的 CSS 标准

CSS3 完全向后兼容，而不必改变现有的设计。CSS3 的模块化指 CSS3 被划分为模块。其中最重要的 CSS3 模块包括：选择器、框模型、背景和边框、文本效果、2D/3D 转换、动画、多列布局、用户界面。

例如 CSS3 边框，通过 CSS3 能够创建圆角边框，向矩形添加阴影，使用图片来绘制边框。在 CSS3 中创建圆角是非常容易的，border-radius 属性就用于创建圆角，代码：

```
border:2px solid;
border-radius:25px;
-moz-border-radius:25px; /* Old Firefox */
```

CSS3 中用 box-shadow 属性向方框添加阴影，代码：

```
box-shadow: 10px 10px 5px #888888;
```

这些效果并不需使用设计软件来完成。

5．预设的 CSS 布局

Dreamweaver 提供一组预先设计的 CSS 布局，它们可以帮助制作者快速设计好页面并开始运行，并且在代码中提供了丰富的内联注释，以帮助了解 CSS 页面布局。Web 上的大多数站点设计都可以被归类为一列、两列或三列式布局，而且每种布局都包含许多附加元素（例如标题和脚注）。Dreamweaver 提供了一个包含基本布局设计的综合性列表，可以自定义这些设计以满足自己的需要。

借助管理 CSS 功能可以轻松地在文档之间、文档标题与外部表之间、外部 CSS 文件之间以及更多位置之间移动 CSS 规则。此外，还可以将内联 CSS 转换为 CSS 规则，并且只需通过拖放操作即可将它们放置在所需位置。

Adobe Device Central 与 Dreamweaver 相集成并且存在于整个 Creative Suite 3 软件产品系列中，使用它可以快速访问每个设备的基本技术规范，还可以收缩 HTML 页面的文本和图像以便显示效果与设备上出现的完全一样，从而简化了移动内容的创建过程。

5.3.4　知识补充：Dreamweaver 中创建 CSS

1．设置文本格式和 CSS

Dreamweaver 默认情况下，使用层叠样式表（CSS）设置文本格式。使用属性面板或菜单命令应用于文本的样式将创建 CSS 规则，这些规则嵌入在当前文档的头部。也可以使用 CSS 样式面板，创建和编辑 CSS 规则和属性。CSS 样式面板是一个比属性面板功能强大得多的编辑器，它显示为当前文档定义的所有 CSS 规则，而不管这些规则是嵌入在文档的头部还是在外部样式表中。Adobe 建议使用 CSS 样式面板（而不是属性检查器）作为创建和编辑 CSS 的主要工具。这样，代码将更清晰，更易于维护。

除了所创建的样式和样式表外，还可以使用 Dreamweaver 附带的样式表对文档应用样

式。有关使用 CSS 设置文本格式的教程，请访问 www.adobe.com/go/vid0153_cn。

2．创建和管理 CSS 样式面板

使用 CSS 样式面板，可以跟踪影响当前所选页面元素的 CSS 规则和属性（切换到"正在"选项），也可以跟踪文档可用的所有规则和属性（切换到"全部"选项）。使用面板顶部的切换按钮可以在两种选项之间切换，如图 5.32 所示。使用 CSS 样式面板还可以在全部或正在选项中修改 CSS 属性。

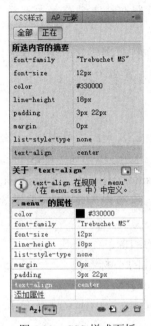

图 5.32　CSS 样式面板

当前模式下的 CSS 样式面板在"正在"选项中，将显示三个面板：所选内容的摘要窗口，其中显示文档中当前所选内容的 CSS 属性；规则窗口，其中显示所选属性的位置（或所选标签的一组层叠的规则，具体取决于您的选择）；以及属性窗口，它允许编辑应用于所选内容的规则的 CSS 属性。

可以通过拖动窗格之间的边框调整任意窗口的大小，通过拖动分隔线调整列的大小。所选内容的摘要窗口，显示活动文档中当前所选项目的 CSS 属性的摘要以及它们的值。该摘要显示直接应用于所选内容的所有规则的属性，仅显示已设置的属性。

3．检查跨浏览器呈现 CSS 是否有问题

浏览器兼容性检查（BCC）功能可以帮助定位在某些浏览器中有问题的 HTML 和 CSS 组合。当打开的文件中运行 BCC 时，Dreamweaver 扫描文件，并在结果面板中报告所有潜在的 CSS 呈现问题。信任评级由四分之一、二分之一、四分之三或完全填充的圆表示，指示了错误发生的可能性。四分之一填充的圆表示可能发生，完全填充的圆表示非常可能发生。对于它找到的每个潜在的错误，Dreamweaver 还提供了指向有关 Adobe CSS Advisor 错误的文档的直接链接、详述已知浏览器呈现错误的 Web 站点以及修复错误的解决方案。

默认情况下，BCC 功能对下列浏览器进行检查：Firefox 1.5、Internet Explorer（Windows）

6.0 和 7.0、Internet Explorer（Macintosh）5.2、Navigator 8.0、Opera 8.0 和 9.0 以及 Safari 2.0。此功能取代了以前的目标浏览器检查功能，但是保留了该功能中的 CSS 功能部分。也就是说，新的 BCC 功能仍测试文档中的代码，以查看是否有目标浏览器不支持的任何 CSS 属性或值。可能产生三个级别的潜在浏览器支持问题：

（1）错误，表示 CSS 代码可能在特定浏览器中导致严重的、可见的问题，例如导致页面的某些部分消失。错误默认情况下表示存在浏览器支持问题，因此在某些情况下，具有未知作用的代码也会被标记为错误。

（2）警告，表示一段 CSS 代码在特定浏览器中不受支持，但不会导致任何严重的显示问题。

（3）告知性信息，表示代码在特定浏览器中不受支持，但是没有可见的影响。

浏览器兼容性检查不会以任何方式更改文档。

4．可视化 CSS 布局块

在设计视图中工作时，可以使 CSS 布局块可视化。CSS 布局块是一个 HTML 页面元素，可以将它定位在页面上的任意位置。更具体地说，CSS 布局块是不带 display: inline 的 div 标签，或者是包括 display:block、position:absolute 或 position: relative CSS 声明的任何其他页面元素。下面是几个在 Dreamweaver 中被视为 CSS 布局块的元素：

（1）Div 标签；

（2）指定了绝对或相对位置的图像；

（3）指定了 display:block 样式的 a 标签；

（4）指定了绝对或相对位置的段落。

注：出于可视化呈现的目的，CSS 布局块不包含内联元素（也就是代码位于一行文本中的元素）或段落之类的简单块元素。

Dreamweaver 提供了多个可视化助理，供查看 CSS 布局块。例如，在设计时可以为 CSS 布局块启用外框、背景和框模型。将鼠标指针移动到布局块上时，也可以查看显示有选定 CSS 布局块属性的工具提示。

下面的 CSS 布局块可视化助理列表，描述 Dreamweaver 为每个助理呈现的可视化内容：

（1）CSS 布局外框，显示页面上所有 CSS 布局块的外框。

（2）CSS 布局背景，显示各个 CSS 布局块的临时指定背景颜色，并隐藏通常出现在页面上的其他所有背景颜色或图像。每次启用可视化助理查看 CSS 布局块背景时，Dreamweaver 都会自动为每个 CSS 布局块分配一种不同的背景颜色。指定的颜色在视觉上与众不同，可帮助人们区分不同的 CSS 布局块。

（3）CSS 布局框模型，显示所选 CSS 布局块的框模型的填充和边距。

实训项目五

一、实训任务要求

确定网站主题，至少设计 1 个网站主页面，展示所包含的重要信息内容。其中包含网站整体配色、页眉图像、导航按钮样式设计、页面布局设计。

除了主页外，设计中要考虑其他同一个主题的子项页面的样式一致性。

二、实训步骤

1. 首先确定网站的主题，内容分类。

2. 规划网站的主页，注意首页的版面设计、整体布局（在已学技术范围）、划分为几个区域、色彩搭配、内容编排等。明确最有代表性色彩和内容类别。

3. 主页显示整体网页内容的概述、清晰的导航、版式和区域划分（主要是引起注意）。如何具体实施。动笔绘制草图，或在网页中规划出来。

三、评分方法

1. 完成了项目的所有功能。（40 分）

2. 网页信息运用规范、正确、色彩搭配合理舒适。（40 分）

3. 实训报告内容充实，有独到之处等。（20 分）

四、实训报告单

要求如下：

1. 总结所涉及网页制作技术。

2. 网站主要设计思路。

3. 实现过程及步骤。

4. 设计中的收获。

6

Spry 构件应用

Dreamweaver 中 Spry Widget 构件是一个 JavaScript 库，Web 设计者使用它可以构建能够向站点用户提供更丰富体验的网页。有了 Spry 就可以使用 HTML、CSS 和极少量的 JavaScript 将 XML 数据合并到 HTML 文档中，创建 Widget（如折叠 Widget 和菜单栏），向各种页面元素中添加不同种类的显示效果。在设计上 Spry 构件的标记非常简单，且便于那些具有 HTML、CSS 和 JavaScript 基础知识的用户使用。

在实际应用中每个 Spry Widget 是一个页面元素，它通常由三个部分组成。用来定义 Widget 结构组成的 HTML 代码块；用来控制 Widget 如何响应用户启动事件的 JavaScript；用来指定 Widget 外观的 CSS 样式。

每个 Widget 都与唯一的 CSS 和 JavaScript 文件相关联。CSS 文件中包含设置样式所需的全部信息，而 JavaScript 文件则赋予 Widget 功能。当使用 Dreamweaver 界面插入 Widget 时，Dreamweaver 会自动将这些文件链接到页面，以便 Widget 中包含该页面的功能和样式。

Spry 构件主要面向专业 Web 设计者或高级非专业 Web 设计者。对于设计者而言，只要通过 Dreamweaver 的可视化界面，就可以轻松地设计各种 Spry 应用，而不需要大量的手写代码，同时降低了工作量，简化了设计难度。

本章将应用 Spry 构件技术，重新设计"深房小区"网站的生活杂志页面。效果如图 6.1 所示。该项设计分解为以下三个任务：

（1）用 Spry 菜单栏设计网站导航条。

（2）用 Spry 折叠 Widget 设计网站内容导航。

（3）用 Spry 选项卡面板等设计网页正文内容显示效果。

6.1 Spry 菜单栏构件

菜单栏 Widget 是一组可导航的菜单按钮构件，当站点访问者将鼠标悬停在其中的某个按钮或相应的子菜单上时，将链接显示网页内容。使用菜单栏可在紧凑的空间中显示大量可导航信息。在进行本项任务之前，要利用 Div 设计页面的布局结构。然后，学习如何应用 Spry 菜单栏 Widget 设计网站导航条。

图 6.1　利用 Spry 构件设计页面

关键知识点	能力要求
Spry 构件与特点； Spry 构件组成； Spry 构件的 CSS	应用 Spry 构件； 设置 Spry 构件； 分析 Spry 构件的 CSS； 文本和背景属性的修改

6.1.1　任务：用 Spry 菜单栏构件设计网站导航条

1. 设计效果

利用 Spry 导航栏构件，设计网页导航栏中的水平导航条的效果，如图 6.2 所示。

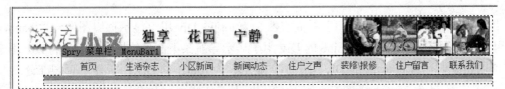

图 6.2　用 Spry 菜单栏 Widget 构件设计导航条

2．任务描述

为网站内容安排和栏目布局结构，用 Spry 菜单栏 Widget 构件设计水平网站导航条。导航栏有 8 个按钮，导航按钮的正常状态背景呈现为浅蓝色图片、文字为默认黑色，鼠标指向状态背景呈现蓝色图片、文字为白色。

3．设计思路

在网页中插入 Spry 菜单栏，保存文件后删除子菜单项，然后根据需要增加菜单项个数，修改菜单项名称。接着，找到相应的 CSS 样式规则，修改菜单项区域的大小和样式，定义文字、背景或图片背景属性及其值。

4．技术要点

菜单栏 Widget 是一组可导航的菜单按钮，当站点访问者将鼠标悬停在其中的某个按钮上时，将显示相应的子菜单。这里不包含子菜单。Dreamweaver 允许插入两种菜单栏 Widget：垂直 Widget 和水平 Widget。根据需要插入该构件后，找到相关的 CSS 规则即 SpryMenuBar-Horizontal.css 或 SpryMenuBarVertical.css 文件，可修改菜单项的各种外观样式。

6.1.2　任务实现

1．设计网页布局结构

（1）新建空白网页，切换到代码视图编辑窗口。

（2）编写如下 HTML 代码：

```
<div id="container">
<header>
<div id="top"></div>
<nav>
<div id="banner"></div>
</nav>
<div id="bannerLine"></div>
</header>
<article>
<div id="left"></div><div id="content"></div>
</article>
<footer>
<div id="footer"></div>
</footer>
</div>
```

其中 id 为 container 的 Div 用于布局容器、为 top 的 Div 用于显示页眉图像、为 banner 的 Div 用于显示导航条、为 bannerLine 的 Div 用于显示导航条下面修饰图、为 left 的 Div 用于设计左侧内容导航、为 content 的 Div 用于正文显示、为 footer 的 Div 用于显示页脚部分。

（3）定义 id 为 container 的 Div 容器 CSS 嵌入式样式表，设置其 width 值为 800px，让该 Div 水平居中显示，定义为 margin:0 auto。

```
<style type="text/css">
#container {
  width: 800px;
  margin:0 auto;
}
</style>
```

2．在页面中添加页眉 Logo 和图片动画广告

（1）定义 id 为 top 的 Div 标签 CSS 嵌入式样式表，设置其 width 值为 800px，上部间距为 0px。

```
#top {
  width: 800px;
  margin-top: 0px;
}
```

（2）在其中插入 Logo 图片和图片动画广告，如图 6.3 所示。

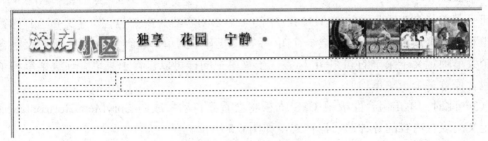

图 6.3　插入页眉图片

3．在页眉图片下插入 Spry 菜单栏

（1）将光标插入 id 为 banner 的 Div 内，单击插入工具条中【Spry】→【Spry 菜单栏】按钮或菜单栏中【插入】→【Spry】→【Spry 菜单栏】命令，在弹出的"Spry 菜单栏"对话框中选择"水平"，单击"确定"按钮后在设计视图内和相应属性面板的显示如图 6.4 所示。同时，保存文件后在站点内自动生成一个 SpryAssets 文件夹，且保存有 SpryMenuBar.js 和 SpryMenuHorizontal.css 文件。

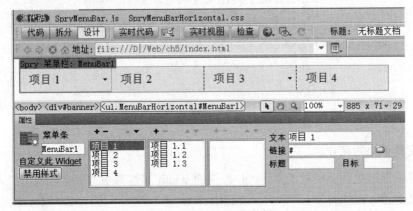

图 6.4　插入 Spry 菜单栏

（2）在属性面板中部将看到，左侧为菜单项，右侧为相应菜单的子项。删除所有子项，增加菜单项并分别改名为：首页、生活杂志、小区新闻、新闻动态、住户之声、装修\报修、住户留言和联系我们。为每个菜单项定义链接路径和文件。接着，切换到代码视图查看并增加如下 HTML 代码。

```
<div class="MenuBarActive" >
  <ul id="MenuBar1" class="MenuBarHorizontal">
    <li><a href="#">首页</a> </li>
    <li><a href="#">生活杂志</a></li>
    <li><a href="#">小区新闻</a></li>
    <li><a href="#">新闻动态 </a></li>
    <li><a href="#">住户之声</a></li>
    <li><a href="#">装修\报修</a></li>
    <li><a href="#">住户留言 </a></li>
    <li><a href="#">联系我们 </a></li>
  </ul>
</div>
```

可见菜单栏 Widget 被放在 HTML 中的一个 Div 容器，内部包含一个外部 ul 标签，该标签中对于每个顶级菜单项都包含一个 li 标签（若有子菜单，顶级菜单项 li 标签又包含用来为每个菜单项定义子菜单的 ul 和 li 标签，子菜单中同样可以包含子菜单。顶级菜单和子菜单可以包含任意多个子菜单项）。

（3）此时，单击组合面板中 CSS 面板将会看到自动生成的 SpryMenuHorizontal.css，及其所定义的复合内容的各种选择器样式，如图 6.5 所示。

图 6.5　自动生成的外部 CSS 样式表

4. 更改菜单项的尺寸

（1）可以通过更改菜单项的 li 和 ul 标签的 width 属性来更改菜单项尺寸。在 CSS 代码中找到 ul.MenuBarVertical li 或 ul.MenuBarHorizontal li 规则。将 width 属性更改为所需的宽度 6.5em。

（2）找到 ul.MenuBarVertical ul 或 ul.MenuBarHorizontal ul 规则，将 width 属性更改为所需的宽度 6.5em，或者将该属性更改为 auto 以删除固定宽度。

（3）找到 ul.MenuBarVertical ul li 或 ul.MenuBarHorizontal ul li 规则，向该规则中添加下列属性：float 为 none 和 background-color 为 transparent，或直接将 width 属性的值改为 6.5em。设置完成后效果如图 6.6 所示。

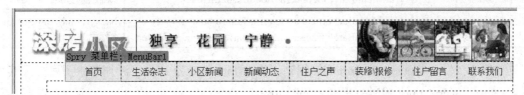

图 6.6　定义 CSS 样式表菜单宽度

5．更改菜单项的文本样式

附加到 <a> 标签的 CSS 中包含有关文本样式的信息。还可以向与不同菜单状态有关的 <a> 标签附加多个相关的文本样式类值。要更改菜单项的文本样式，请使用表 6.1 来查找相应的 CSS 规则，然后更改默认值。

表 6.1　由更改的样式查找相应的 CSS 规则

要更改的样式	垂直或水平菜单栏的 CSS 规则	相关属性和默认值
默认文本	ul.MenuBarVertical a ul.MenuBarHorizontal a	color: #333;（黑色） text-decoration: none
当鼠标指针移入文本上方时的文本颜色	ul.MenuBarVertical a:hover ul.MenuBarHorizontal a:hover	color: #FFF;（白色）
具有焦点文本颜色	ul.MenuBarVertical a:focus ul.MenuBarHorizontal a:focus	color: #FFF;（白色）
当鼠标指针移入菜单时菜单栏的颜色	ul.MenuBarVertical ul.MenuBarHorizontal a.MenuBarItemHover	color: #FFF;（白色）
当鼠标指针移入子菜单时子菜单颜色	ul.MenuBarHorizontal a.MenuBarItemSubmenuHover ul.MenuBarVertical a.MenuBarItemSubmenuHover	color: #FFF;（白色）

6．更改菜单项背景图或背景颜色

附加到 <a> 标签的 CSS 中还包含与菜单项背景颜色有关的信息，可以向与不同菜单状态有关的 <a> 标签附加多个相关的背景颜色类值。要更改菜单项背景或背景颜色，请使用表 6.2 来查找相应的 CSS 规则，然后更改默认值或添加背景图文件。

表 6.2　由更改的颜色查找相应的 CSS 规则

要更改的颜色	垂直或水平菜单栏的 CSS 规则	相关属性和默认值
默认背景	ul.MenuBarVertical　a ul.MenuBarHorizontal　a	background-color: #EEE; （灰色）
当鼠标指针移入背景时背景的颜色	ul.MenuBarVertical a:hover ul.MenuBarHorizontal a:hover	background-color: #33C; （蓝色）

续表

要更改的颜色	垂直或水平菜单栏的 CSS 规则	相关属性和默认值
具有焦点背景颜色	ul.MenuBarVertical a:focus ul.MenuBarHorizontal a:focus	background-color: #33C; （蓝色）
当鼠标指针移入菜单时菜单项颜色	ul.MenuBarVertical a.MenuBarItemHover ul.MenuBarHorizontal a.MenuBarItemHover	background-color: #33C; （蓝色）
当鼠标指针移入子菜单时子菜单项颜色	ul.MenuBarVertical a.MenuBarItemSubmenuHover ul.MenuBarHorizontal a.MenuBarItemSubmenuHover	background-color: #33C; （蓝色）

（1）找到 ul.MenuBarHorizontal a 规则，修改 font-size 为 14px，添加背景图属性及其值：background-image 为 url(../IMAGES/menu01.jpg)。

（2）找到 ul.MenuBarHorizontal a:hover, a:focus 规则，添加背景图属性及其值：background-image 为 url(../IMAGES/menu02.jpg)。

设置完成后效果如图 6.7 所示。

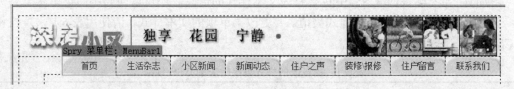

图 6.7　定义 CSS 样式表菜单背景图

Spry 菜单栏 Widget 使用 DHTML 层来将 HTML 部分显示在其他部分的上方。如果页面中包含使用 Adobe Flash 创建的内容，则可能会出现问题，因为 SWF 文件总是显示在所有其他 DHTML 层之上，所以 SWF 文件可能会显示在子菜单之上。此问题的解决方法是，更改 SWF 文件的参数，让其使用 wmode="transparent"。此操作非常易于完成，只需在"文档"窗口中选择 SWF 文件，然后在属性检查器中将 wmode 选项设置为 transparent。

7．添加导航条下的图片修饰

（1）选择 id 为 bannerLine 的 Div，定义其嵌入式 CSS 样式，单击菜单栏【文本\格式】→【CSS 样式】→【新建】命令弹出"CSS 规则定义"对话框，或者单击代码视图切换到代码编辑窗口。

（2）定义如下规则：

```
#bannerLine {
    background-image: url(IMAGES/00.JPG);/*背景图片文件*/
    height: 16px;
    width: 758px;
    margin-top: 0px;
    padding-top: 0px;
    float: right;
    background-repeat: repeat-x;
}
```

8．保存文件

保存文件为 index.html，在浏览器中预览页面效果。

插入菜单栏后，重点在于根据项目网页布局的结构，对菜单项及其区域大小、文字样式、背景颜色或添加图片背景等属性的定义。

具体属性包括：菜单项宽度 width、a 标签的文字样式 font 和 color、a 标签的背景色或背景图 background-color 和 background-image 等。

6.1.3　知识补充：Spry Widget 的进一步说明

Spry 构件支持一组用标准 HTML、CSS 和 JavaScript 编写的可重用 Widget，可以方便地插入这些 Widget（采用最简单的 HTML 和 CSS 代码），然后设置 Widget 的样式。一般行为包括允许用户执行下列操作：显示或隐藏页面上的内容、更改页面的外观（如颜色）、与菜单项交互等。Spry 框架中的每个 Widget 都与唯一的 CSS 和 JavaScript 文件相关联。CSS 文件中包含设置 Widget 样式所需的全部信息，而 JavaScript 文件则赋予 Widget 功能。当使用 Dreamweaver 界面插入 Widget 时，Dreamweaver 会自动将这些文件链接到页面，以便 Widget 中包含该页面的功能和样式。与给定 Widget 相关联的 CSS 和 JavaScript 文件根据该 Widget 命名，因此，很容易判断哪些文件对应于哪些 Widget（例如，与折叠 Widget 关联的文件称为 SpryAccordion.css 和 SpryAccordion.js）。当在已保存的页面中插入 Widget 时，Dreamweaver 会在站点中创建一个 SpryAssets 目录，并将相应的 JavaScript 和 CSS 文件保存到其中。

可以将菜单栏 Widget 的方向从水平更改为垂直或者从垂直更改为水平。只需修改菜单栏的 HTML 代码并确保 SpryAssets 文件夹中有正确的 CSS 文件。例如，将水平菜单栏 Widget 更改为垂直菜单栏 Widget。如果站点中的其他位置中已有垂直菜单栏 Widget，则不必插入新的垂直菜单栏 Widget，只需下面几步工作：

（1）将 SpryMenuBarVertical.css 文件附加到该页面，方法是在 CSS 样式面板（单击菜单栏【窗口】→【CSS 样式】命令）中单击"附加样式表"按钮。

（2）删除垂直菜单栏。

（3）在代码视图中找到 MenuBarHorizontal 类，将其更改为 MenuBarVertical。该 MenuBarHorizontal 类是在菜单栏的项目表标签<ul>中定义的，即<ul id="MenuBar1" class="MenuBarHorizontal">。

（4）在菜单栏的 HTML 代码后面，查找菜单栏构造函数：var MenuBar1 = new Spry.Widget.MenuBar("MenuBar1", {imgDown:"SpryAssets/SpryMenuBar DownHover .gif", imgRight:"SpryAssets/ SpryMenuBarRightHover .gif "})。

（5）从构造函数中删除 imgDown 预先加载选项（和逗号）：var MenuBar1 = new Spry.Widget.MenuBar("MenuBar1", {imgRight:"SpryAssets/SpryMenuBarRightHover.gif"});。注：如果将垂直菜单栏转换为水平菜单栏，则添加 imgDown 预先加载选项和逗号。

（6）（可选）如果页面中不再包含任何其他水平菜单栏 Widget，请从文档头中删除指向先前 MenuBarHorizontal.css 类的链接。

（7）保存该页面。

6.2　Spry 折叠构件

使用折叠 Widget 进行内容导航设计，是一个不错的选择。折叠 Widget 是一组可进行切换的面板，它将大量内容存储在一个紧凑的空间中。站点用户可通过单击该面板上的选项卡来隐藏或显示存储在折叠 Widget 中的内容。即当用户单击不同的选项卡时，折叠 Widget 的面板会相应地展开或收缩。在折叠 Widget 中，每次只能有一个内容面板处于打开且可见的状态，而其他则处于隐藏状态。这里将利用它设计网页内容链接导航。

关键知识点	能力要求
Spry 折叠构件组成； 相应 CSS 规则和设置属性	插入折叠构件并修改选项； 辨识该构件的 HTMl 代码； 理解默认设置的 CSS 样式； 能够修改 SpryAccordion.css

6.2.1　任务：用 Spry 折叠构件设计网站左侧内容导航

1. 设计效果

利用 Spry 折叠 Widget，在页面左侧设计内容链接导航部分，设计效果如图 6.8 所示。

图 6.8　页面左侧链接导航效果

2．任务描述

在网页左侧设计一个网站内容链接导航区域，其选项卡分别有时尚直击、家居装饰、靓丽人生、吃得过瘾、家庭医疗、网上教育、音乐频道和站点导航选项。每个选项卡的背景颜色分别为：一般状态和鼠标指针指向为浅蓝色、鼠标单击后呈现蓝色。选项卡的内容区域为黑字白色背景，且在各自选项卡的下方显示。初始状态为第 1 个选项卡展开，每当用鼠标单击收缩的选项卡时相应项内容会展开，而其他内容则处于隐藏收缩状态。让页面具有更多用户控制的交互性能，也许对用户来讲更具吸引力。

3．设计思路

在网站页面的左侧定义一个特定区域，插入一个 Spry 构件，根据已经确定网站的主题和风格，设置或修改折叠选项卡的尺寸、文字样式、选项卡及其内容的背景颜色等。

4．技术要点

折叠 Widget 的默认 HTML 中，包含一个含有所有面板的外部 Div 标签以及各面板对应的 Div 标签，各面板的标签中还有一个标题 Div 和内容 Div。折叠 Widget 可以包含任意数量的单独面板。在折叠 Widget 的 HTML 中，在文档头中和折叠 Widget 的 HTML 标记之后还包括 script 标签。

该构件的所有 CSS 规则，都是指 SpryAccordion.css 文件中的默认规则。每当创建 Spry 折叠 Widget 时，Dreamweaver 都会将 SpryAccordion.css 文件保存到站点内 SpryAssets 文件夹中。此文件还包含有关适用于该 Widget 的各种样式的注释信息，因此，参考该文件也会有所帮助。尽管可以直接在 CSS 文件中方便地编辑折叠 Widget 的规则，但也可以使用 CSS 样式面板来编辑折叠 Widget 的 CSS。CSS 样式面板对于查找分配给 Widget 不同部分的 CSS 类非常有用，在使用中常常在面板的当前模式内查找选择器。

6.2.2　任务实现

1．定义 Div 标签属性添加导航区域上部的图片

（1）为 id 为 left 的 Div 标签定义 CSS 规则，其代码如下：

```
#left {
    width: 170px;
    margin-top: 0px;
    padding-top: 0px;
    padding-left: 0px;
    float: left;
}
```

定义该区域宽度为 170px，高度不限以便于自动适应内容。

（2）在页面设计视图编辑窗口中，将鼠标光标放入 id 为 left 的 Div 标签内。将修饰图片插入内容导航区域的上端，如图 6.9 所示。

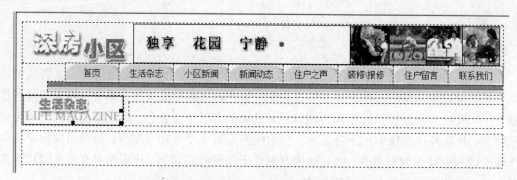

图 6.9 在页面左侧上端插入图片

2．在图片下面添加 Spry 折叠 Widget

（1）将光标插入 id 为 left 的 Div 内图片下面，单击插入工具条中【Spry】→【Spry 折叠式】按钮或菜单栏中【插入】→【Spry】→【Spry 折叠式】命令，此时插入一个名称为"Spry 折叠式：Accordion1"的构件，其设计视图和相应属性面板显示如图 6.10 所示。同时，保存文件后在站点内自动生成一个 SpryAssets 文件夹，且保存有 SpryAccordion.js 和 SpryAccordion.css 文件。

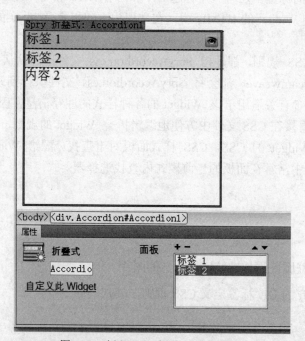

图 6.10 插入 Spry 折叠 Widget 图示

（2）设计视图中选中该构件上部的名称"Spry 折叠式：Accordion1"，然后在属性面板内增加并修改选项卡名称分别为：时尚直击、家庭装饰、靓丽人生、吃得过瘾、家庭医疗、网上教育、音乐频道和站点导航。

（3）在各个选项卡文字标题前添加各自的图标修饰图。

（4）为每个选项卡添加内容。将鼠标指针移到要在设计视图中显示的选项卡上，然后单击出现在该选项卡右侧的眼睛图标，为每项添加导航文字内容。切换到代码视图查看本例的该构件所包含的 HTML 代码：

```
<div id="Accordion1" class="Accordion" tabindex="0">
  <div class="AccordionPanel">
    <div class="AccordionPanelTab">
<img src="IMAGES/1.GIF" width="56" height="46" align="middle" />
时尚直击
</div>
    <div class="AccordionPanelContent">
        <a href="#">F1 刮起红色旋风</a><br />
        <a href="#">本田新型旅行车上市</a><br />
        <a href="#">法拉利使用燃油冷却系统</a><br />
        <a href="#">讲述京城出租车的故事</a><br />
        <a href="#">赛欧下线轿车业竞争将更激</a><br />
        <a href="#">电话网想当全球&quot;大哥大&quot;</a><br />
        <a href="#">美国电子商务仍迅速增长</a><br />
        <a href="#">&ldquo;风云二号&rdquo;卫星发出</a><br />
    </div>
  </div>
  <div class="AccordionPanel">
    <div class="AccordionPanelTab">
    <img src="IMAGES/2.GIF" width="55" height="45" align=
        "absmiddle" />
    家居装饰
    </div>
      <div class="AccordionPanelContent">
          <a href="#">内容 2</a>
      </div>
  </div>
  <div class="AccordionPanel">
    <div class="AccordionPanelTab">
    <img src="IMAGES/3.GIF" width="56" height="42"
        align="absmiddle" />
    靓丽人生
    </div>
    <div class="AccordionPanelContent">
        <a href="#">内容 3</a>
    </div>
  </div>
  <div class="AccordionPanel">
    <div class="AccordionPanelTab">
<img src="IMAGES/4.GIF" width="55" height="41" align
="absmiddle" />吃得过瘾
</div>
  <div class="AccordionPanelContent">
      <a href="#">内容 4</a>
  </div>
  </div>
```

```
    <div class="AccordionPanel">
      <div class="AccordionPanelTab">
        <img src="IMAGES/5.GIF" width="56" height="42"
              align="absmiddle" />家庭医疗
      </div>
      <div class="AccordionPanelContent"><a href="#">内容 5</a>
      </div>
  </div>
  <div class="AccordionPanel">
      <div class="AccordionPanelTab">
        <img src="IMAGES/6.GIF" width="55" height="45"
            align="absmiddle" />网上教育
      </div>
      <div class="AccordionPanelContent">内容 6
      </div>
  </div>
  <div class="AccordionPanel">
    <div class="AccordionPanelTab">
        <img src="IMAGES/8.GIF" width="55" height="45"
            align="absmiddle" />音乐频道
    </div>
    <div class="AccordionPanelContent">内容 7
    </div>
  </div>
  <div class="AccordionPanel">
      <div class="AccordionPanelTab">
        <img src="IMAGES/7.GIF" width="56" height="44"
          align="absmiddle" />站点导航
      </div>
      <div class="AccordionPanelContent">内容 8
      </div>
  </div>
  </div>
```

　　可见折叠构件的默认 HTML 中，包含一个存放所有面板的 id 为 Accordion1 外部 Div 标签的容器，以及各面板对应的 Div 标签，各面板的标签中还有一个标题 Div 和内容 Div。折叠构件可以包含任意数量的单独面板。在折叠构件的 HTML 中，在文档头中和折叠构件的 HTML 标记之后还包括 script 标签。

3．定义修改选项卡样式满足项目要求

　　（1）限制折叠的宽度。在 CSS 中找到类 .Accordion 规则，将 width 改为 170px。

注意　　默认情况下，折叠 Widget 会展开以填充可用空间。但是，您可以通过设置折叠式容器的 width 属性来限制折叠 Widget 的宽度。打开 SpryAccordion.css 文件来查找 .Accordion CSS 规则。此规则可用来定义折叠 Widget 的主容器元素的属性。查找规则的另一种方法是：选择折叠 Widget，然后在 CSS 样式面板中进行查找。请确保该面板设置为当前模式。

（2）设置折叠 Widget 文本的样式。通过设置整个折叠 Widget 容器的属性，或分别设置 Widget 的各组件的属性来设置折叠 Widget 的文本样式。请使用表6.3 来查找相应的 CSS 规则，然后修改或添加自己的文本样式属性和值。

表 6.3　由更改文本查找相应的 CSS 规则

更改文本	相关 CSS 规则	要添加的属性和值（示例）
整个折叠 Widget（包括选项卡和内容面板）中文本	.Accordion 或.AccordionPanel	font: Arial; font-size:medium;color:red;
仅限折叠式面板选项卡中文本	.AccordionPanelTab	font: Arial; font-size:medium;
仅限折叠式面板中文本	.AccordionPanelContent	font: Arial; font-size:medium;

本例中没有对文字设置进行更改，而是使用默认的样式。

（3）更改折叠 Widget 的背景颜色。要更改折叠 Widget 不同部分的背景颜色，请使用表 6.4 来查找相应的 CSS 规则，然后添加或更改背景颜色的属性和值。

表 6.4　由要更改 Widget 部分查找相应的 CSS 规则

要更改 Widget 部分	相关 CSS 规则	要添加或更改的属性和值（示例）
折叠式面板背景颜色	.AccordionPanelTab	background-color: #CCCCCC;（默认值）
折叠式内容面板背景颜色	.AccordionPanelContent	background-color: #CCCCCC;
已打开折叠式面板背景颜色	.AccordionPanelOpen .AccordionPanelTab	background-color: #EEEEEE;（默认值）
鼠标悬停在其上面板选项卡的背景颜色	.AccordionFocused.AccordionPanelTab	background-color: #3399FF;（默认值）
鼠标悬停在已打开折叠式面板的背景颜色	.AccordionFocused.AccordionPanelOpen .AccordionPanelTab	background-color: #33CCFF;（默认值）

将 CSS 的.AccordionPanelTab 选择器规则中，折叠式面板背景颜色 background-color 改为 #DEEFFF 浅蓝色。

将 CSS 的.AccordionPanelOpen .AccordionPanel Tab 选择器规则中，已打开折叠式面板背景颜色 background-color 改为#7BA8EB 蓝色。

将 CSS 的.AccordionFocused .AccordionPanelTab 选择器规则中，鼠标悬停在面板选项卡的背景颜色 background-color 定义为#DEEFFF 浅蓝色。

将 CSS 的.AccordionFocused .AccordionPanelOpen .AccordionPanelTab 选择器规则中，鼠标悬停在已打开面板选项卡的背景颜色 background-color 定义为#7BA8EB 蓝色。

4．保存文件

保存文件 index.html，在浏览器中预览页面效果。

根据不同任务的要求，设置或修改折叠面板的样式。在 SpryAccordion.CSS 中找到相应的规则选择器，一般涉及到设置或添加定义区域宽度属性 width、文本样式字体 font、颜色 color、背景颜色 background-color 等。

在实际应用中经常需要自定义折叠 Widget，尽管使用属性面板可以简化对折叠 Widget 的编辑，但是属性面板并不支持自定义的样式设置任务。可以修改折叠 Widget 的 CSS 规则，并根据自己的喜好设置折叠 Widget。有关更改折叠 Widget 颜色的快速参考，请参阅 David Powers 的《Quick guide to styling Spry tabbed panels, accordions,and collapsible panels（样式 Spry 选项卡式面板、折叠 Widget 和可折叠面板的快速指南）》。有关样式任务的更高级列表，请访问 www.adobe.com/go /learn_dw_spryaccordion_custom_cn。

6.3   Spry 选项卡式与可折叠式等构件

选项卡式构件 Widget 用来将内容存储到紧凑空间中。站点访问者可通过单击他们要访问的面板上的选项卡来隐藏或显示存储在选项卡式面板中的内容。当访问者单击不同的选项卡时，Widget 的面板会相应地打开。在给定时间内，选项卡式面板 Widget 中只有一个内容面板处于打开状态。一个选项卡式面板 Widget，初始可以设置哪个面板处于打开状态。

在内容显示中还将使用可折叠面板 Widget，它可将内容存储到紧凑的空间中的一个面板。用户单击 Widget 的选项卡即可隐藏或显示存储在可折叠面板中的内容。下例显示一个处于展开和折叠状态的可折叠面板 Widget。

当用户将鼠标指针悬停在网页中的特定元素上时，Spry 工具提示 Widget 会显示其他信息。用户移开鼠标指针时，其他内容会消失。还可以设置工具提示使其显示较长的时间段，以便用户可以与工具提示中的内容交互。

关键知识点	能力要求
三个构件的功能； 三个构件各自的组成； 修改与定义样式属性	正确插入三个构件并修改选项； 辨识该构件的 HTML 代码； 理解默认设置 CSS 样式； 能够添加修改 CSS 规则

6.3.1   任务：用 Spry 选项卡式面板等设计正文内容显示效果

1．设计效果

利用 Spry 选项卡、可折叠面板和提示条构件，设计网页内容显示的效果。如图 6.11 右侧页面主体内容显示区域的效果。

2．任务描述

在本项任务中，完成 3 项符合要求的设计。

（1）利用选项卡式面板 Widget，在页面右侧的主体内容显示区域设计分类显示的内容。其中选项卡标题包括：时尚直击、温馨家居、四季风景线、靓足 100 分、八方圣食、健康宝贝和音乐频道。每个选项卡中添加相关具体内容。外观样式设计上，选项卡的正常和选中状态的背景分别为：浅灰色和灰色。选项卡的内容显示区域的背景为白色。

（2）在选项卡面板的下面，设计一个可折叠面板用于显示快讯信息。其标题为：快讯，可折叠面板展开后显示具体内容及其链接。外观样式设计上，正常、鼠标移入和鼠标选中标题区域的背景分别为：浅灰色、灰色和蓝色。内容显示区域的背景为白色。

（3）为可折叠面板的内容设计文字提示条。当鼠标指向第 1 条文字标题内容时显示一个文字提示条，内容为：单击每个标题查看详细内容。提示条外观效果和样式为，当鼠标移入第 1 条文字标题内容的区域时，触发一个提示条以遮帘效果显示出来，其背景为浅黄色。当鼠标移出该区域时该提示条会延迟 20 毫秒消失。

图 6.11 带有选项卡和可折叠面板的效果

3．设计思路

在网页上合适的位置插入相应的构件，定义其选项标题和内容，设置其区域大小、标题文字样式、各种状态的背景颜色和样式。

4．技术要点

选项卡式面板 Widget 的 HTML 代码中，包含一个含有所有面板的外部 Div 标签、一个标签列表、一个用来包含内容面板的 Div 和以及各面板对应的 Div。可折叠面板包含一个外部 Div 标签，其中包含内容 Div 标签和选项卡容器 Div 标签。在它们的 HTML 中，文档头和 HTML

代码靠后还包括相应的脚本标签。

工具提示 Widget 包含以下三个元素：

（1）工具提示容器。该元素包含在用户激活工具提示时要显示的消息或内容。

（2）激活工具提示的浏览器特定。

（3）构造函数脚本，是 Spry 创建工具提示功能的 JavaScript。

插入工具提示 Widget 时，Dreamweaver 会使用 Div 标签创建一个工具提示容器，并使用 span 标签环绕"触发器"元素（激活工具提示的浏览器特定）。默认情况下，Dreamweaver 使用这些标签。但对于工具提示和触发器元素的标签，只要它们位于页面正文中，就可以是任何标签。

6.3.2　任务实现

1．在页面内容显示区域插入选项卡式面板

（1）定义 id 为 content 的 Div 区域大小和属性。

```
#content {
    width: 620px;
    margin-top: 10px;
    margin-left: 10px;
    padding: 0px;
    float: left;
}
```

（2）切换到设计视图将鼠标光标放入该 Div 内，单击插入工具条中【Spry】→【Spry 选项卡式面板】按钮或菜单项中【插入】→【Spry】→【Spry 选项卡式面板】命令，此时插入一个名称为"Spry 选项卡式面板：TabbedPanels1"的构件。同时，保存文件后在站点的 SpryAssets 文件夹内保存有 SpryTabbedPanels.js 和 SpryTabbedPanels.css 文件。

切换到代码视图，选项卡式面板构件的 HTML 代码中，有一个存放所有面板 id 的 TabbedPanels1 外部 Div 容器，内部包含选项卡面板的 Div 以及各面板对应的 Div。在选项卡式面板构件的 HTML 中，其文档头和选项卡式面板构件的 HTML 标记之后还包括脚本标签。

（3）切换回设计视图，选中该构件的名称区域，在其对应的属性面板中修改并增加选项卡的标签名称分别为时尚直击、温馨家居、四季风景线、靓足 100 分、八方圣食、健康宝贝和音乐频道。

（4）为每个选项卡添加内容。将鼠标指针移到要在设计视图中显示的选项卡上，然后单击出现在该选项卡右侧的眼睛图标，为每项添加导航文字内容。每项内容多少决定选项卡面板的区域大小。最后设置区域大小相同。

2．定义选项卡面板显示样式

（1）限制选项卡式面板的宽度。

默认情况下，选项卡式面板 Widget 会展开以填充可用空间。但是，可以通过设置折叠式容器 width 属性来限制选项卡式面板 Widget 的宽度。打开 SpryTabbedPanels.css 文件，查

找 .TabbedPanels CSS 规则。此规则可为选项卡式面板 Widget 的主容器元素定义属性，当然包括宽度属性。这里定义 width 为 100%，符合外面 Div 的大小。

（2）设置选项卡式面板 Widget 文本样式。

通过设置整个选项卡式面板 Widget 容器的属性，或分别设置 Widget 的各个组件的属性，可以定义选项卡式面板 Widget 的文本样式。请使用表 6.5 来查找相应的 CSS 规则，然后添加需要的文本样式属性和值。

表 6.5　由要更改文本查找相应的 CSS 规则

要更改文本	相关 CSS 规则	要添加属性和值（示例）
整个 Widget 文本	TabbedPanels	font: Arial; font-size:medium;
仅限选项卡文本	TabbedPanelsTabGroup 或 .TabbedPanelsTab	font: Arial; font-size:medium;
仅限内容面板文本	.TabbedPanelsContentGroup 或.TabbedPanelsContent	font: Arial; font-size:medium;

本任务定义 font 为 14px sans-serif，即大小 14px、字体为 sans-serif。

（3）更改选项卡式面板 Widget 的背景颜色。

要更改选项卡面板 Widget 不同部分的背景颜色，请使用表 6.6 来查找相应的 CSS 规则，然后根据喜好添加或更改背景颜色的属性和值。

表 6.6　由要更改颜色查找相应的 CSS 规则

要更改颜色	相关 CSS 规则	要添加或更改属性和值（示例）
面板选项卡背景颜色	.TabbedPanelsTabGroup 或 .TabbedPanelsTab	background-color: #DDD;（默认值）
内容面板背景颜色	.Tabbed PanelsContentGroup 或.TabbedPanelsContent 或.VTabbedPanels . TabbedPanelsTabGroup	background-color: #EEE;（默认值）
选定选项卡背景颜色	.TabbedPanelsTabSelected	background-color: #EEE;（默认值）
当鼠标指针移入选项卡时选项卡背景颜色	.TabbedPanelsTabHover	background-color: #CCC;（默认值）

这里定义面板选项卡背景颜色 background-color 为#EEEFF0，选定选项卡背景颜色 background-color 为 #DDD，内容面板背景颜色 .VTabbedPanels . TabbedPanelsTabGroup 规则中 background-color 为#FAFAFA 浅白色。

3．插入可折叠面板构件

（1）切换到设计视图将鼠标光标插入刚刚设计完成的选项卡面板下方，单击插入工具条中【Spry】→【Spry 选项卡式面板】按钮或菜单栏中【插入】→【Spry】→【Spry 可折叠面板】命令，此时插入一个名称为"Spry 可折叠面板：CollapsiblePanel1"的构件。同时，保存文件后在站点的 SpryAssets 文件夹内保存有 SpryCollapsiblePanel.js 和 SpryCollapsiblePanel.css 文件。

（3）选中该构件的名称区域，在其对应面板上修改选项卡的标签名称为：快讯。单击右侧的眼睛图标为内容区域添加显示内容：解放军五一换新军车号牌超 45 万元豪车禁挂军牌，全国住宅均价连续 2 个月下降。然后为两行文字标题定义链接。

（4）切换到代码视图，查看其代码为：

```
<div id="CollapsiblePanel1" class="CollapsiblePanel">
    <div class="CollapsiblePanelTab" tabindex="0">快讯</div>
    <div class="CollapsiblePanelContent">
    <a ref="http://news.163.com/13/0429/01/8TJG2FJ10001124J.html">
        解放军五一换新军车号牌 超 45 万元豪车禁挂军牌</a><br/>
    <a href="http://news.163.com/special/cnrealestate/">
        全国住宅均价连续 2 个月下降</a>
    </div>
</div>
```

可见可折叠面板构件的 HTML 中，包含一个 id 为 CollapsiblePanel1 的外部 Div 标签，其中还包含内容 Div 标签和选项卡容器 Div 标签。同时可折叠面板构件的 HTML 中，在文档头中和可折叠面板的 HTML 标记之后还包括脚本标签。

（5）设置可折叠面板构件文本的样式

通过设置整个可折叠面板构件容器的属性，或分别设置构件的各个组件的属性，实现对可折叠面板构件的文本样式的修改。请使用表 6.7 来查找相应的 CSS 规则，然后添加自己的文本样式属性和值。

表 6.7　由要更样式查找相应的 CSS 规则

要更改样式	相关 CSS 规则	要添加或更改属性和值（示例）
整个可折叠面板文本	.CollapsiblePanel	font: Arial; font-size:medium;
仅限面板选项卡文本	.CollapsiblePanelTab	font: bold 0.7em sans-serif；（默认值）
仅限内容面板文本	.CollapsiblePanelContent	font: Arial; font-size:medium;

这里，修改文字样式 font 为 bold 14px　sans-serif，即粗体 14px 和字体 sans-serif。各种文字情形的颜色没有修改，使用了默认值。

（6）更改可折叠面板构件的背景颜色。要更改可折叠面板构件不同部分的背景颜色，请使用表 6.8 来查找相应的 CSS 规则，然后根据自己的喜好添加或更改背景颜色的属性和值。

表 6.8　由要更颜色查找相应的 CSS 规则

要更改颜色	相关 CSS 规则	要添加或更改属性和值（示例）
面板选项卡背景颜色	.CollapsiblePanelTab	background-color: #DDD；（默认值）
内容面板背景颜色	.CollapsiblePanelContent	background-color: #DDD;
在面板处于打开状态时选项卡背景颜色	.CollapsiblePanelOpen .CollapsiblePanelTab	background-color: #EEE；（默认值）
鼠标指针移入已打开面板选项卡时选项卡背景颜色	.CollapsiblePanelTabHover、 .CollapsiblePanelOpen .CollapsiblePanelTabHover	background-color: #CCC；（默认值）

这里没有对背景色进行改变，默认值符合项目的要求。

（7）限制可折叠面板的宽度。默认情况下，可折叠面板构件会展开以填充可用空间。但是，可以通过为可折叠面板容器设置 width 属性来限制可折叠面板构件的宽度。即打开 SpryCollapsible Panel.css 文件，查找 .CollapsiblePanel CSS 规则，为可折叠面板构件的主容器元素重新定义属性。本项目中刚好让可折叠面板展开来填充 id 为 content 的 Div 的宽度可用空间。

4．为可折叠面板内容定义提示信息

（1）插入 Spry 工具提示构件。在设计视图中选中触发该提示信息的区域"解放军五一换新军车号牌超 45 万元豪车禁挂军牌"前面可折叠面板内的一个标题。然后，单击插入工具条中【Spry】→【Spry 工具提示】按钮或菜单栏中【插入】→【Spry】→【Spry 工具提示】命令，此时插入一个名称为"Spry 工具提示：SpryToolTip1"的构件。同时，保存文件后在站点的 SpryAssets 文件夹内保存有 SpryTooltip.js 和 SpryTooltip.css 文件。

观察刚才的文字标题，发现前面自动在该链接标签 a 内增加了一个名为 sprytrigger1 的 id。它就是该提示信息的触发器。

（2）在设计视图内，修改提示信息为：单击每个标题查看详细内容。此时，切换到代码视图会查看到如下代码：

```
<div class="tooltipContent" id="sprytooltip1">
    单击每个标题查看详细内容
</div>
```

即包含该构件的 Div 容器和提示的文字内容。

5．定义工具提示 Widget 选项

（1）设置一些选项以便自定义工具提示 Widget 的行为。单击工具提示 Widget 的蓝色选项卡，将显示该 Spry 工具提示的属性面板，如图 6.12 所示。

图 6.12　Spry 工具提示的属性面板

将鼠标指针悬停在页面上的触发区域时，提示条将会显示在页面特定位置。默认情况下，触发器选项内呈现前面定义的 id，但也可以选择页面中具有唯一 ID 的任何元素作为触发器。这里默认为 id=sprytrigger1 用于触发器。选中鼠标移开时隐藏项，在效果选项中选中遮帘，隐藏延迟定义为 20。

解释　属性面板中各个选项或参数含义。①选择"跟随鼠标"该项后，当鼠标指针悬停在触发器元素上时，工具提示会跟随鼠标。②选择"鼠标移开时隐藏"选项后，只要鼠标悬停在工具提示上（即使鼠标已离开触发器元素），工具提示会一直打开。当工具提示中有链接或其他交互式元素时，让工具提示始

终处于打开状态将非常有用。如果未选择该选项，则当鼠标离开触发器区域时，工具提示元素会关闭。③水平偏移量，计算工具提示与鼠标的水平相对位置。偏移量值以像素为单位，默认偏移量为 20 像素。垂直偏移量，计算工具提示与鼠标的垂直相对位置。④显示延迟，工具提示进入触发器元素后在显示前的延迟（以毫秒为单位）。隐藏延迟，工具提示离开触发器元素后在消失前的延迟。默认值为 0。⑤效果，在工具提示出现时的效果类型。遮帘，就像百叶窗一样，可向上移动和向下移动以显示和隐藏工具提示。渐隐，可淡入和淡出工具提示。默认值为"无"。

（2）在 SpryTooltip.css 文件中，可以更改工具提示的外观样式，有两个属性可以根据项目需要进行定义：属性 filter 的 alpha(opacity:0.1)的值和背景属性 background-color 默认为 #FFFFCC 浅黄色。

6．保存文件

保存文件 index.html，在浏览器中浏览页面效果如图 6.13 所示。

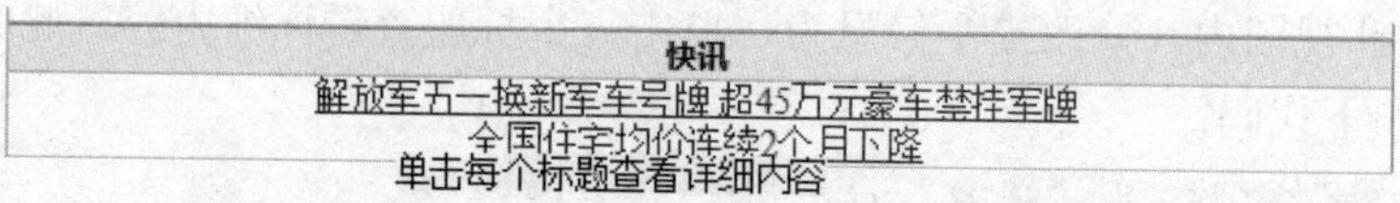

快讯
解放军五一换新军车号牌 超45万元豪车禁挂军牌
全国住宅均价连续2个月下降
单击每个标题查看详细内容

图 6.13　Spry 工具提示的页面显示效果

6.3.3　任务小结

尽管使用属性面板可以简化对选项卡式面板 Widget 的编辑，但是属性面板并不支持自定义的样式设置任务。这可以修改选项卡式面板 Widget 的 CSS 规则，并根据自己喜好来设置 Widget。包括：面板大小、文字和背景等样式。有关更改选项卡式面板 Widget 颜色的快速参考，请参阅 David Powers 的《Quick guide to styling Spry tabbed panels,accordions, and collapsible panels（样式 Spry 选项卡式面板、折叠 Widget 和可折叠面板的快速指南）》。有关样式任务的更高级列表，请访问 www.adobe.com/go/learn_ dw_sprytabbedpanels_ custom_cn。

所有针对 CSS 规则的修改，都是指 SpryTabbedPanels.css 文件中的默认规则。每当创建 Spry 选项卡式面板 Widget 时，Dreamweaver 都会将 SpryTabbedPane ls .css 文件保存到所定义站点的 SpryAssets 文件夹中。此文件中还包括有关适用于该 Widget 的各种样式的有用的注释信息。尽管可以直接在相关联的 CSS 文件中方便地编辑选项卡式面板 Widget 的规则，还可以使用"CSS 样式"面板来编辑选项卡式面板 Widget 的 CSS。"CSS 样式"面板对于查找分配给 Widget 不同部分的 CSS 类非常有用，在使用面板的"当前"模式时尤其如此。

而可折叠面板 Widget 插入网页后，可以在属性面板内设置其默认状态为打开或已关闭。是否启用或禁用可折叠面板 Widget 的动画。默认情况下，如果启用可折叠面板 Widget 的动画，站点访问者单击该面板的选项卡时，该面板将缓缓地平滑打开和关闭。如果禁用动画，则可折叠面板会迅速打开和关闭。

可折叠面板所有 CSS 规则都是指 SpryCollapsiblePanel.css 文件中的默认规则。每当您创建 Spry 可折叠面板 Widget 时，Dreamweaver 都会将 SpryCollapsiblePanel.css 文件保存到站点

的 SpryAssets 文件夹中。此文件中还包括有关适用于该 Widget 的各种样式的有用的注释信息。

插入时 Dreamweaver 会使用 Div 标签创建一个工具提示容器，并使用 span 标签环绕"触发器"元素（激活工具提示的浏览器特定）。特定工具提示和触发器元素的标签，只要它们位于页面正文中，可以是任何标签。在使用工具提示 Widget 时，应牢记以下几点：

（1）下一工具提示打开前，将关闭当前打开的工具提示。

（2）用户将鼠标指针悬停在触发器区域上时，会持续显示工具提示。

（3）可用作触发器和工具提示内容的标签种类没有限制。但通常建议使用块级元素，以避免可能出现的跨浏览器呈现问题。

（4）默认情况下，工具提示显示在光标右侧向下 20 像素位置。但应用中可以使用属性面板内的水平和垂直偏移量选项来设置自定义显示位置。

（5）当浏览器正在加载页面时，无法打开工具提示。

这三种构件都只需要极少量 CSS 定义样式，使用 JavaScript 来显示、隐藏和定位面板。

Dreamweaver CS3 以上版本中，都提供了 Ajax 的 Spry 构件，目的是使用它们进行动态用户界面可视化设计、开发。Ajax 的 Spry 构件都是面向 Web 设计人员的 JavaScript 库，用于构建向用户提供更具丰富体验效果的网页。Spry 与其他 Ajax 框架不同，可以同时为设计人员和开发人员所用，因为实际上它的 99% 都是 HTML。Spry 构件是预置的常用用户界面组件，可以使用 CSS 自定义这些组件。这些构件还包括 XML 驱动的列表和表格，和具有验证功能的表单元素。Spry 效果是一种提高网站外观吸引力的简洁方式，差不多可应用于 HTML 页面上的所有元素。可以通过添加 Spry 效果来放大、收缩、渐隐和高亮显示元素；在一段时间内以可视方式更改页面元素；以及执行更多操作。

实训项目六

一、实训任务要求

利用 Spry 构件设计你自己的主题网站主页或另一种风格的页面。

二、实训步骤和要求

1．参考访问几个网站，通过体验或体会其他网站的设计特色。

2．分析自己的主题网站功能、导航条、网站的信息内容。

3．确定网站信息的表现形式和风格特点。

4．在规划分析的基础上设计网站。内容包括：网站主要包括哪些栏目、各栏目包括哪些信息内容。编写分析设计方案。

5．使用 Dreamweaver 的 Spry 构件设计网站页面。

三、评分方法

1．网站主题选择恰当。（10 分）

2．网站剖析完整、准确。（30 分）

3．站点分析设计完整、正确合理。（40 分）

4．网页设计或布局设置合理。（20 分）

四、实训报告

要求如下：

1．描述网站主页功能栏、导航条和信息内容，用到了哪些信息表现形式？

2．网站设计。

3．特色说明。

7

网页模板设计与表单

在制作网站的过程中，为了统一风格，会有很多页面用到相同的布局。在这种情况下，为了避免大量的重复劳动，可以使用 Dreamweaver 提供的模板功能。

模板是一种特殊类型的文档，用于设计"固定的"页面布局。然后便可以基于模板创建文档，这样的文档会继承模板页面布局。设计模板时，可以指定在基于模板的文档中哪些内容是设计者"可编辑"改变的。即可以定义哪些页面区域允许设计者进行编辑。同时，使用模板创建的页面，当改变模板样式时可以一次更新多个页面。从模板创建的页面与该模板保持连接状态（除非以后分离该文档）。若修改模板则会立即更新基于该模板的所有页面的设计。

交互式表单是用户与网页进行交互的一种界面接口，我们上网浏览信息时，经常遇到的用户信息注册、信息调查、联机查询、联机订购或在线申请等，都是通过使用表单技术来完成的。

学习本章内容，将通过完成两个任务来达到学习目标：

（1）定义与利用模板设计"时尚直击"子栏目页面。

（2）创建交互式表单。

7.1　使用模板制作页面

一个网站中往往会有很多页面用到相同的布局和内容，这时可以使用模板，将具有相同版面结构的页面制作为模板，各个网页基于模板的基础上制作，以便网页风格的统一和制作效率的提高。

关键知识点	能力要求
网页模板概念；	熟练创建网页模板；
可编辑区；	定义各类模板区域；
重复区；	熟练使用模板制作网页
可选择区	

7.1.1　任务：定义与利用模板设计"时尚直击"子栏目页面

1．设计效果

使用模板制作的网页，设计效果如图 7.1 所示。

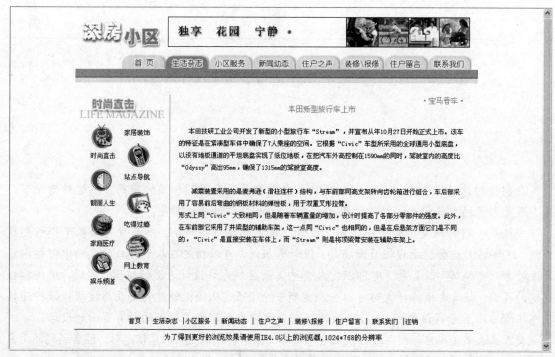

图 7.1　页面设计效果

2．任务描述

"时尚直击"子栏目中的具体内容页面，都要求采用模板技术进行设计。模板页面中包括了上部的网站 Logo 和导航栏、左侧的栏目图片和导航区域、下部页脚等内容。右侧区域为"时尚直击"栏目下，系列页面用来呈现内容的版面部分。

3．设计思路

在完成任务过程中，将要使用 Dreamweaver 的定义模板技术。首先分析将"时尚直击"子栏目中系列页面的相同版面内容提取出来，然后定义出可编辑区、重复区或可选择区等，接着将所设计的网页保存为模板页面。最后，利用所定义的模板网页，高效地制作出该栏目的其他网页。

4．技术要点

创建模板有两种方式：将普通网页另存为模板和直接创建模板。在制作时可根据实际情况选用。

模板文件以".dwt"为后缀名，Dreamweaver 将自动在网站根目录下创建 Template 文件夹，将创建的模板文件保存在该文件夹中，注意不要移动模板文件的位置。

创建模板时，一定要在模板中建立可编辑区。利用模板创建网页，只有在可编辑区里，才可以编辑改变网页内容。

要使用模板创建网页时，注意在新建网页时选用模板，或创建了网页后在资源面板中选择模板。

修改模板，将会影响所有使用了该模板的页面样式。

7.1.2　任务实现

1．分析页面提取共同版面内容

对于已经制作完成的页面，"时尚直击"子栏目中各链接对应的具体信息内容页面来说，它们具有完全相同的页面结构，包括：上部网站 Logo 和导航条、左侧的栏目图片和导航区域、下部页脚。我们将把这些页面区域定义为模板页面上的固定内容。"时尚直击"页面的右侧区域为该栏目下所对应系列正文内容的版面部分，我们将这个区域定义为模板页面的可编辑区域，也就是说，这个区域的内容将随不同的页面写入不同的内容。

2．定义模板文件

（1）在此，采用直接创建模板的方式，按以下操作：执行菜单栏中【窗口】→【资源】命令，打开资源面板，选择面板左侧的"模板"类别 📖，切换到模板子面板，如图 7.2 所示。

（2）单击资源面板底部的"新建模板"按钮 🔂。一个新的、无标题模板将被添加到资源面板的模板列表中，输入模板的名称"Fashion"，将创建一个新的空模板 Fashion.dwt，如图 7.3 所示。

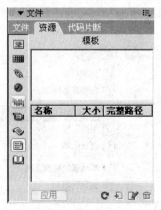

图 7.2　资源面板模板子面板

图 7.3　新建模板页面

（3）设计模板页面（当然，也可以将已经设计好的页面保存为模板文件）。单击"编辑"按钮 📝，打开模板文件进行编辑，按页面设计添加各项页面固定内容，制作完成后，如图 7.4 所示。

图 7.4　模板页面固定内容

3．定义模板网页的可编辑区域

（1）页面结构创建完成后，在模板中建立可编辑区。注意：使用模板创建新网页时，只有可编辑区域，才能够编辑新的正文内容。

操作如下：在模板文档 "Fashion.dwt" 中，将光标移到右侧的空白区域单元格中。在 "插入" 工具栏的 "常用" 类别中，单击 "模板" 按钮上的箭头，然后选择 "可编辑区域"，如图7.5 所示。或者执行菜单栏中【插入】→【模板对象】→【可编辑区域】命令。

图 7.5　创建 "可编辑区域"

（2）在出现的 "新建可编辑区域" 对话框中，"名称" 文本框内允许为该区域定义一个名称 "con"，如图 7.6 所示。

（3）单击 "确定" 按钮，即在模板上定义了一个可编辑区域。新添加的可编辑区域有蓝色标签，标签上是可编辑区域的名称，如图 7.7 所示。

图 7.6 输入"可编辑区域"名称

图 7.7 定义可编辑区域

（4）保存模板文件。

4．创建基于该模板的新页面 life22.Html

（1）新建网页文件 life22.html。单击菜单栏中【窗口】→【资源】命令，打开资源面板点击左侧的"模板"按钮，切换到模板子面板，在模板列表中就可以看见刚刚完成的模板文件"Fashion.dwt"，选中该模板，点击资源面板左下角的"应用"按钮，即可将该模板应用到网页 life22.html 中。然后，在该页面中定义的"可编辑区域"直接将内容修改更新，如图7.8 所示。

（2）保存文件预览效果。

（3）按照上述步骤的操作，可以创建多个基于模板的页面。

定义模板中除了可以插入最常用的"可编辑区域"外，还可以插入一些其他类型的区域，分别为"可选区域"、"重复区域"、"可编辑标签属性"。

可选区域：模板文档内定义了该区域后，在基于模板创建页面时，它是模板利用者可以编辑的部分。要使模板生效，其中至少应该包含一个可编辑区域；否则基于该模板设计的新页面是不可编辑的。

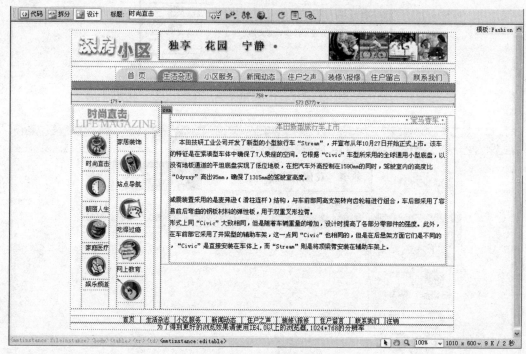

图 7.8 编辑"可编辑区域"内容

重复区域：模板文档内定义了该区域后，在基于模板创建的新页面中，用户可以根据需要在基于模板的文档中添加或删除重复区域的副本。例如，可以设置重复一个表格行。重复部分是可编辑的，这样，模板用户可以编辑重复元素中的内容，而设计本身则由模板创作者控制。可以在模板中插入的重复区域有两种：重复区域和重复表格。

可编辑标签属性：用于对模板中的标签属性解除锁定，这样便可以在基于模板的页面中编辑相应的属性。例如，可以"锁定"出现在文档中的图像，但允许模板用户将对齐设置进行改动，设为左对齐、右对齐或居中对齐。也允许模板用户在根据模板创建的文档中修改指定的标签属性。例如，可以在模板文档中设置背景颜色，但仍允许模板用户为新创建的页面设置不同的背景颜色。即用户只能更新指定为可编辑属性的具体值。可以在页面中设置多个可编辑属性，这样，模板用户就可以在基于模板的文档中修改这些属性值。支持修改的数据类型如下：文本、布尔值（true/false）、颜色和 URL。

创建可编辑标签属性时，将在代码中插入一个模板参数。该属性的初始值在模板文档中设置；当创建基于模板的文档时，它将继承该参数。模板用户便可以在基于模板的文档中编辑改变该参数。注：如果将指向样式表的链接设置为可编辑属性，则在该模板中便不能再查看或编辑相应样式表的属性。

定义模板区域的操作过程，与定义"可编辑区域"的操作相同，只需选择对应的模板类型即可。一个模板网页定义中可根据需要插入多个"可编辑区域"、"可选区域"、"重复区域"、"可编辑标签属性"。如果需要删除可编辑区域或其他模板区域，将光标置于要删除的模板区域内，执行菜单栏中【修改】→【模板】→【删除模板标记】命令，光标所在区域的可编辑区即被删除。

另外，除了上面所述的直接创建模板的方式之外，我们还可以将普通网页另存为模板。操作方法是：打开要制作为模板文件的网页文档，执行菜单栏中【文件】→【另存为模板】命令，如图 7.9 所示。弹出"另存为模板"对话框后，在"另存为"文本框中输入模板的名称，单击"保存"按钮，就把当前网页转换为了模板，在该模板上直接定义"可编辑区域"等即可。

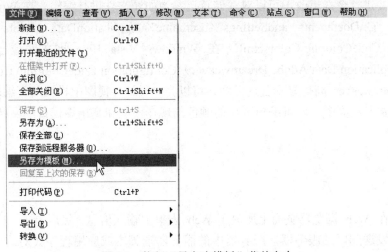

图 7.9　执行"另存为模板"菜单命令

7.1.3　知识补充：Dreamweaver 创建模板的首选参数

在 Dreamweaver 中，可以基于现有已经设计完成的页面文档，如 HTML、Adobe ColdFusion 或 Microsoft Active Server Pages 文档创建模板，也可以基于新文档创建模板。

创建模板后，可以插入模板区域，并为代码颜色和模板区域高亮颜色，来设置模板的首选参数。可以在模板的"设计备注"文件中存储关于模板的附加信息，如设计者、上一次更改的时间或做出某些布局决定的原因。基于模板的文档不继承模板的设计备注。

将页面文档另存为模板以后，文档的大部分区域就被锁定。模板设计者应该在模板设计中插入可编辑区域或可编辑参数，从而指定在基于模板的文档中哪些区域可以编辑。

创建或定义模板时，可编辑区域和锁定区域都可以更改。在利用模板文档设计新页面时，设计者只能在可编辑区域中进行更改，而不能修改锁定区域。

可以设置模板的创作首选参数，自定义模板代码颜色首选参数等。代码颜色首选参数控制在"代码"视图中显示的文本、背景颜色和样式属性。设置自己的配色方案，以便在"代码"视图中查看文档时可以轻松地区分模板区域。通过以下步骤完成：

（1）打开"首选参数"对话框。

（2）从左侧的"分类"列表中选择代码颜色项。

（3）从文档类型列表中选择 HTML，然后单击编辑颜色方案的按钮。

（4）在样式列表中选择模板标记。

（5）为代码视图文本设置颜色、背景颜色和样式属性，方法是执行下列操作之一：

◆　如果想要更改文本颜色，请在文本颜色框中键入想要应用于所选文本的颜色的十六进制值，或者使用颜色选择器来选择一种应用于文本的颜色。在背景颜色框进行相同操作，添加或更改所选文本的现有背景颜色。

◆ 如果想要向所选代码添加样式属性，请单击 B（粗体）、I（斜体）或 U（下划线）按
钮来设置所需格式。

（6）单击"确定"按钮。

注：如果要进行全局更改，可以对存储首选参数的源文件进行编辑。在 Windows XP 中，
此文件位于 C:\Documents andSettings\%username%\ApplicationData \Adobe\Dreamweaver
9\Configuration\CodeColoring\Colors.xml。在 Windows Vista 中，此文件位于 C:\Users\%
username%\Application Data\Adobe Dreamweaver9 \Configuration\CodeColoring\ Colors.xml。

使用 Dreamweaver 高亮显示首选参数，可以为"设计"视图中模板的可编辑区域和锁定
区域的外框自定义高亮颜色。可编辑区域的颜色出现在模板和基于该模板的文档中。

7.2 表单

当访问者在 Web 浏览器页面上所显示 Web 表单中输入信息，然后单击"提交"按钮时，
这些信息将被发送到网站服务器，服务器中的服务器端脚本或应用程序会对这些信息进行处
理。服务器向用户（或客户端）反馈所处理的信息，或基于该表单内容执行某些其他操作，以
此进行响应反馈。这里所讲的表单，包括文本字段、密码字段、单选按钮、复选框、弹出菜单、
可单击按钮和其他表单对象

表单几乎在每个网站中都可以看到，它使网页由原来的单向用户浏览过程变成交互式的
双向过程，所以熟悉在表单域中插入文本、列表、复选框、文本区域、按钮等对象显得非常
重要。

关键知识点	能力要求
表单域；	会在表单域中插入文本域和文本区域；
文本域、单选按钮和复选框；	会插入单选按钮和复选框；
列表/菜单、按钮和图像域、文件域	会插入列表/菜单、按钮和图像域；
	掌握提交信息到电子邮箱方法

7.2.1 任务：创建交互式表单

1．设计效果

完成任务后设计效果，如图 7.10 所示。

2．任务描述

用户通过该页面填写用户名、密码、个人简介；性别通过单选按钮来采集，关注栏目通过
复选框（生活栏目、小区服务、新闻动态和住户之声）来选择；小区居住时间通过下拉列表来
选择；个人照片可以通过文件框添加图片；信息的提交处理在后面动态网页工作任务中再完成。

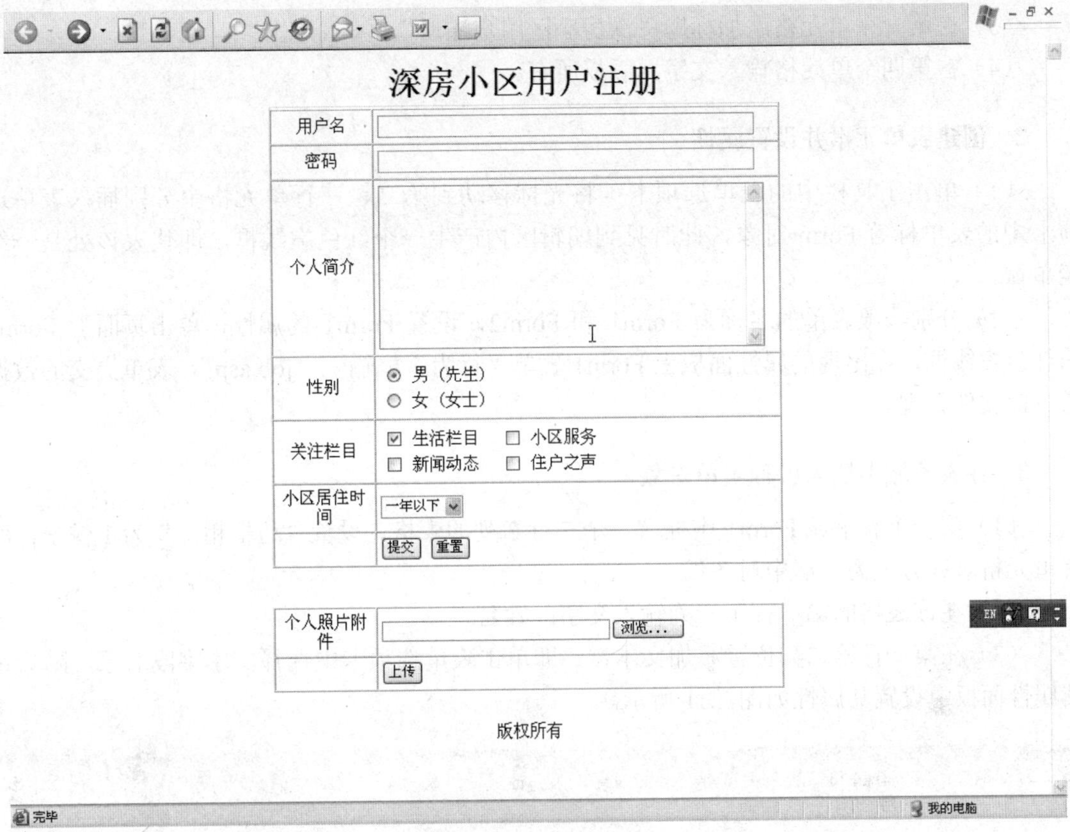

图 7.10 页面交互式表单

3．设计思路

（1）先布局设计好网页各元素的定位；再添加表单 Form1，并设置 Form1 属性。

（2）在 Form1 中添加表格，以及文本域、密码域、文本区域、单选按钮、复选框等各种表单控件。

（3）同理，再添加表单 Form2 并在其中添加文件域控件。

4．技术要点

创建表单域，设置表单属性；添加表单元素并设置属性，包括文本域（单行、密码、多行）、按钮、单选按钮、复选框、跳转菜单、下拉菜单、文本区域、隐藏域；难点在于列表值的添加、各属性的设置与编辑。

7.2.2 任务实现

1．准备工作

（1）新建一个网页页面。

（2）在页面添加一个 4 行 1 列的表格。

（3）在第一个单元格添加标题"深房小区用户注册"。

（4）在第四个单元格输入文字：版权所有。

2. 创建表单元素并设置属性

（1）单击工具栏中的表单选项卡；将光标移动到第二、三行单元格中分别插入表单选项卡中的表单标签 Form 对象，此时见到编辑区内产生一个红色虚线框，即代表该处是一组表单域。

（2）分别修改表单的名称为 Form1 和 Form2，设置 Form1 的属性，单击页面上 Form1 的红色虚线框，在出现的属性面板上 Form1 表单"行为"框输入"job.asp"，表单提交的数据通过此文件处理。

3. 在表单域中插入各种表单对象

（1）第一个表单域 Form1 中插入一个 7 行 2 列的表格，设置"边框粗细"为 1 像素，所有单元格对齐方式为"居中对齐"。

（2）在该表格的第一行第一列输入文字：姓名。

（3）在第一行第二列位置添加文本框：即单击表单选项卡中选择文本字段对象，随后在其属性面板中设置其属性如图 7.11 所示。

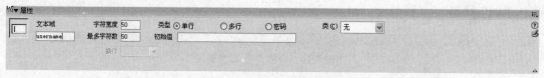

图 7.11　表单文本域对象属性

其中属性文本域中设定该文本框的名称，命名为 username。字符宽度：设定该框中一行输入的字符数量。最大字符数：设定最多允许输入的字符数量。类型：为三个选项之一，默认为"单行"；当选择为"多行"时，其作用同插入文本域对象（实际上两个对象相同，只是为方便使用而区分）；当选择为"密码"时，浏览网页并在其中输入字符时，将不显现其真实内容而以黑点形式出现。初始值：设定文本框中初始状态下的内容。

（4）在表格下一行输入文字：密码，在其后单元格中插入文本字段，设置属性类型为：密码。

（5）依次在下一行中输入文字：个人简介，后面插入文本字段，设置类型为：多行。

（6）下一行输入文字：性别，后面插入单选按钮，对应属性面板设置其属性，如图 7.12 所示。

图 7.12　单选按钮属性

其中属性单选按钮用于设定其名称，一般对同一组单选项名字必须相同。选定值：设定选择该项情况下所代表的内容。这里设为"男"。初始状态，默认为"未选中"，表示浏览网页时该选项处于未选中状态。若选中"已勾选",则浏览网页时该选项处于选中状态。

（7）然后,在该对象后输入文字:男（先生）,用于该选项的提示。

（8）同样,在该单元格后面插入另一个单选按钮,属性单选按钮命名为 Sex,选定值为 1,初始状态选择"未选中"。接着,在该对象后输入文字:女（女士）。

（9）在下一行输入文字:关注栏目。后面插入 4 个复选框对象,用于设定相应的选项内容。其属性如图 7.13 所示。

图 7.13 复选框属性

其中属性复选框名称用于设置其名称。多选项中的每一项名称必须不同。选定值:设定该选项对应内容。该项为 0 代表"生活栏目"、1 代表"小区服务"、2 代表"新闻动态"、3 代表"住户之声"。

（10）分别在对象之后输入提示文字:生活栏目、小区服务、新闻动态、住户之声。

（11）在下一行表格中输入:小区居住时间。在后面单元格中插入列表/菜单对象,其属性如图 7.14 所示。

图 7.14 列表/表单属性

其中属性列表/菜单用于设置列表/菜单名称。类型:若选中"列表",可以设定列表的高度（表中呈现几项内容）和选定范围是否允许多选,外形为下拉表。若选"菜单",则高度和选定范围项不存在（使用时用户只能选择其一）,其外形为一个下拉列表。列表值用于设置具体选项标记名称和具体值（即选中后程序中处理的对象）。

（12）在下一行表格的第 2 列插入按钮,用于定义提交功能。其属性如图 7.15 所示。

图 7.15 按钮属性

其中属性按钮名称用于定义名称;值:设置按钮上所显示文字标识;动作用来设置按钮的功能,提交表单:发送到服务器进行处理（要编写数据处理应用程序）,重设表单:重新定义各项的内容,无:前两种情况不发生。

（13）在"提交"按钮后面,再次插入一个按钮,命名为"重置"。

（14）同理,在第二个表单域 Form2 中添加一个 2 行 2 列的边框为 1 的表格。

（15）在表格第一行第一列内输入文字:个人照片附件,在第二列内插入文件域,用于添加图片文件。其对话框设置如图 7.16 所示。

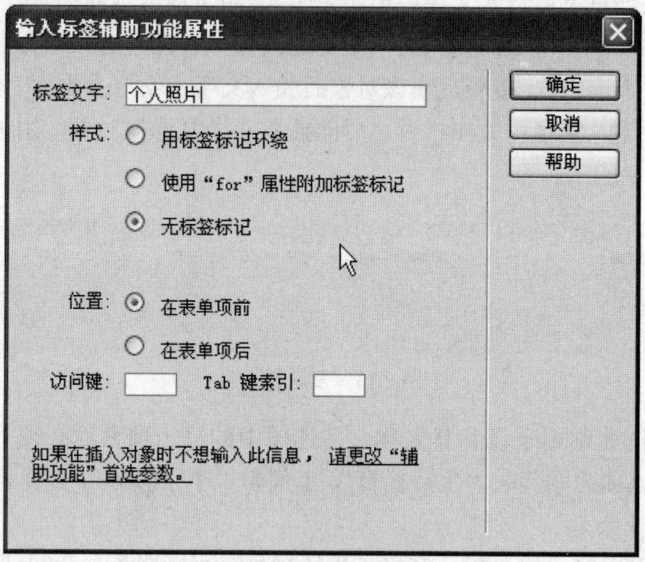

图 7.16 插入文件域

（16）在第二行第二列插入按钮对象，改名为上传。用于文件上传功能。

4. 为表单 Form1 的动作属性添加电子邮件命令

因为前面设置 Form1 表单中行为框为 "job.asp"，用于表单提交的数据现在还无法处理。这里将其修改成电子邮件命令，可以把结果发送到邮箱。

（1）单击页面上 Form1 的红色虚线框，在出现的属性面板上设置 Form1 表单中行为（action）框：mailto:fgk2006@163.com。方法属性选择 "POST"，编码类型框输入 "text/plain"。此时表单提交的数据通过电子邮件发送到邮箱。

也可以在邮件上带有回复的主题，例如 "mailto:fgk2006@163.com?subject=读者意见卡"；

（2）也可以再添加上 cc: 副本传送，例如：mailto:fgk2006@163.com?cc=xx @xxx.xxx..xx。利用字符&还可以设置多位副本收件人，同时在传送到指定邮箱的收件人字段上会出现收件者的名单，例如 "mailto:fgk2006@16 3 .com ?cc=xx @xxx. xxx..xx &?cc=yy@ yyy.yyy.yy"。

（3）还可以再添加上 bc: 隐藏式副本传送，将信件传送到指定信箱时，在信件收件人字段上并不会出现收件者的名单，例如 mailto:fgk2006@163.com?bc=xx@ xxx .xxx..xx。

保存文件，在浏览器中预览结果并发送收集的数据到你的邮箱，看看结果吧！

至此，一个用于收集用户信息的网页部分就设计完成了。表单设计工作在网站开发中，占有相当的比例。凡是需要用户填写或选择信息的时候，就要用到表单技术。多数情况下对表单数据的处理是经过网站服务器进行的。这里由于没有涉及服务器端的程序设计，所以只要求会在页面上添加表单并设置各种属性，理解其 HTML 代码。

在 Dreamweaver 中，把表单输入类型称为表单对象。表单对象是允许用户输入数据的机制。可以在表单中添加以下表单对象：

文本字段，接受任何类型的字母数字文本输入内容。文本可以单行或多行显示，也可以以密码域的方式显示，在这种情况下，输入文本将被替换为星号或项目符号，以避免旁观者看到这些文本。注：选择密码类型输入的密码及其他信息在发送到服务器时并未进行加密处理。所传输的数据可能会以字母数字文本形式被截获并被读取。因此，应该对要确保安全的数据进行加密。

隐藏域，存储用户输入的信息，如姓名、电子邮件地址或偏爱的查看方式，并在该用户下次访问此站点时使用这些数据。

按钮，在单击时执行操作。可以为按钮添加自定义名称或标签，或者使用预定义的"提交"或"重置"标签。使用按钮可将表单数据提交到服务器或者重置表单。还可以指定其他已在脚本中定义的处理任务。例如，可能会使用按钮根据指定的值计算所选商品的总价。

复选框也称为多选框，允许在一组选项中选择多个选项。用户可以选择任意多个适用的选项。

单选按钮，代表互相排斥的选择。在某单选按钮组（由两个或多个共享同一名称的按钮组成）中选择一个按钮，就会取消选择该组中的所有其他按钮。

列表/菜单，在一个滚动列表中显示选项值，用户可以从该滚动列表中选择多个选项。列表选项即在一个菜单中显示选项值，用户只能从中选择单个选项。在下列情况下使用菜单最合适：只有有限的空间但必须显示多个内容项，或者要控制返回给服务器的值。

菜单与文本域不同，在文本域中用户可以随心所欲键入任何信息，甚至包括无效的数据，对于菜单而言，只能具体设置某个菜单提供的用于返回的确切值。注：HTML 表单上的弹出菜单与图形弹出菜单不同。

跳转菜单，可导航的列表或弹出菜单，使用它们可以插入一个菜单，其中的每个选项都链接到某个文档或文件。

文件域使用户可以浏览到其计算机上的某个文件并将该文件作为表单数据上传。

图像域，可以在表单中插入一个图像。使用图像域可生成图形化按钮，例如"提交"或"重置"按钮。如果使用图像来执行任务而不是提交数据，则需要将某种行为附加到表单对象。

在实际应用中注意：

（1）表单元素必须添加在表单 Form 内，这样才能与"提交"按钮一起构成一个表单组，否则内容无法提交。

（2）注意设置 Form 表单中按钮对象的行为（action）属性。

实训项目七（a）

一、实训任务要求

1. 完成你的页面的布局设计。
2. 使用模板制作各子栏目页面。

二、实训步骤和要求

1. 分析网页内容，根据功能和内容对页面进行布局设计。
2. 根据设计，提取共同版面内容制作模板页面。
3. 定义模板的可编辑区域。

4．使用模板制作网页。

三、评分方法

1．完成项目的所有功能。（40 分）
2．网页信息运用规范、正确、色彩搭配合理舒适。（40 分）
3．实训报告完整，有独到之处等。（20 分）

四、实训报告

要求如下：
1．总结所涉及网页制作技术。
2．网页主要设计思想描述。
3．实现过程及步骤。
4．设计中的收获。

实训项目七（b）

一、实训任务要求

根据图 7.17 所示网页进行表单设计。

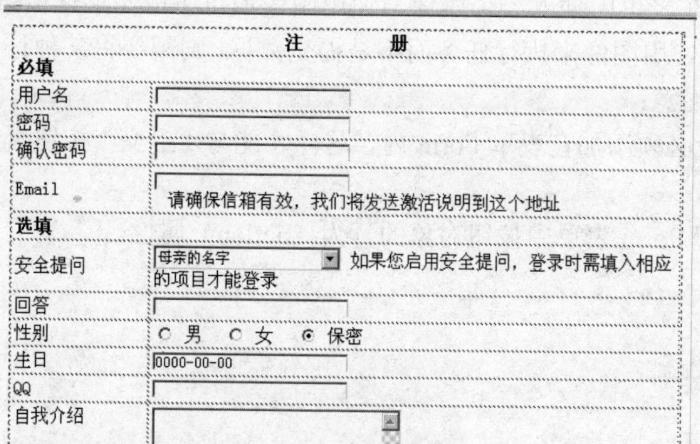

图 7.17 实训项目表单图示

在安全提问中，设置您的母亲、您的父亲、您的哥哥、您的姐姐等选项。

每页主题数和每页贴数中，可设置多个数字作为选项。

时间格式中，初始选中默认。

其他选项中，初始都为选中状态。

二、实训步骤和要求

按照顺序拖放表单元素到相应位置并设置其属性。

可以根据自己的设计进行颜色和背景色设置。

三、评分方法

1．完成了项目的所有功能。（40 分）

2．所显示效果能够很好地与页面内容结合。（40 分）

3．实训报告书。（20 分）

四、实训报告

要求如下：

1．总结关键技术问题。

2．设计的思路。

3．完成该项目有何收获。

4．论坛注册页面如图 7.17 所示。

8

JavaScript 交互效果设计

JavaScript 及其库应用，特别是近几年流行的 jQuery，已经成为 Web 项目开发中使用最为广泛的脚本编程语言，能够处理相当多的任务。它既可以应用于增强 HTML 的功能，实现页面动画、交互性和动态视觉效果，也可以应用在服务器端完成访问数据库和读取文件数据。但是，较多情况下常常用于网页动态信息控制、表单数据确认、创建互动界面等 Web 页面交互设计与特效。它更多偏向于 UI 的方式，效果上更能够吸引用户的眼球。从页面空间设计看，视觉效果比一般信息更加突出。

本章要帮助初学者熟悉 JavaScript 的点点滴滴，试图引导与已学的编程语言对比，既学习到基础知识，又能够设计出实实在在的页面效果。本章学习将通过完成 4 个任务来达到学习目标：

（1）显示日期时间并倒记时天数。

（2）树型目录的设计。

（3）设计可以隐藏于浏览器侧面的导航面板。

（4）跟随鼠标运动的蛇形文字。

8.1 日期时间对象 Date()

在网页上显示动态日期、时间是经常见到的效果，其实现技术就是 JavaScirpt 编程。在此基础上可以再增加判断是"上午"还是"下午"，并且给出分时间候，还有与日期有关的新年倒计时天数和特定人员的生日。

本项任务用到基本 JavaScirpt 编程，其设计过程将引导初学者渐渐步入 JavaScirpt 应用的大门。

关键知识点	能力要求
常用标签； JavaScirpt 程序结构及其基本语句； Date()对象	利用 Data()创建其实例； 掌握常用方法包括：getYear()获取年、getMonth()获取月份、getDate()获取日、getHours()获取时、getMinutes()获取分钟、getSeconds()获取秒数等； 学会用块对象<span>显示信息； 运用递归调用的定时器技术

<u>**8.1.1 任务：在页面内显示日期时间并倒记时天数**</u>

1．设计效果

完成任务后设计效果，如图 8.1 所示。

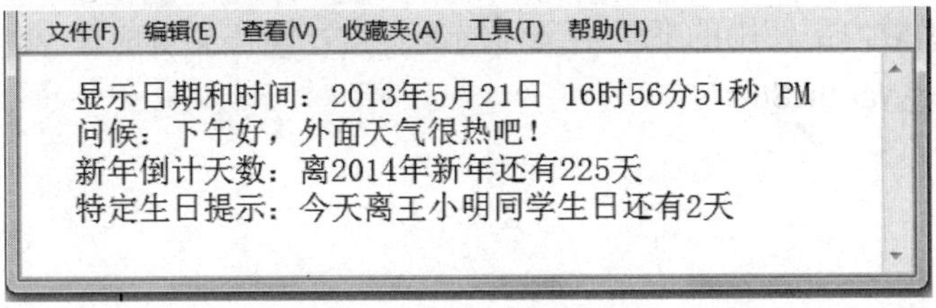

文件(F) 编辑(E) 查看(V) 收藏夹(A) 工具(T) 帮助(H)

显示日期和时间：2013年5月21日 16时56分51秒 PM
问候：下午好，外面天气很热吧！
新年倒计天数：离2014年新年还有225天
特定生日提示：今天离王小明同学生日还有2天

图 8.1 显示日期时间等效果

2．任务描述

在浏览器页面文字标题区显示标题：日期时间并倒记时天数提示，在网页上显示日期和时间：年月日、时分秒、AM 或 PM、分时段问候语、离新年还有多少天、王小明同学生日提示（5 月 23 日）。

其中分时段问候语包括：深夜好（21 点至 24 点）、凌晨好（0 点至 5 点）、早上好（5 点至 8 点）、上午好（8 点至 11 点）、中午好（11 点至 13 点）、下午好（13 点至 18 点）、晚上好（18 点至 21 点）。

新年倒计时即离新年还有多少天，王小明同学生日提示为在生日 5 月 23 日当天和提前 3 天都要显示恭贺生日的提示信息。

3．设计思路

关于日期和时间有关的显示信息，在技术上都与 JavaScript 中的 Date( )对象有关系。通过使用该对象来获取年、月、日、时、分、秒的值。有了时间就可以确定时间段，显示分时问候；有了年月日的时间点，就可以算出距新年的天数，以及特定日期的生日。

4．技术要点

（1）Date( )对象，是 JavaScript 内置对象。用于创建一个日期时间对象实例。通过 new 算符来获取该对象的实例。Date( )对象的方法包括：getYear( )获取年、getMonth( )获取月份、getDate( )获取日、getHours( )获取时、getMinutes( )获取分钟、getSeconds( )获取秒数等。其中 getMonth( )方法得到的值比实际月份值小 1，即实际月份数值要在此基础上加 1。

（2）在网页 HTML 程序结构中主体部分，即页面上定义块对象<span></span>，用来作为显示文字信息的地方。如：

```
<span id=DT style="left: 35px; position: absolute; top: 15px">
</span>
```

其中定义了 id=DT，以及其他属性。

（3）利用<span>显示信息时，要通过其属性 innerHTML 进行调用。如：

```
DT.innerHTML=theTime;
```

（4）通过利用 JavaScript 的递归函数 setTimeout()对调用函数进行不断刷新。如：

```
setTimeout("showTime( )",1000)
```

其中前一个参数为所调用函数，后面数字为刷新的时间间隔（单位毫秒）。

（5）最后，要对所定义的功能函数在网页加载时进行及时调用，才会随着网页的打开而显示所要显示的信息内容。如：

```
<body onload=showTime( )>
```

（6）注意在函数内部使用的变量定义为局部变量，即在变量前加 var 关键字，以便程序执行会更快些。如：var theStr=" "。

8.1.2　任务实现

1．首先编写页面 HTML5 程序代码的基本结构

HTML 代码编写如下：

```
<!doctype html >
<html>
<head>
<title>测试</title>
<meta http-equiv=content-type content="text/html; charset=gb2312">
<meta name="generator" content="editplus">
<meta name="liyuncheng" content="email:yunchengli@sina. com">
</head>
<body >

</body>
</html>
```

2．在页面内创建一个显示日期时间的块对象

在主体<body></body>部分，创建一个块对象<span></span>。编写代码：

```
<span id=DT style="left: 35px; position: absolute; top: 15px">
</span>
```

其中定义了 id、标签内部的样式属性 style 及其设定的值。

3．在<head></head>内编写脚本代码定义信息显示函数

人们使用 JavaScript 编程，是为了控制 HTML 网页上所显示信息或对象，所以 JavaScript 代码必须与 HTML 结合。在将 JavaScript 嵌入 HTML 网页时，必须使用<script>标签。使用<script>标签的一般格式为：

```
<script>
    JavaScript 程序代码
</script>
```

其中<script>是 HTML 中的一种扩展标签，JavaScript 代码写在标签内。浏览器通过标签才能够识别并解释其中的 JavaScript 代码。

编写脚本代码如下：

```
<script language=JavaScript>
 function showTime()
 {
//定义变量
var theStr="";
//创建 Date( )对象的实例 myTime
 var myTime=new Date();
```

 JavaScript 代码注释有两种：单行注释，用双反斜杠 "//" 来标记，后面文字为注释；多行注释，用 "/*" 和 "*/" 括起来标记，标记之间可以是一行或多行文字。

```
// 定义变量并获取值
 var year=myTime.getYear();
 var month=myTime.getMonth()+1;
 var date=myTime.getDate();
 var hours=myTime.getHours();
 var minutes=myTime.getMinutes();
 var seconds=myTime.getSeconds();
  //将要显示的日期赋值给变量 theStr
 theStr=year+"年"+month+"月"+date+"日";
//判断目前是上、下午
 var suf="AM";
 if(hours>12){   suf="PM";
            }
//将所有显示内容赋值给变量 theTime
theTime="显示日期和时间："+theStr+" "+hours+"时"+minutes+"分"+seconds+"秒 "+suf;
 //将显示内容赋值给块标签并在其中显示出来
 DT.innerHTML=theTime;
 //调用系统递归函数每隔 1000 毫秒刷新一次
 setTimeout("showTime()",1000);
 }
</script>
```

 在进行 JavaScript 程序设计时，JavaScript 程序可以嵌入在网页代码中的任何位置。通常是如下三种情况：<head></head>内；<body></body>内；单独保存为 js 文件在<body></body>中调用。

4．在主体标签中调用函数

程序代码编写如下：

```
<body onload=showTime( )>
<span id=DT style="left: 35px; position: absolute; top: 15px">
</span>
</body>
```

讲解 onload 是 JavaScript 事件处理器，用来调用一个函数加载信息。在用户进入页面时被触发。这里调用显示时间函数 showTime( )。

5. 网页完整 HTML 代码

（1）将前面几步的代码放在一起，完整代码如下：

```html
<!doctype html >
<html>
<head>
<title>测试</title>
<meta http-equiv=content-type content="text/html; charset=gb2312">
<meta name="generator" content="editplus">
<meta name="liyuncheng" content="emai:yunchengli@sina. com">
<script language=JavaScript>
 <!—
```

 说明 编写 JavaScript 代码时，可以考虑在不兼容的 Web 浏览器中把 JavaScript 代码隐藏起来。如果 HTML 文档包含嵌入 JavaScript 代码而不是调用一个外部 .js 源代码文件，那么不兼容的 Web 浏览器就会把代码当作标准的文本显示出来。因此，为了预防遇到不兼容的浏览器，应该将嵌入的 JavaScript 代码隐藏。具体做法是：把<Script>与</Script>标签之间的某些代码段，使用 HTML 的注释以"<!—"开始，以"-- >"结束，让所有位于注释标签之间的代码都不会被浏览器提交而显示，达到隐藏的目的。

```javascript
function showTime()
  {
 var theStr="";
//定义 Date()对象的实例 myTime
 var myTime=new Date();
// 利用对象方法获取相应值
 var year=myTime.getYear();
 var month=myTime.getMonth()+1;
 var date=myTime.getDate();
 var hours=myTime.getHours();
 var minutes=myTime.getMinutes();
 var seconds=myTime.getSeconds();
  //判断上下午
 var suf="AM";
 if(hours>12){  suf="PM";
            }
 theStr=year+"年"+month+"月"+date+"日";
 theTime=" 显示日期和时间: "+theStr+" "+hours+"时"+minutes+"分"+seconds+"秒"+suf;
 DT.innerHTML=theTime;
 setTimeout("showTime()",1000);
```

```
}
-->
</script>
</head>
<body onload=showTime()>
<span id=DT style="left: 35px; position: absolute; top: 15px">
</span>
</body>
</html>
```

（2）测试预览页面效果如图 8.2 所示。

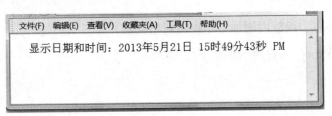

图 8.2　显示日期时间

6．在 showTime( )函数内增加分时问候代码

（1）编写分时问候代码如下：

```
//判断时间段
if(hours>5&&hours<=8){
                hourvalue="早上好，一天之际在于晨，又是美好的一天！";
                        }
else if(hours>8&&hours<=11){
                hourvalue="上午好，工作太忙要注意休息！";
                        }
else if(hours>11&&hours<=13){
                hourvalue="中午好，午饭时间了，想吃啥？";
                        }
else if(hours>13&&hours<=18){
                hourvalue="下午好，外面天气很热吧！";
                        }
else if(hours>18&&hours<=21){
                hourvalue="晚上好，工作一天了，要注意休息！";
                        }
else if(hours>21&&hours<=24){
                hourvalue="深夜好，要注意身体，该休息了！";
                        }
else  {
            hourvalue="凌晨好，现在是睡觉的好时段，请小声点不要打扰别人！";
                        }
```

其中将 24 小时划分为 7 个时间段。

（2）将变量 hourvalue 值添加到 theTime 变量后面

修改 theTime 变量代码如下：

```
theTime=" 显示日期和时间："+theStr+" "+hours+"时 "+minutes+"分 "+seconds+"秒
"+suf+"<br> 问候："+hourvalue;
```

（3）测试预览页面效果如图 8.3 所示。

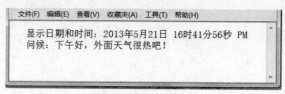

图 8.3　增加显示问候

7．在 showTime( )函数内增加显示距离新年天数

（1）在 showTime( )函数内增加如下代码：

```
//定义变量
var str=0;
var str3="";
//判断是否为新年当天
if(month==1&&date==1)
  { str3="今天是"+year+"年新年";
   }
else{ if (month!=1&&date!=1){
     //把今年当月之前已经过去天数相加
     for(i=1;i<month;i++){
          nowTime=new Date(year,i,0);
          str+=nowTime.getDate();
          }
  //再加上本月过去的天数
  str+=date;
  str3="离"+(year+1)+"年新年还有"+(366-str)+"天";
  }
}
```

（2）将变量 str3 值添加到 theTime 变量后面

修改 theTime 变量代码如下：

```
theTime=" 显示日期和时间："+theStr+" "+hours+"时 "+minutes+"分 "+seconds+"秒
"+suf+"<br> 问候："+hourvalue+"<br>新年倒计天数："+ str3;
```

（3）测试预览页面效果如图 8.4 所示。

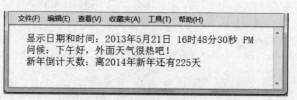

图 8.4　增加新年倒计天数

8．在 showTime( )函数内增加显示特定生日

（1）在 showTime( )函数内增加如下代码：

```
//定义变量
var bir=0;
var str4="";
//小明生日在 5 月 23 日
if(month==5){
              bir=23-date;
if(bir<=3 && bir>0){
            str4="今天离王小明同学生日还有"+bir+"天";
                }
 else if(bir==0){
        str4="今天是王小明同学生日,祝他生日快乐!!!";
              }
}
```

（2）将变量 str4 值添加到 theTime 变量后面，修改 theTime 变量代码如下：

```
theTime=" 显示日期和时间："+theStr+" "+hours+"时 "+minutes+"分 "+seconds+"秒
"+suf+"<br> 问候："+hourvalue+"<br> 新年倒计天数："+str3+"<br> 特定生日提示："+str4;
```

（3）测试预览页面效果如图 8.1 所示。

9．网页全部 HTML 及 JavaScript 代码

```
<!doctype html >
<html>
<head>
<title>测试</title>
<meta http-equiv=content-type content="text/html; charset=gb2312">
<meta name="generator" content="editplus">
<meta name="liyuncheng" content="emai:yunchengli@sina. com">
<script language=JavaScript>
 <!--
 function showTime()
 {
var theStr="";
//定义 Date()对象的实例 myTime
 var myTime=new Date();
//
 var year=myTime.getYear();
 var month=myTime.getMonth()+1;
 var date=myTime.getDate();
 var hours=myTime.getHours();
 var minutes=myTime.getMinutes();
 var seconds=myTime.getSeconds();
  //判断上下午
 var suf="AM";
 if(hours>12){   suf="PM";
                }
 theStr=year+"年"+month+"月"+date+"日";
  //判断时间段
 if(hours>5&&hours<=8){
       hourvalue="早上好，一天之际在于晨，又是美好的一天！ ";
             }
 else if(hours>8&&hours<=11){
       hourvalue="上午好，工作太忙要注意休息！ ";
             }
```

```
        else if(hours>11&&hours<=13){
              hourvalue="中午好，午饭时间了，想吃啥？";
            }
        else if(hours>13&&hours<=18){
              hourvalue="下午好，外面天气很热吧！";
              }
        else if(hours>18&&hours<=21){
              hourvalue="晚上好，工作一天了，要注意休息！";
              }
        else if(hours>21&&hours<=23){
              hourvalue="深夜好，要注意身体，该休息了！";
              }
        else  {
              hourvalue="凌晨好，现在是睡觉的好时段，请小声点不要打扰别人！";
              }
      //定义变量
      var str=0;
      var str3="";
      //判断是否为新年当天
      if(month==1&&date==1)
          { str3="今天是"+year+"年新年";
            }
      else{ if (month!=1&&date!=1){
            //把今年当月之前已经过去天数相加
            for(i=1;i<month;i++){
                  nowTime=new Date(year,i,0);
                  str+=nowTime.getDate();
                  }
          //再加上本月过去的天数
          str+=date;
          str3="离"+(year+1)+"年新年还有"+(366-str)+"天";
          }
      }
      //定义变量
      var bir=0;
      var str4="";
      //小明生日在 5 月 23 日
      if(month==5){
                  bir=23-date;
          if(bir<=3 && bir>0){
                  str4="今天离王小明同学生日还有"+bir+"天";
                    }
          else if(bir==0){
                  str4="今天是王小明同学生日,祝他生日快乐!!!";
                    }
      }
    theTime=" 显示日期和时间："+theStr+" "+hours+"时 "+minutes+"分 "+seconds+"秒
"+suf+"<br> 问候:
      "+hourvalue+"<br> 新年倒计天数："+str3+"<br> 特定生日提示："+str4;
    DT.innerHTML=theTime;
    setTimeout("showTime()",1000);
    }
    -->
</script>
</head>
<body onload=showTime()>
```

```
<span id=DT style="left: 35px; position: absolute; top: 15px">
</span>
</body>
</html>
```

10．小结：对象与方法

（1）对于 Date()对象的使用，一定要先获取对象的实例。例如：var myTime=new Date();
再利用该对象的方法获得当前的年、月、日等，如下代码：

```
var year=myTime.getYear();
var month=myTime.getMonth()+1;
var date=myTime.getDate();
var hours=myTime.getHours();
var minutes=myTime.getMinutes();
var seconds=myTime.getSeconds();
```

（2）将获取的数据赋值给变量，以便于在特定块中显示出来。例如：

```
theStr=year+"年"+month+"月"+date+"日";
```

其中显示在页面上的文字要用引号引起来，并且使用连字符"+"将数据与字符串连接起来。

（3）将要显示的变量中的数据赋值给块对象的 innerHTML 属性，让其在块中显示出来。
如 DT.innerHTML=theTime，其中 DT 是块对象的 id 值。

8.1.3　任务拓展：在页面上显示时间和中文日期

在 8.1.1 节任务的基础上对显示信息做出如下改变，要求：

（1）显示日期用中文数字，如二零零八年八月八日。

（2）将时钟显示格式改为时分秒数字总是双位数，即单位数字前添加"0"。

完成任务后设计效果，如图 8.5 所示。

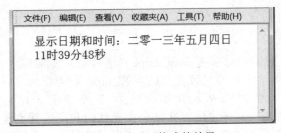

图 8.5　更改显示格式的效果

编写程序代码：

```
<!doctype html >
<html><head><title>测试</title>
<meta http-equiv=content-type content="text/html; charset=gb2312">
<meta content="mshtml 6.00.2900.3492" name=generator>
<meta content="" name=author>
<meta content="" name=keywords>
<meta content="" name=description>
<script language=JavaScript>
<!--
function showTime()
{
```

```
   var  myTime=new Date();
   var daArray=new Array("零","一","二","三","四","五","六","七","八","九");
```

解释　Array( )是内置对象，用来创建一个数组。声明一个数组有三种方法。如 var arrayName =new Array()，定义一个长度不确定的数组，然后定义一个确定的数组元素 arrayName[9]= " "。var arrayName=new Array（10），定义一个固定长度的数组，然后再定义具体的数组元素值。var animal=new Array("tiger", "monkey", "horse")，创建数组对象的同时对每一个数组元素赋值。Array 数组对象的主要属性和方法：length 属性，用于获取和修改数组元素的个数。concat( )方法，将传送的参数值增加到当前数组的后面。

```
   var  theStr="";
   var  year=myTime.getYear();
   var  month=myTime.getMonth()+1;
   var  date=myTime.getDate();
   var  hours=myTime.getHours();
   var minutes=myTime.getMinutes();
   var seconds=myTime.getSeconds();
   //数字为仅有单数字时前面补 0
  if(hours<10)
  hours="0"+hours;
  if(minutes<10)
   minutes="0"+minutes;
  if(seconds<10)
   seconds="0"+seconds;

  //将年转换为中文
  for(i=0;i<4;i++){
  theStr+= daArray [(String(year).charAt(i))];
         }
  theStr+="年";
```

解释　字符串 String()对象是 JavaScript 内置对象。其常用方法包括：charAt(index)方法，用于返回指定位置处的字符。index 为查找字符位置参数，其值为整数索引，0 对应从左开始数的第 1 个字符，n 对应第 n-1 个字符。indexOf(character)方法，它包含要查找的指定字符参量，用于在字符串中查找指定字符，并返回指定字符在字符串中的起始位置。返回值为数字。为 0，即第 1 个字符；为-1，即没有找到。lastIndexOf (character)方法，与 indexOf( )类似，只是查找方向从右到左。Substring (startNum, endNum)方法，用于从字符串中截取指定位置之间的子字符串。startNum 为起始位置数字，endNum 为结束位置数字。String()对象的属性 length，用于确定字符串的字符个数长度。

```
  //将月份转换为正文
  if (month<10)
     theStr+= daArray[String(month)];
   else if (month>10)
```

```
    theStr +="十"+daArray[String(month).charAt(1)];
 else
    theStr+="十";
theStr+="月";
```

 说明　String(month)，即利用 String( )对象将变量 month 中的数字转换为字符。

```
//将日转换为正文
if (date<10)
    theStr+= daArray[String(date)];
else if (date<20)
theStr+="十"+ daArray[String(date).charAt(1)];
else if (date<30){
    if (date==20) theStr+="二十";
else  theStr+="二十"+ daArray[String(date).charAt(1)];
}
else if (date>30)
  theStr+="三十"+ daArray[String(date).charAt(1)];
else  theStr+="三十";
theStr+="日";
theTime=" 显示日期和时间: "+theStr+" "+hours+"时"+minutes+"分"+seconds+"秒 ";
 DT.innerHTML=theTime;
 setTimeout("showTime()",1000);
 }
 -->
</script>
</head>
<body onload=showTime()>
<span id=DT style="LEFT: 35px; POSITION: absolute; TOP: 15px">
</span>
</body>
</html>
```

 说明　程序代码中使用了字符串对象的 charAt()方法，用于返回指定位置处的字符。它包含查找字符位置参数 index，其值为整数索引，0 对应从左开始数的第 1 个字符，n 对应第 n-1 个字符。

　　本项任务作为网页交互设计的第一个，学习之后一定要清楚地理解 JavaScript 程序，是由程序段标记<script></script>构成，该程序段必须与 HTML 结合，才能够发挥作用。事实上，它可以嵌入在 HTML 的任何地方，但通常习惯于放在<head></head>和<body></body>标记部分内。

　　希望学习 JavaScript 编程时，能够与熟悉的程序设计语言对比起来理解和掌握。以便为接下来学习 jQuery 技术打好基础。

8.2　树型目录设计

在网页交互设计中，树型目录是应用非常普遍的导航形式。类似于垂直方向的下拉菜单，在功能上也有相同之处。

关键知识点	能力要求
表格及其属性运用； 层及其属性运用； 文字与图片在层和表格中的显示属性；	会创建 Div，并对属性进行控制； 创建表格并对属性进行控制； 使特定 Div、表格隐藏或显示技术； 理解并掌握程序对页面对象操作技术

8.2.1　任务：树型目录导航设计

1．设计效果

完成任务后设计效果如图 8.6 所示，页面中显示有两级目录结构。

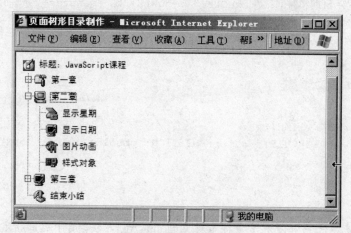

图 8.6　页面树型目录

2．任务描述

在网页树型目录结构中有二级目录，其中第一章、第二章和第三章为一级，单击时会展开或收缩内部的二级子项。第一章的子项包括：语言介绍、语言基础和对象讲解，第二章的子项包括：显示星期、显示日期、图片动画和样式对象，第三章的子项包括：结束小结。每个子项都设置有链接页面。

3．设计思路

树型目录由根目录及其下面的一级目录和二级目录构成。设计中要完成如下两个任务：

展开二级目录和折叠二级目录。展开和折叠都涉及下面的目录位置发生变化。前一个任务通过设置层对象的 visibility 属性实现，后个一任务通过改变层对象的 top 属性值实现。为了完成任务务必建立几个对应关系：一级目录所在层与其二级目录所在层的对应关系；一级目录所在层与其图标的对应关系；所有一级目录的先后顺序关系。本例中将采用以包含数值的字符串来标记元素的方法来建立前面的三种关系。例如一级目录所在层的标识设置为 lay1、lay2、…、lay8，其二级目录对应 lay1Sub、lay2Sub、…、lay8Sub；而一级目录图标则采用一级目录标识加 Img 进行标识。

其实，每一项的展开和收缩就是控制层对象的 visibility 在特定条件下显示或隐藏。

4．技术要点

（1）style（样式）对象：每个标签元素都有 style 属性，它可以作为对象进行访问。该属性值决定文档的各种格式。style 对象的 top 属性：垂直位置的坐标。例如：<div style="top":200>；style 对象的 visibility 属性：元素可见性，可以是 visible、hidden、inhert，分别是可见、隐藏和继承父元素。

（2）Div 对象的 clientHeight 属性：块对象的高度。例如 div_element. clientHeight =height_value。

（3）document 对象的 getElementById()方法：通过页面中元素的 id 属性来定位元素或选中元素。

（4）document 对象的 images[id]数组：页面中所有<img>元素组成的数组，访问该元素。例如 document.images[id].src=图片路径和文件名，用于改变图片。

（5）JavaScript 的全局函数 parseFloat()方法和 parseInt()方法。前者将参数提取为一个浮点数值，后者是将其参数值转为整数。

8.2.2　任务实现

1．在页面主体部分创建 Div 对象

（1）首先创建一个 Div 对象，作为显示各个选项的容器。

```html
<body>
<!-- 页面上创建div 作为容器-->
<div id='parentLay'>

</div>
<!--lay end-->
</body>
```

（2）接着，分别创建 Div 对象显示标题和主选项，最后在各主选项下添加层对象显示其子选项。

```html
<!-用于显示标题的div -->
<div id='lay0' style="position:absolute;top:24px">
<table cellspacing=0 cellpadding=0>
<tr>
```

```
<td width=16 height=16><img src="title.gif"></td><td> 标题: JavaScript
课程</td>
</tr>
</table>
</div>
```

（3）在页面上显示树型目录内容时，其主选项所在层对象的 visibility:visible 都设置为可见。例如，第 1 个主选项代码为：

```
<div id='lay1' style="position:absolute;top:42px;visibility:visible">
<table cellspacing=0 cellpadding=0>
<tr>
<td><img id="lay1picture" src="add.gif"></td><td><img src= "f1.gif"></td>
<td>  <a href="JavaScript:moveSub(1)">第一章</a></td>
</tr>
</table>
</div>
```

类似地定义其他主选项的显示。参见完整程序代码部分。

（4）第一章下的内容子选项，对应层对象的 visibility: hidden 初始值都为隐藏。例如：

```
<!--lay1_sub begin 显示第一章下具体内容及其链接-->
<div id='lay1Sub' style="position:absolute;top:0px;visibility:hidden">
<table cellspacing=0 cellpadding=0>
<tr>
<td height=16px><img src='line1.gif'></td><td><img src= 'line2.gif'></td>
<td><img src='f11.gif'></td><td> 
    <a href ="1001.html" target= "right">语言介绍</a></td>
</tr>
<tr>
<td height=16px><img src='line1.gif'></td><td><img src='line2. gif'></td>
<td><img src='f12.gif'></td><td> 
    <a href="1002. html " target="right">语言基础</a></td>
</tr>
<tr>
<td height=16px><img src='line1.gif'></td><td><img src='line2. gif'></td>
<td><img src='f13.gif'></td><td> 
    <a href="1003. html " target="right">对象讲解</a></td>
</tr>
</table>
</div>
<!--lay1_sub end-->
```

类似地定义其他子项的显示。

2. 编写程序代码控制树型目录展开和缩进

（1）如果该主项没有展开时，则设置其子项层对象为显示，并且子项对应层对象 top，应该是没单击前下一个项对应层对象 top 值。即：

```
document.getElementById(clickDivSub).style.top=document.getElementById(bel
owDiv).style.top;
```

此时，下面各项对应层对象的位置要向下移动，移动的距离为所展开子项层对象的高度

clientHeight。就是说，新的 top 为原来 top+被单击项的子项对应层对象高度 clientHeight。即：

```
document.getElementById(belowDiv).style.top=parseInt(document.getElementBy
Id(belowDiv).style.top)
    +document.getElementById(clickDivSub).clientHeight;
```

（2）如果该主项已经展开，则设置其子项层对象为隐藏，并且下面选项及其子项对应
层对象要向上移动。应该是没单击前对应层对象 top 值减去隐藏子项层对象的高度
clientHeight。即：

```
document.getElementById(belowDiv).style.top=parseInt(document.getElementBy
Id(belowDiv).style.top)
    -document.getElementById(clickDivSub).clientHeight;
```

（3）最后一个选择项，由于没有展开项一定要单独处理，否则程序会出错。

```
document.getElementById('lay4').style.top=parseInt(document.getElementById
('lay4').style.top)
    -document.getElementById(clickDivSub).clientHeight;
```

3．完整程序代码

编写程序时注意有效地利用每个层对象的 id 以便控制其位置及显示或隐藏：

```
<!doctype html >
<html>
<head>
    <title>页面树型目录制作</title>
<meta name="generator" content="editplus">
<meta name="liyuncheng" content="emai:yunchengli@sina. com">
</head>
<style>
   body {font-size:9pt;font-family:'黑体'}
   table {font-size:9pt;font-family:'黑体'}
    td {align:left;valign:middle;height:16px}
   img {vertical-align:middle}
    a {text-decoration:none;color:black}
</style>
<script language="JavaScript">
function moveSub(index)
{
//被单击项层对象的id
var clickDiv="lay"+index;
//被单击项子项层对象id
var clickDivSub;
//被单击项对应的图片id
var clickDivImg=clickDiv+"picture";
//当前项对应图片的 src 属性,用于获得显示图片.
var theImgSrc=document.images[clickDivImg].src;
//被单击项下面的项和子项对应层对象的id
var belowDiv,belowSub;
if(theImgSrc.indexOf("add.gif")>0)
    {
```

```
            document.images[clickDivImg].src="jian.gif";
            //被单击项的子项对应层对象的 id
        clickDivSub="lay"+index+"Sub";
        //被单击项下面的项对应层对象的 id
            belowDiv="lay"+(index+1);
        //被单击项的子项对应层对象 top 应该是下一个项对应层对象 top 值
            document.getElementById(clickDivSub).style.top=document.getElementById
(belowDiv).style.top;
        //设定被单击项的子项对应层对象为可见属性
        document.getElementById(clickDivSub).style.visibility='visible';
        //设定被单击项下面的项对应层对象的位置 top
        for(var i=1;i<4-index;i++) //注意下面项个数为 4-index
          {
        //注意，在应用循环时，层 theLay2Sub,theLay3Sub....theLay4Sub 必须都存在，否则程序出错
        //每个层都必须指定 top 属性，否则程序将出错
        belowDiv="lay"+(index+i);
        //被单击项下面的项对应层对象的 top 为：原来 top+被单击项的子项对应层对象高度 clientHeight
        document.getElementById(belowDiv).style.top=parseInt(document.get-
ElementById(belowDiv).style.top)
            +document.getElementById(clickDivSub).clientHeight;
        //被单击项下面项的子项对应层对象的 id
        belowSub=belowDiv+"Sub";
        //被单击项下面项的子项对应层对象的 top 为：原来子项 top+被单击项的子项对应层对象高度
        //clientHeight
            document.getElementById(belowSub).style.top=parseInt(document.get-
ElementById(belowSub).style.top)
            +document.getElementById(clickDivSub).clientHeight;
          }
        //第 4 项单独设定
            document.getElementById('lay4').style.top=parseInt(document.get-
ElementById('lay4').style.top)
            +document.getElementById(clickDivSub).clientHeight;
          }
      else if(theImgSrc.indexOf("jian.gif")>0)
        {
          document.images[clickDivImg].src="add.gif";
          clickDivSub="lay"+index+"Sub";
          belowDiv="lay"+(index+1);
          document.getElementById(clickDivSub).style.visibility='hidden';
      for(var i=1;i<4-index;i++)
      {
        belowDiv="lay"+(index+i);
            document.getElementById(belowDiv).style.top=parseInt(document.get-
ElementById(belowDiv).style.top)
            -document.getElementById(clickDivSub).clientHeight;
        belowSub=belowDiv+"Sub";
            document.getElementById(belowSub).style.top=parseInt(document.get-
ElementById(belowSub).style.top)
```

```
                 -document.getElementById(clickDivSub).clientHeight;
        }
            document.getElementById('lay4').style.top=parseInt(document.get-
ElementById('lay4').style.top)
            -document.getElementById(clickDivSub).clientHeight;
    }
    }
    </script>
    <body>
    <!—首先要在页面上创建 div 作为容器-->
    <div id='parentLay'>
    <!—用于显示标题的 div -->
    <div id='lay0' style="position:absolute;top:24px">
    <table cellspacing=0 cellpadding=0>
    <tr>
    <td width=16 height=16><img src="title.gif"></td><td> 标题：JavaScript
课程</td>
    </tr>
    </table>
    </div>
    <!--lay1 begin 显示第一章及其链接效果-->
    <div id='lay1' style="position:absolute;top:42px;visibility:visible">
    <table cellspacing=0 cellpadding=0>
    <tr>
    <td><img id="lay1picture" src="add.gif"></td><td><img src="f1.gif"></td>
    <td> <a href ="JavaScript:moveSub（1）">第一章</a></td>
    </tr>
    </table>
    </div>
    <!--lay1 end-->
    <!--lay1_sub begin 显示第一章下具体内容及其链接-->
    <div id='lay1Sub' style="position:absolute;top:0px;visibility:hidden">
    <table cellspacing=0 cellpadding=0>
    <tr>
    <td height=16px><img src='line1.gif'></td><td><img src= 'line2.gif'></td>
    <td><img src='f11.gif'></td><td> < ahref =" 1001.html" target= "right">
语言介绍</a></td>
    </tr>
    <tr>
    <td height=16px><img src='line1.gif'></td><td><img src='line2. gif'></td>
    <td><img src='f12.gif'></td><td> <a href="1002. html " target="right">
语言基础</a></td>
    </tr>
    <tr>
    <td height=16px><img src='line1.gif'></td><td><img src='line2. gif'></td>
    <td><img src='f13.gif'></td><td> <a href="1003. html " target="right">
对象讲解</a></td>
    </tr>
```

```
    </table>
    </div>
    <!--lay1_sub end-->
    <!--lay2 begin 显示第二章及其链接效果-->
    <div id='lay2' style="position:absolute;top:64px">
    <table cellspacing=0 cellpadding=0>
    <tr>
    <td><img id="lay2picture" src="add.gif"></td><td><img src="f2. gif "></td>
    <td> <a href="JavaScript:moveSub（2）">第二章</a></td>
    </tr>
    </table>
    </div>
    <!--lay2 end-->
    <!--lay2_sub begin 显示第二章下具体内容及其链接-->
    <div id='lay2Sub' style="position:absolute;top:0px;visibility: hidden">
    <table cellspacing=0 cellpadding=0>
    <tr>
    <td height=16px><img src='line1.gif'></td><td><img src='line2. gif'> </td>
    <td><img src='f21.gif'></td><td> <a href="2001. html" target="right">
显示星期</a></td>
    </tr>
    <tr>
    <td height=16px><img src='line1.gif'></td><td><img src='line2. gif'></td>
    <td><img src='f12.gif'></td><td> <a href="2002. html " target="right">
显示日期</a></td>
    </tr>
    <tr>
    <td height=16px><img src='line1.gif'></td><td><img src='line2. gif'></td>
    <td><img src ='f13.gif'></td><td> <a href="2003. html" target="right">
图片动画</a></td>
    </tr>
    <tr>
    <td height=16px><img src='line1.gif'></td><td><img src='line2. gif'></td>
    <td><img src='f24.gif'></td><td> <a href="2004. html" target="right">
样式对象</a></td>
    </tr>
    </table>
    </div>
    <!--lay3 begin 显示第三章及其链接效果-->
    <div id='lay3' style="position:absolute;top:86px">
    <table cellspacing=0 cellpadding=0>
    <tr>
    <td><img id="lay3picture" src="add.gif"></td><td><img src=" f12.gif"></td>
    <td> <a href="JavaScript:moveSub（3）">第三章</a></td>
    </tr>
    </table>
    </div>
    <!--lay3_sub begin 显示第三章下具体内容及其链接-->
```

```
<div id='lay3Sub' style="position:absolute;top:0px;visibility: hidden">
<table cellspacing=0 cellpadding=0>
<tr>
<td height=16px><img src='line1.gif'></td><td><img src='line2. gif'></td>
<td><img src='f21.gif'></td><td> <a href="3001. html" target="right">
状态栏目</a></td>
</tr>
<tr>
<td height=16px><img src='line1.gif'></td><td><img src='line2. gif'></td>
<td><img src='f13.gif'></td><td> <a href="3002. html" target="right">
标题栏目</a></td>
</tr>
</table>
</div>
<!--lay3_sub end-->
<!--lay4 begin 显示结束小结及其链接-->
<div id='lay4' style="position:absolute;top:108px">
<table cellspacing=0 cellpadding=0>
<tr>
<td><img id="lay4picture" src="line3.gif"></td><td><img src="f4. gif"></td>
<td> 
<a href="8001.html" target="right">结束小结</a></td>
</tr>
</table>
</div>
<!--lay4 end-->
</div>
<!--lay end-->
</body>
</html>
```

8.2.3　任务拓展：单纯利用表格设计树型目录

对 8.2.1 节的任务在技术方面进行扩展，使用表格技术来设计多级树型目录。完成任务后网页文档区域显示的树型目录，如图 8.7 所示。

图 8.7　使用表格设计多级树型目录

　　设计思路其实很简单，将各级树型目录内容放在表格内，现在即可通过控制单元格的显示或隐藏，来实现目录的展开和收缩。

　　所涉及的技术包括：

　　（1）定义表格样式的 display 属性，控制其显示和隐藏。display 设置为 none，则单元格隐藏；为 block 则显示。

　　（2）用 evel()函数实现对表达式的运算。如：menuId=evel("menu"+theId)。

完整程序代码：

```
<!doctype html >
<html>
<head>
<title>网页中选项菜单多级树型目录</title>
<meta name="generator" content="editplus">
<meta name="liyuncheng" content="emai:yunchengli@ sina .com">
<style>
  td{text-align:left;font-size:9pt}
   a{text-decoration:none}
</style>
</head>
<Script Language="JavaScript">
<!--
function ShowSub(theId)
{
  menuId = eval("menu" + theId);
  if (menuId.style.display == "none")
  { menuId.style.display = "block";
  }
  else
  { menuId.style.display = "none";
  }
}
-->
</Script>
<body>
<!--首先要在页面上创建表格并显示或隐藏有关文字 -->
<table>
<!--主目录1-->
<tr>
<td colspan=2><img src="foldericon.gif" WIDTH="16" HEIGHT="16 ">
<a href="javascript:ShowSub('0')">JavaScript 课程</a></td></tr>
<!--主目录1 下的 1 级子目录1-->
<tr id='menu0' style="display:none">
<td width='13px' background='line1.gif'></td>
   <!--缩进-->
   <td><table>
   <!--2 级子目录0_01-->
   <tr><td colspan=2><img src="foldericon.gif" WIDTH="16" HEIGHT = "16">
```

```html
<a href="javascript:ShowSub('0_01')">语言基础</td></tr>
<tr id='menu0_01' style="display:none">
<!--缩进-->
 <td width='13px' background='line2.gif'></td>
<td><table>
<!--3 级子目录 0_01_01-->
<tr><td colspan=2><img src="fold.gif" WIDTH="16" HEIGHT ="16">
      <a href="1101.htm" target="right">语言介绍</td></tr>
<!--3 级子目录 0_01_02-->
<tr><td colspan=2><img  src="fold.gif" WIDTH="16" HEIGHT ="16">
      <a href="1102.htm" target="right">数据类型</td> </tr>
<!--3 级子目录 0_01_03-->
<tr><td colspan=2><img  src="fold.gif" WIDTH="16" HEIGHT="16">
      <a href="1103.htm" target="right">内置对象</td> </tr>
</table></td>
</tr>
<!--2 级子目录 0_02-->
<tr><td colspan=2><img src="foldericon.gif" WIDTH="16" HEIGHT="16">
      <a href="javascript:ShowSub('0_02')">网页特效</td></tr>
<tr id='menu0_02' style="display:none">
 <!--缩进-->
<td width='13px' background='line3.gif'></td>
<td><table>
<!--3 级子目录 0_02_01-->
<tr><td colspan=2><img src="fold.gif" WIDTH="16" HEIGHT ="16">
      <a href="1201.htm" target="right">时间应用</td></tr>
<!--3 级子目录 0_02_02-->
<tr><td colspan=2><img  src="fold.gif" WIDTH="16" HEIGHT ="16">
      <a href="1202.htm" target="right">动态文字</td></tr>
<!--3 级子目录 0_02_03-->
<tr><td colspan=2><img  src="fold.gif" WIDTH="16" HEIGHT ="16">
      <a href="1203.htm" target="right">网页菜单</td>
         </tr>
</table></td>
</tr>
</table>
 </td>
</tr>
<!--主目录 2-->
<tr>
<td colspan=2><img  src="foldericon.gif" WIDTH="16" HEIGHT= "16">
<a href="javascript:ShowSub('1')">相关问题</a></td>
</tr>
 <!--主目录 2 下->1 级子目录 1-->
<tr id='menu1' style="display:none">
     <!--缩进-->
  <td width='13px' background='line3.gif'></td>
  <td><table>
```

```
        <!--2级子目录1_01-->
        <tr><td colspan=2><img src="fold.gif" WIDTH="16" HEIGHT= "16">
    <a href="2101.htm" target="right">客户端应用</td></tr>
        <!--2级子目录1_02-->
      <tr><td colspan=2><img src="fold.gif" WIDTH="16" HEIGHT="16">
    <a href="2102.htm" target="right">服务器端应用</td></tr>
      </table>
      </td>
</tr>
</table>
</body>
</html>
```

前面运用两种技术和方法制作了树型目录。从程序结构和难易程度方面来看，后者更简洁易懂，但从效果方面来看似乎前者更流畅些。在网页交互型设计方面，即使是树型目录效果，也还有其他很多方法和技术可实现。从技术发展角度讲，目前利用 CSS 技术设计树型目录或弹出菜单的效果比较多，视觉效果也更好些。

通常，在网页中应用树型目录时，都要使用一个框架结构页面，中文网站习惯在框架的左侧显示树型目录页面，而在右侧显示具体链接内容页面。

8.3　隐藏的浮动导航面板

浮动导航面板在网站中时常见到，主要作用在于既起到了导航的功能又可以节省有限的页面空间。在页面上有导航条或导航下拉菜单并且内容已经很多的情况下，考虑浮动导航面板是一种选择，使用的同时又会给用户带来视觉效果的变化。

关键知识点	能力要求
表格及其属性； 层及其属性； 文字在层和表格中显示属性	获取层位置进行控制； 掌握使层隐藏收缩或显示技术； 理解并掌握程序对页面对象进行控制技术

8.3.1　任务：设计可以隐藏于浏览器侧面的导航面板

1. 设计效果

完成任务后设计效果如图 8.8 所示。在网页文档区域显示浮动导航效果，当鼠标指向面板时菜单伸出来，选择后或鼠标移开则菜单收缩回去。

2. 任务描述

在网页文档区域显示浮动导航效果，当鼠标指向面板时菜单伸出来，单击选项后或鼠标移开则菜单收缩回去。浮动导航面板中上端和右侧各有一个标题：导航选项、浮动菜单。选项包括：新浪网站、网易网站、雅虎网站和深职院网站。

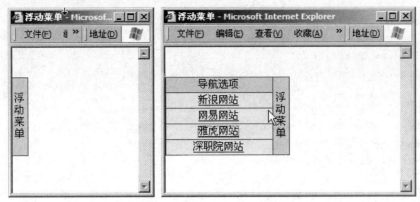

图 8.8　网页显示浮动导航效果

3．设计思路

首先想到要用层标记，并调用鼠标事件 onmouseOver 和 onmouseOut。

接着，控制层的显示位置。收缩就是左坐标设置为负值，弹出就是左坐标位置右移。使用对象的 pixelLeft 属性，获取该对象的位置。获取值时用到 typeof(x)方法。

8.3.2　任务实现

1．在<head></head>标记内编写 JS 代码添加显示网页的导航面板内容

（1）先定义初始变量（参见完整代码部分），添加菜单前面部分：

```
function addMenuHeader(){
    content = "<div id='floatMenu'";
    content +="style='position:absolute;left:0;top:"+menu_top+";";
    content +="z_index:50;width:"+eval(menu_width+20+2)+"'";
    content +=" onmouseover='moveOut()' onmouseout='moveBack ( )'>";
    content +="<table width='100%' cellpadding='0' cellspacing='1' bgcolor=
'#555555'>";
    content +="<tr height='20'>";
    content +="<td bgcolor='#eeffff' width='"+menu_width+"'>";
    content +="菜单项</td>";
    content +="<td bgcolor='#c0edcc' rowspan=50 width='"+eval(show_ width
+2)+"'>";
    content +="大<br>学<br>链<br>接";
    content +="</td></tr>";
    document.write(content);
}
```

（2）添加菜单尾部内容：

```
function addMenuFoot(){
    content = "</table></div>";
```

```
        document.write(content);
    }
```

（3）添加菜单项内容，定义添加菜单的函数并设置 3 个参数：

```
function addItem(text,url,target){
    if(!target||target=='')
    { target="_blank";
    }
    content = "<tr height='20px'><td bgcolor='#eeeeff'>";
    content +="<a href='"+url+"' target='"+target+"'>"+text;
    content +="</a></td></tr>";
    document.write(content);
}
```

（4）定义菜单移出显示函数、菜单移回左侧隐藏函数。这里定义了两种移入移出方式：

```
function moveOut(){
    if(move_mode=='smooth')
    { moveOutSmooth();
    }
    else  { moveOutSkip();
    }
}
function moveBack(){
    if(move_mode=='smooth')
        { moveBackSmooth();
        }
    else   {   moveBackSkip();
        }
}
//平滑移出,即多步移出
function moveOutSmooth(){
    //使用 style.left 属性,要通过 parseInt()方法取数值
    now_pos = parseInt(document.getElementById('floatMenu').style. left);
    if(window.movingBack)
        { clearTimeout(movingBack);    //停止移入动作
        }
    //判断是否完全移出
    if(now_pos < 0)
        { //得到当前位置与目标位置之间的距离 dx
        dx = 0-now_pos;
        //根据 dx 的值决定每步移动多少距离
    if(dx>30)
    document.getElementById('floatMenu').style.left = now_pos+5;
    else if(dx>10)
    document.getElementById('floatMenu').style.left = now_pos+2;
    else
    document.getElementById('floatMenu').style.left = now_pos+1;
    movingOut = setTimeout("moveOutSmooth()",5);
        }
```

```
    else {   clearTimeout(window.movingOut);      //移到位后，停止移出
        }
}
//跳跃式移出,即一步移到位
function moveOutSkip()
{   //采用 style.pixelLeft 属性,直接和数值进行比较，不需要采用 parseInt()方法
    if(document.getElementById('floatMenu').style.pixelLeft<0)
    document.getElementById('floatMenu').style.pixelLeft = 0;
}
//平滑移入,即多步移入
function moveBackSmooth(){
    if(window.movingOut)
        {clearTimeout(movingOut);       //停止移出动作
        }
    //判断是否隐藏到位
    if(document.getElementById('floatMenu').style.pixelLeft>eval
(0-menu_width))
    {//得到当前位置与目标位置的距离 dx
     dx = document.getElementById('floatMenu').style.pixelLeft-eval(0-menu_
width);
    //根据距离 dx 的大小,决定每步移动多大距离
    if(dx>30)
        document.getElementById('floatMenu').style.pixelLeft -=5;
    else if(dx>10)
        document.getElementById('floatMenu').style.pixelLeft -=2;
    else
    document.getElementById('floatMenu').style.pixelLeft -=1;
    movingBack = setTimeout("moveBackSmooth()",5);
    }
    else  { clearTimeout(window.movingBack);    //移到位后,停止移入
        }
}
//跳跃式移入,即一步移到位
function moveBackSkip(){
 if(document.getElementById('floatMenu').style.pixelLeft>eval(0-
menu_width))
    document.getElementById('floatMenu').style.pixelLeft = eval(0- menu_width);
}
```

2．定义显示面板功能的初始化函数

```
//初始化
function init(){
    addMenuHeader();
    //根据需要,通过 addItem()添加多个菜单项
    addItem("新浪网站","http://www.sina.com","_blank");
    addItem("网易网站","http://www.163.com","_blank");
    addItem("雅虎中国","http://www.yahoo.com.cn","_blank");
```

```
   addItem("深职院网","http://www.szpt.edu.cn","_blank");
   addMenuFoot();
   //设置菜单初始位置
document.getElementById('floatMenu').style.left = - menu_width;
document.getElementById('floatMenu').style.visibility = 'visible';
}
```

3．在主体部分调用 JS 初始化函数实现最后效果

```
<script language=javascript>
<!--
init();
-->
</script>
```

4．调试程序代码

完整程序代码：

```
<!doctype html >
<html>
<head><title>hidable float menu</title>
<meta http-equiv=content-type content=text/html;charset=gb2312>
 <meta name="liyuncheng" content="emai:yunchengli@sina.com">
<style>
  td {  font-size: 14px; color: black; font-family: '宋体'; text-align: center
    }
  a {  color: black
    }
</style>
<script language=javascript>
<!--
var menu_width = 150;        //菜单宽度
var show_width = 20;
var menu_top = 40;           //菜单垂直方向坐标
var move_mode = 'smooth';    //平滑移动模式
//var move_mode = 'skip';    //跳跃移动模式
//动态地使用程序添加菜单前面部分
function addMenuHeader(){
   content = "<div id='floatMenu'";
   content +="style='position:absolute;left:0;top:"+menu_top+";";
   content +="z_index:50;width:"+eval(menu_width+20+2)+"'";
   content +=" onmouseover='moveOut()' onmouseout='moveBack ( )'>";
   content +="<table width='100%' cellpadding='0' cellspacing='1' bgcolor=
'#555555'>";
   content +="<tr height='20'>";
   content +="<td bgcolor='#eeffff' width='"+menu_width+"'>";
   content +="菜单项</td>";
   content +="<td bgcolor='#c0edcc' rowspan=50 width='"+eval(show_ width +2)
+"'>";
```

```
      content +="大<br>学<br>链<br>接";
      content +="</td></tr>";
      document.write(content);
}
//添加菜单下部内容
function addMenuFoot(){
      content = "</table></div>";
      document.write(content);
}
//添加菜单项
function addItem(text,url,target){
      if(!target||target=='')
      { target="_blank";
      }
      content = "<tr height='20px'><td bgcolor='#eeeeff'>";
      content +="<a href='"+url+"' target='"+target+"'>"+text;
      content +="</a></td></tr>";
      document.write(content);
}
function moveOut(){
      if(move_mode=='smooth')
      { moveOutSmooth();
      }
      else    { moveOutSkip();
      }
}
function moveBack(){
      if(move_mode=='smooth')
         { moveBackSmooth();
          }
      else    {    moveBackSkip();
          }
}//平滑移出,即多步移出
function moveOutSmooth(){
      //使用 style.left 属性,要通过 parseInt()方法取数值
      now_pos = parseInt(document.getElementById('floatMenu').style. left);
      if(window.movingBack)
         { clearTimeout(movingBack);    //停止移入动作
          }
      //判断是否完全移出
      if(now_pos < 0)
         { //得到当前位置与目标位置之间的距离 dx
           dx = 0-now_pos;
           //根据 dx 的值决定每步移动多少距离
      if(dx>30)
      document.getElementById('floatMenu').style.left = now_pos+5;
      else if(dx>10)
      document.getElementById('floatMenu').style.left = now_pos+2;
```

```
      else
      document.getElementById('floatMenu').style.left = now_pos+1;
      movingOut = setTimeout("moveOutSmooth()",5);
          }
      else {   clearTimeout(window.movingOut);    //移到位后,停止移出
          }
    }
    //跳跃式移出,即一步移到位
    function moveOutSkip()
    {   //采用 style.pixelLeft 属性, 直接和数值进行比较,不需要采用 parseInt()方法
      if(document.getElementById('floatMenu').style.pixelLeft<0)
      document.getElementById('floatMenu').style.pixelLeft = 0;
    }
    //平滑移入, 即多步移入
    function moveBackSmooth(){
      if(window.movingOut)
        {clearTimeout(movingOut);          //停止移出动作
          }
      //判断是否隐藏到位
      if(document.getElementById('floatMenu').style.pixelLeft>eval
(0-menu_width))
      {//得到当前位置与目标位置的距离 dx
       dx = document.getElementById('floatMenu').style.pixelLeft-
eval(0-menu_width);
      //根据距离 dx 的大小, 决定每步移动多大距离
      if(dx>30)
        document.getElementById('floatMenu').style.pixelLeft -=5;
      else if(dx>10)
        document.getElementById('floatMenu').style.pixelLeft -=2;
      else
      document.getElementById('floatMenu').style.pixelLeft -=1;
      movingBack = setTimeout("moveBackSmooth()",5);
        }
      else   { clearTimeout(window.movingBack);    //移到位后, 停止移入
          }
    }
    //跳跃式移入, 即一步移到位
    function moveBackSkip(){
      if(document.getElementById('floatMenu').style.pixelLeft>eval(0-
menu_width))
      document.getElementById('floatMenu').style.pixelLeft = eval(0- menu_width);
    }
    //初始化
    function init(){
      addMenuHeader();
      //根据需要, 通过 addItem()添加多个菜单项
      addItem("新浪网站","http://www.sina.com","_blank");
      addItem("网易网站","http://www.163.com","_blank");
```

```
    addItem("雅虎中国","http://www.yahoo.com.cn","_blank");
    addItem("深职院网","http://www.szpt.edu.cn","_blank");
    addMenuFoot();
    //设置菜单初始位置
document.getElementById('floatMenu').style.left = - menu_width;
document.getElementById('floatMenu').style.visibility = 'visible';
}
-->
</script>
<body>
<script language=javascript>
<!--
init();
-->
</script>
</body>
</html>
```

程序代码中通过程序来动态地创建层，用于显示浮动面板上的内容，创建时使用的标记及其属性要用引号引起来，再用文档对象 document 的 write()方法写到页面上，如代码为：document.write (content)。

另外，要注意特定对象的 getElementById(id)属性，它用于找到需要控制的对象。如下代码用于控制 id 对应层的坐标变化，即：

```
document.getElementById('floatMenu').style.left;
```

本项任务内容涉及菜单的各种动态交互。多数效果中用到了层对象，并通过控制其显示、隐藏和位置来实现各种效果。

核心技术是利用 getElementById()方法或 getElementBy TagName ()方法，来找到对应的层对象及其相应的 id 号，以便对其进行控制。

8.4　鼠标控制文字运动效果

为了丰富网页的视觉效果，发挥鼠标的特有功效，有时需要修改原来系统默认的鼠标效果，以便使鼠标的页面效果更有特色。比如在鼠标指针旁跟随一个广告图片或一组特效文字等。本项任务是编程设计跟随鼠标运动的蛇形文字。

知识目标	能力要求
event 事件及其属性； string 对象及 split()方法	会通过 event 事件捕获鼠标坐标并进行控制； 会利用文档对象获取滚动条缩进的位置： document.body.scrollLeft 对其坐标控制； 利用鼠标事件 document.onmouseMove 技术

8.4.1 任务：跟随鼠标运动的蛇形文字

1. 设计效果

完成任务后设计跟随鼠标运动的蛇形文字效果，如图 8.9 所示。

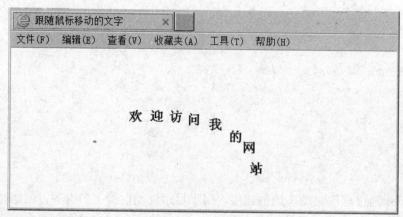

图 8.9 鼠标特效

2. 任务描述

在网页文档区域显示一个跟随鼠标运动的文字串"欢迎访问我的网站！"，并且各个字母按照蛇形轨迹运动。分析看出，每个文字放在单独的层里，后一个文字沿着前一个文字的轨迹运动。

3. 设计思路

这种效果涉及两方面技术：

首先确定鼠标当前的位置，可以通过 event 对象的属性来获取，具体与前面例子相同。

然后考虑第 1 个文字位置如何跟着鼠标位置进行移动，这里位置的变化要分开考虑其对应层的横坐标和纵坐标。制作时将每个文字放在不同层中，使其位置随着鼠标移动而变化。这种变化一定是慢慢沿着蛇形爬行轨迹靠近鼠标的当前位置，然后让后面的文字沿着前一个文字的路径移动即可。这里涉及移动动画的制作，考虑要用到 setTimeout() 方法，即可将文字逐渐移动到目的处。

4. 技术要点

（1）确定鼠标位置技术，在 JavaScript 中通常用 event.clientX 来获取当前鼠标在文档中的坐标，用 event.ScreenX 来显示当前鼠标在屏幕中的坐标。

（2）采用 string 对象的 split() 方法，将字符串中的每个字母提取出来，即 messageArray=messge.split() 并组成一个数组，其横坐标设为：

```
var xpos=new Array();
for (i=0;i<=message.length-1;i++)
```

```
{     Xpos[i]=-50;
}
```

（3）鼠标事件 document.onmouseMove。

8.4.2　任务实现

```html
<html>
<head>
    <title>跟随鼠标移动的文字</title>
<meta http-equiv="content-type" content="text/html;charset=gb2312">
<meta name="generator" content="editplus">
<meta name="liyuncheng" content="yunchengl@sina.com">
</head>
<style type="text/css">
.laystyle {position:absolute;top:-50px;font-size:12pt;font-weight:bold;}
</style>
<script language="JavaScript">
var theX=0,theY=0; //鼠标初始化位置
var space1=15;//首个字符离鼠标的距离
var space2=15;//字符间距
var flag=0;
var message="欢迎参观我的网站!!";
//从字符串中提取单个字符组成数组
messageArray=message.split("");
var xpos=new Array();//定义数组实例用于保存单个字符的位置坐标
for (i=0;i<=message.length-1;i++)
    {xpos[i]=-50;
    }
var ypos=new Array();
for (i=0;i<=messageArray.length-1;i++)
    {ypos[i]=-50;
    }
ifNN4=(navigator.appName=="Netscape"&&parseInt(navigator.appVersion)==4);
ifNN6=(navigator.appName=="Netscape"&&parseInt(navigator.appVersion)==5);
//获取鼠标位置函数
function getMousePos(e){
  if(ifNN4||ifNN6)
    {theX=e.pageX;
     theY=e.pageY;
    }
  else
    {theX=document.body.scrollLeft+event.clientX;
     theY=document.body.scrollTop+event.clientY;
    }
    flag=1;
}
//定义字符跟随鼠标移动函数
```

```
function makesnake() {
  if(flag==1)
   {if (ifNN4)
     { for (i=messageArray.length-1; i>=1; i--)
       {xpos[i]=xpos[i-1]+space2;
        ypos[i]=ypos[i-1];
       }
    xpos[0]=theX+space1;
    ypos[0]=theY;
    for (i=0; i<messageArray.length-1; i++)
     { eval("document.div"+i).left=xpos[i];
      eval("document.div"+i).top=ypos[i];
     }
   }
  else
   {for (i=messageArray.length-1; i>=1; i--)
     { xpos[i]=xpos[i-1]+space2;
      ypos[i]=ypos[i-1];
     }
    xpos[0]=theX+space1;
    ypos[0]=theY;
    for (i=0; i<messageArray.length-1; i++)
     {document.getElementById("div"+i).style.left=xpos[i];
      document.getElementById("div"+i).style.top=ypos[i];
     }
   }
 }
setTimeout("makesnake()",30);
}
//加载字符到各个层中
for (i=0;i<=messageArray.length-1;i++)
{   document.write("<div id='div"+i+"' class='laystyle'>");
  document.write(messageArray[i]);
   document.write("</div>");
  }
if (ifNN4||ifNN6)
 document.captureEvents(Event.mousemove);
document.onmousemove=getMousePos;
</script>
<body onLoad="makesnake()">
</body>
</html>
```

当网页中事件发生时，浏览器创建一个 event 对象。此时将事件作为 event 对象进行处理，涉及各个属性的赋值。如：水平和垂直位置属性 clientx、clienty。

captureEvents( )方法，用于在相应对象范围内进行事件捕捉，并返回一个 event 对象。使用时需要标示捕捉事件类型参数，如：document.captureEvents (Event.mousemove)。

scrollLeft、scrollTop 属性：元素左、顶边界和目前可见内容的最左、顶端之间距离。

这里所学程序是针对 IE 浏览器的，Nescape 浏览器与此格式有所别。如：

```
document.captureEvent(Event.mousemove)
document.onmousemove=gerPic()
```

实训项目八

一、实训任务要求

根据不同的课时安排，选择有代表性的几（二或三）个效果进行设计。最好结合前面的网站设计，将交互设计与其融为一体。将交互设计的具体内容设置成自己独特的文字或图片。

可以参考其他网站，学习一种新的网页交互设计。

二、实训步骤和要求

从教材或网上查找特效代码。打开网页中的脚本代码，分析其结构，将 JavaScript 添加到合适位置，再设置其各项参数或属性值。

调整程序代码中的有关变量值，使其满足自己的需要。

三、评分方法

1. 完成了项目的所有功能。（40 分）
2. 所显示效果能够很好地与页面内容结合。（40 分）
3. 实训报告工整等。（20 分）

四、实训报告

1. 总结关键技术问题。
2. 设计的思路。
3. 完成该项目后有何收获。

9

jQuery 应用设计

jQuery 由 John Resig 于 2006 年初创建，是一个快速又简洁的 JavaScript 开发库。它极大地简化了 JavaScript 编程。其功能包括：对 HTML 文档内容进行操控；改变页面显示效果，对 CSS 进行操作；修改页面内容，可以动态地插入一段文字、一张图片等；响应用户交互，使用户对文档操作时文档对其有反应；为页面增添视觉动画；Ajax 应用，不用刷新页面就可以对内容进行更新。

在本章中将通过完成四个任务来达到学习目标：

（1）利用 jQuery 改变页面显示效果。

（2）图片切换效果设计。

（3）水平二级菜单。

（4）jQuery Ajax 技术。

9.1 jQurey 选择器使用

jQuery 极大地简化了 JavaScript 编程，降低了难度和繁琐程度，与第 8 章比较立刻会给您带来惊喜。学习本章任务后将初步学会操控页面中元素的基本过程，先找到待改动元素对其进行定位后，即可对 HTML 文档内容进行操控，改变页面显示效果，或者反馈响应用户的交互信息。

关键知识点	能力要求
jQuery 编程格式要求； jQuery 选择器及其格式； 事件处理函数或方法	会搭建 jQuery 编程环境，创建 jQuery 编程代码； 掌握在特定条件下选择对象和添加事件或方法； 理解并掌握动态改变页面元素效果的设计思路和技术

9.1.1　任务：利用 jQuery 改变页面显示效果

1．设计效果

完成任务后设计效果如图 9.1 所示，通常页面文字默认为黑色，而当前页面中显示了几个选择器的特定效果。

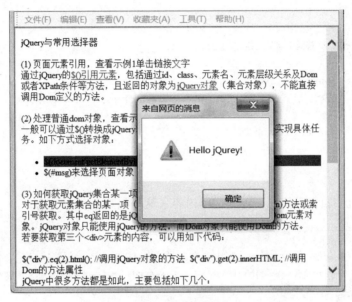

图 9.1　页面上几种选择器应用

2．任务描述

在网页上分别定义有在链接文字上单击时会弹出提示对话框；针对项目列表定义全部或部分元素背景色彩；定义特定段落文字的颜色等。

3．设计思路

首先，在页面设计所要用到样式的页面文字效果。

然后，针对特定页面对象应用 jQuery 来改变其显示效果。

4．技术要点

（1）下载 jQuery 库文件，在 HTML 中添加脚本标签链接其文件。

（2）通常在页面上要做的每一件事情，都需要用到文档对象模型（Document Object Model，DOM），使用 jQuery 时就必须为当前文档注册一个 ready 事件。其代码为：

```
$(document).ready(function() {
});
```

（3）在 ready()事件处理方法里，只有通过选择特定 DOM 对象才能实现各种页面变化效果。

9.1.2　任务实现

1. 单击带有链接文字时随之显示一个 alert 对话框

（1）创建页面 HTML 代码的基本结构，其代码如下：

```
<!doctype html>
<html>
<head>
<title>jQurey 及其选择器应用</title>
<meta http-equiv=content-type content="text/html; charset=gb2312">
<meta name="generator" content="editplus">
<meta name="liyuncheng" content="emai:yunchengli@sina. com">
</head>
<body >


</body>
</html>
```

（2）在页面添加文字信息，标签代码内容（这里只显示部分）为：

```
<p>jQuery 与常用选择器</p>
<p>（1）页面元素引用<br />
```

通过 jQuery 的<a href="#">$()引用元素</a>，包括通过 id、class、元素名、元素层级关系及 Dom 或者 XPath 条件等方法，且返回的对象为<a href="#">jQuery 对象</a>（集合对象），不能直接调用 Dom 定义的方法。
<p>（2）处理普通 dom 对象，查看示例 2 见到列表文字背景的颜色改变

一般可以通过$()转换成 jQuery 对象，才可以使用 jQuery 定义的方法实现具体任务。如下方式选择对象：

```
<ul id="orderlist2">
  <li >$(document.getElementById(&quot;msg&quot;))来选择 jQuery 对象</li>
  <li>$(#msg)来选择页面对象</li>
</ul>
```

（3）在头部<head></head>标签内，添加 JavaScript 脚本标签调用 jQurey 库文件：

```
<script  src="js/jquery-1.9.1.js"  type="text/javascript"></script>
```

 现在必须将 jQurey 库文件保存到文档所在文件夹内。这里是保存在内部的 js 文件夹里。

（4）接着，继续在头部标签内添加 JavaScript 脚本标签，并在其中编写脚本代码：

```
<script type="text/javascript">
//为当前文档注册一个 ready 事件，只要使用 jQurey 这部分是必需的
$(document).ready(function() {
```

 $ 是一个 jQuery 里对于类的别名，因此$()构造了一个新的 jQuery 对象。

```
  $("a").click(function() {
   alert("Hello jQurey!");
  });
 });
</script>
```

解释

$("a")是一个 jQuery 的选择器（selector），这里选中了 Dom 的<a>标签。它允许选择所有 Dom 的元素。click( )函数是对象的一个方法，它绑定了对所有元素的 click 事件并且当事件触发时执行该函数。它类似于代码：<a href="#">Link</a>。但区别也是显而易见的，这里不需要为单一的对象写 click 事件了，它把 html 结构和 js 行为分开，就像用 CSS 分开一样。

（5）此时，页面完整 JavaScript 脚本程序代码如下：

```
<script src="js/jquery-1.9.1.js" type="text/javascript"></script>
<script type="text/javascript">
  $(document).ready(function() {
    $("a").click(function() {
     alert("Hello jQurey!");
     });
   });
 </script>
```

（6）保存文件 9_1_1.html，在浏览器中预览页面效果，如图 9.2 所示。

图 9.2　单击链接显示提示框

2．修改页面特定 1 个列表文字的背景颜色

（1）在页面文字内容的列表中第 1 项标签内修改 id="orderlist"。

（2）在 ready( )事件内添加如下代码：

```
$("#orderlist").addClass("red");
```

这行代码的含义是，为选择的 id=orderlist 的页面对象增加一个类名为 red 的 CSS 样式。其中 addClass( )为增加 CSS 的方法。

（3）为页面 HTML 中添加如下 CSS 代码，定义背景为红色：

```
<style type="text/css">
.red { background-color: #FF0000; }
</style>
```

（4）此时页面完整 JavaScript 脚本程序代码如下：

```
<script src="js/jquery-1.9.1.js" type="text/javascript"></script>
<script type="text/javascript">
  $(document).ready(function() {
    $("a").click(function() {
     alert("Hello jQurey!");
    });
    $("#orderlist").addClass("red");
    });
</script>
```

（5）保存文件 9_1_2.html，在浏览器中预览页面效果，如图 9.3 所示。

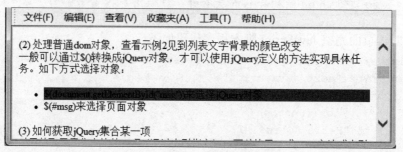

图 9.3　修改第 1 个列表项背景色

3．再次修改页面特定列表文字的背景颜色

（1）在代码视图中将页面文字内容列表中第 1 项标签内定义 id="orderlist"，移动到项目列表标签内，即<ul id="orderlist">。

（2）其他代码不不变，保存文件，浏览效果如图 9.4 所示。

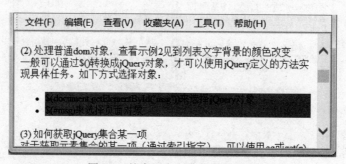

图 9.4　整个列表文字背景色改变

可以见到，此时代码中所选择对象是针对整个列表的操作，使得列表中文字背景色都发生变化。

（3）将选择对象做出如下改变，其脚本代码改为如下：

```
$("#orderlist>li:first").addClass("red");
```
或
```
$("ul>li:first").addClass("red");
```

前者含义是选择 id 为 orderlist 中的第 1 个<li>标签对象，向其添加一个类为 red 的 CSS 样式；后者含义是选择标签为<ul>内的第 1 个<li>标签对象，向其添加一个类为 red 的 CSS 样式。当然，也可以利用参数 last 选择最后一个<li>标签。

（4）保存文件 9_1_3.html，在浏览器中预览页面效果，如图 9.3 所示。

4．定义页面所有段落<p>标签内文字颜色

（1）在 ready( )事件内添加如下代码：

```
$("p").css("color","blue");
```

其中 css( )为定义 CSS 的方法。语句作用为选择所有<p>标签，将文字定义为蓝色。

（2）保存文件 9_1_4.html，在浏览器中浏览页面效果，如图 9.5 所示。

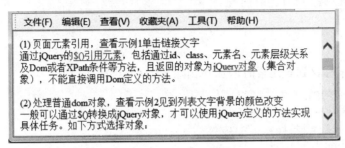

图 9.5　定义段落文字颜色

9.1.3　任务小结

为当前文档注册一个 ready 事件，作为 jQuery 代码的入口，也是必需的。它可以有以下几种格式：

```
$(document).ready(function() {//代码
});
```

可以简写为：

```
$().ready(function() {//代码
});
```

也可以简写为：

```
$(function() {//代码
});
```

它将函数绑定到文档的就绪事件，即当文档完成加载时才允许运行其代码。避免在文档没有完全加载之前就运行函数，导致操作失败。这种页面加载不同于 onload 事件。onload 需要页面内容加载完毕（图片等），而 ready 只要页面 HTML 代码下载完毕即触发。

在前面代码里展示了一些有关如何选取 HTML 元素的实例，很好地展现了 jQuery 选择器如何准确地选取到希望应用效果的页面元素。jQuery 引用页面元素的方式，包括通过 id、class、标签、元素层级关系（如：父子节点 parent > child）及 Dom 或者 XPath 条件等。在 HTML DOM 术语中，选择器允许对 DOM 元素组或单个 DOM 节点进行操作。

9.1.4　任务拓展：使用几个常用方法设计页面效果

对于 9.1.1 节的任务在技术方面进行扩展，以便进一步理解通过事件处理方法来改变页面显示效果。包括：hover()悬停事件方法、not()过滤器方法、find()和 each()方法、fadeOut()渐变

隐藏方法、fadeIn()渐变出现方法、fadeTo()透明度变化方法、slideToggle()滑动隐藏或显现方法。

1. 使用鼠标悬停事件增加链接显示效果

（1）在页面带有链接文字的代码视图中，加载 jQuery 库文件：

```
<script src="js/jquery-1.9.1.js" type="text/javascript"></script>
```

（2）再次添加脚本标签，为当前文档注册一个 ready 事件：

```
<script type="text/javascript">
$(document).ready(function() {

});
</script>
```

（3）编写当鼠标移到 a 元素时增加和删除一个 Class 样式代码：

```
$(document).ready(function() {
    $("a").hover(function() {
        $(this).addClass("green");
        }, function() {
        $(this).removeClass("green");
    });
});
```

 提示　hover()为链接对象的悬停事件处理方法，分别处理：当鼠标移入时调用前面的语句，为当前选定对象增加一类为 green 的 CSS 样式；当鼠标移出时调用后面的语句，为当前选定对象删除一类为 green 的 CSS 样式。

（4）保存文件 9_1_3_1.html，在浏览器中浏览设计效果，如图 9.6 所示。

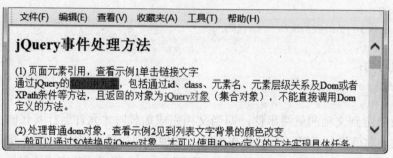

图 9.6　为链接元素增加悬停效果

2. 过滤器 not()方法的应用

（1）在代码当前文档注册 ready 事件内，添加代码：

```
$("ul").not("#orderlist"). css("color","red");
```

其中 not()、css()分别为排除方法和定义 CSS 样式方法。语句含义为选择<ul>标签但排除 id=orderlist 的<ul>标签，改变其 CSS 样式中文字为红色。

（2）保存文件 9_1_3_2.html，在浏览器中浏览设计效果，如图 9.7 所示。

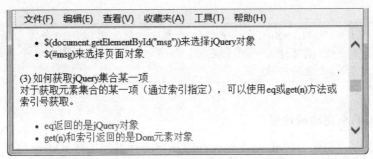

图 9.7　应用排除方法定义列表 CSS

基本过滤选择器，包括找到第一元素：first，找到最后一个元素：last，排除给定选择器：not(selector)，匹配索引值为偶数的元素从 0 开始计数：even，匹配索引值为奇数的元素从 0 开始计数：odd，匹配一个给定索引值元素从 0 开始：eq(index)，匹配大于给定索引值元素：gt(index)，匹配小于给定索引值元素：lt(index)等。

3．find()和 each()方法应用

（1）在 ready()事件处理方法内添加如下代码：

```
$("#orderlist").find("li").each(function(i) {
    $(this).html( $(this).html() + " BAM! " + i );
});
```

其中 find()方法是找到<li>标签，each()方法是单独针对该序列中的每个元素，从下标 0 开始直到最后一个。

在 jQuery 中允许事件方法以链式连写排列出来，本例中针对选择元素的两个方法就是连写排列，它减少代码的长度并提高了代码的易读性和表现性。

（2）保存文件 9_1_3_3.html，在浏览器中浏览设计效果，如图 9.8 所示。语句中$(this) 即为所选择的列表元素之一，将原有 html 内容改写为在其后面添加 BAM! 0 或 BAM! 1。其中$(this).html( )为返回该选项的 html 内容。

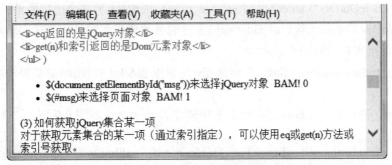

图 9.8　改变列表每项的内容

注：把一个选择器的所有事件并排列出来，中间用"."隔开。

在 jQuery 中 each( ) 是一个特殊的方法函数，可以用一个匿名函数作为参数，就像一个循环语句一样来运行，即匿名函数内部的指令对于获取的每个选项元素都将运行一次。

4．选中元素的渐变动画效果

（1）新建页面，创建 HTML 基本结构并添加脚本标签，加载 jQuery 库文件：

```
<script src="js/jquery-1.9.1.js" type="text/javascript"></script>
```

（2）再次添加脚本标签，为当前文档注册一个 ready 事件：

```
<script type="text/javascript">
$(document).ready(function() {

});
</script>
```

（3）在页面添加两个表单对象按钮，并分别定义 id=fadeOut 和 id=fadeOutUndo，代码为：

```
<input type="submit" id="fadeOut" value="fadeOut">
<input type="submit" id="fadeOutUndo" value="fadeIn 恢复" >
```

（4）按钮下面添加一个 Div，定义 id= fadeOutDiv，代码为：

```
<div id=fadeOutDiv>点击 fadeOut 按钮，将执行 fadeOut( )方法显示效果。
</div>
```

（5）在 ready( )事件处理方法内添加如下代码：

```
$(document).ready(function() {
    //为所有层元素增加一个 CSS 效果
    $("div").addClass("redborder");
    //选择该按钮添加单击事件
    $("#fadeOut").click(function(){
    $("#fadeOutDiv").fadeOut("slow",function(){alert("演示这个层慢慢消失了！")});
    });
    $("#fadeOutUndo").click(function(){
    $("#fadeOutDiv").fadeIn("fast");
    });
});
```

其中"$("#fadeOutDiv").fadeOut("slow",function(){alert("演示这个层慢慢消失了！")})"让选择 id=fadeOutDiv 的 div 元素，以 fadeOut( )方法的参数要求慢慢淡出消失，然后显示后一个匿名函数效果，出现提示对话框。

"$("#fadeOutDiv").fadeIn("fast");"让该 div 元素以 fadeIn( )方法的参数要求快速淡入显示出来。

（6）保存文件 9_1_3_4.html，在浏览器中浏览设计效果，如图 9.9 所示。

解释 fadeOut(speed,callback)、fadeIn(speed, callback)、fadeTo(speed, opacity, callback) 三个方法，前者是淡出效果、中间是淡入效果、后者是透明度的变化效果。其中参数 speed (String|Number)（可选）：三种预定速度之一的字符串（"slow"，"normal"，"fast"）或表示动画时长的毫秒数值（如 1000）。

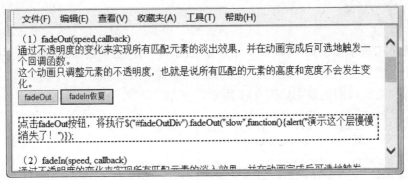

图 9.9   fadeOut 和 fadeIn 方法效果

（7）在页面添加另一个按钮，定义 id=fadeIn。在下面再添加 id=fadeIndiv 的一个 div 元素。代码如下：

```
<input type="submit" id="fadeIn" value="fadeIn">
<div id=fadeInDiv style="display:none">点击 fadeIn 按钮，将执行 fadeIn()方法演示
这个层慢慢出现了!
</div>
<br>
```

（8）在 ready( )事件处理方法内添加如下代码：

```
$("#fadeIn").click(function(){
  $("#fadeInDiv").fadeIn("slow",function(){alert("演示这个层慢慢出现了! ")});
});
```

其含义为单击按钮 fadeIn 让该 Div 元素以 fadeIn()方法参数 slow 的要求慢速淡入显示出来，然后显示后一个匿名函数效果，出现提示对话框。

（9）保存文件，浏览效果如图 9.10 所示。

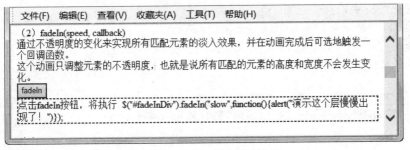

图 9.10   fadeIn 方法慢速效果

（10）类似前面步骤，在页面添加另一个按钮，定义 id=fadeTo。在下面再添加 id=fadeTodiv 的一个 Div 元素。代码如下：

```
<input type="submit" id="fadeIn" value="fadeTo">
<div id=fadeToDiv style="display:none">点击 fadeTo 按钮，将执行 fadeTo()方法演示
这个层透明度出现变化!
</div>
```

接着，在 ready( )事件处理方法内添加如下代码：

```
$("#fadeTo").click(function(){
  $("#fadeToDiv").fadeTo("slow",0.5,function(){alert("演示这个层透明度变成 50%
```

```
了！")});
    });
```

其含义为单击按钮 fadeTo 让该 Div 元素以 fadeTo( )方法参数 slow 和 0.5 的要求慢速显示透明度减小，然后显示后一个匿名函数效果，出现提示对话框。

（11）保存文件，浏览效果如图 9.11 所示。

图 9.11　fadeTo 方法透明度变化效果

5．选中元素的滑动动画效果

（1）在页面添加 id=flip 的段落文字，并设置其背景属性值和链接。代码如下：

```
<p id=flip  align="center"><a href="#">slideToggle( )方法</a><br>
</p>
```

（2）接着，添加 id=content 的 Div 元素显示文字信息。代码如下：

```
<div id="content" style="display:none;">
  <p>jQuery slideToggle() 方法，… … </div>
```

其中属性 display:none 定义初始状态为隐藏起来。

（3）在 ready( )事件处理方法内添加如下代码：

```
$("#flip").click(function(){
      $("#content").slideToggle("slow");
    });
```

（4）保存文件 9_1_3_4.html，在浏览器中浏览设计效果，如图 9.12 所示。

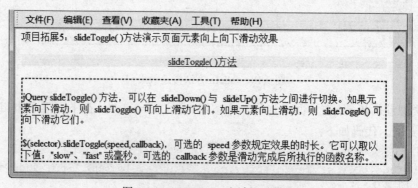

图 9.12　slideToggle 方法滑动效果

解释

toggle()和 slidetoggle()方法提供了状态切换功能。toggle()方法包括了 hide()和 show()方法。slideToggle()方法包括了 slideDown()和 slideUp()方法。① slideDown(speed, callback) 方法，通过高度变化（向下增大）来动态地显示所有选择元素，在显示完成后可选地触发一个回调函数。这个动画效果只调整元素的高度，可以使选择元素以滑动方式显示出由上到下的伸展效果。② slideUp(speed, callback)方法，通过高度变化（向上减小）来动态地隐藏所有选择元素，在隐藏完成后可选地触发一个回调函数。这个动画效果只调整元素的高度，可以使选择元素以滑动方式由下到上缩短隐藏起来。与 slideDown()用法相同，只不过效果是反向的。③slideToggle(speed, callback)方法，通过高度变化来切换所有选择元素的可见性，并在切换完成后可选地触发一个回调函数。这个动画效果实际上就是 slideDown()、slideUp()的集合体，如果元素当前可见则滑动隐藏，如果当前元素已经隐藏则滑动显示。

9.1.5　知识补充：jQuery 选择器与方法

1．如何获取 jQuery 集合某一项

对于获取元素的某一项（集合通过索引指定，可以使用 eq）返回的是 jQuery 对象。jQuery 中有很多方法，主要包括如下几个：

$("#msg").html()，返回 id 为 msg 的元素节点的 html 内容。

$("#msg").html("new content")，将"new content " 作为 html 串写入 id 为 msg 的元素节点内容中，页面显示粗体的 new content。

$("#msg").text()，返回 id 为 msg 的元素节点的文本内容。

$("#msg").text("new content")，将"new content"作为普通文本串写入 id 为 msg 的元素节点内容中，页面显示new content。

$("#msg").height()，返回 id 为 msg 的元素的高度。

$("#msg").height("300")，将 id 为 msg 的元素的高度设为 300。

$("#msg").width()，返回 id 为 msg 的元素的宽度。

$("#msg").width("300")，将 id 为 msg 的元素的宽度设为 300。

$("input").val(" ")，返回表单输入框的 value 值。

$("input").val("test")，将表单输入框的 value 值设为 test。

$("#msg").click()，触发 id 为 msg 的元素的单击事件。

$("#msg").click(fn)，为 id 为 msg 的元素单击事件添加函数。

2．操作页面元素样式

主要包括以下几种方式：

$("#msg").css("background")，返回元素的背景颜色。

$("#msg").css(" background " ,"#ccc")，设定元素背景为灰色。

$("#msg").height(300); $("#msg ").width("200")，设定宽高。

$("#msg").css({ color: "red", background: "blue" }),以名值对的形式设定样式。

$("#msg"). addClass("select")，为元素增加类名为 select 的 CSS 样式。

$("#msg").removeClass("select")，删除元素类名为 select 的 CSS 样式。

$("#msg").toggleClass("select")，如果存在（不存在）就删除（添加）类名为 select 的 CSS 样式。

3．集合处理功能

对于 jQuery 返回的集合内容，无需人为循环遍历就能对每个对象分别做处理，jQuery 提供了很方便的事件或方法进行集合处理。如：

$("p").each(function(i){this.style.color=['#f00','#0f0','#00f'][i]})，为索引分别为 0、1、2 的 p 元素分别设定不同的字体颜色。

$("tr").each(function(i){this.style.backgroundColor=['#ccc','#fff'][i%2]})，实现表格的隔行换色效果。

$("p").click(function( ){alert($(this).html( ))})，为每个 p 元素增加了 click 事件，单击某个 p 元素则弹出其内容。

4．扩展功能

通过使用 extend()方法能够扩展 jQuery 的功能。例如：

$.extend({min: function(a, b){return a < b?a:b; }, max: function(a, b){return a > b?a:b; } })，为 jQuery 扩展了 min，max 两个方法。

当使用扩展方法时，要通过"$.方法名"调用格式实现。例如：

alert("a=10,b=20,max="+$.max(10,20)+",min="+$.min(10,20))

5．支持方法连写

所谓连写，就是可以对一个 jQuery 对象连续调用各种不同的方法。例如：

$("p").click(function( ){alert($(this).html( ))}).mouseover(function( ){ alert('mouse over event')}).each(function(i) {this.style.color=['#f00 ','#0f0 ','#00f'][i]})

6．完善事件处理功能

jQuery 已经提供了多种事件处理方法，无需在 HTML 元素上直接写事件。应用时可以直接通过 jQuery 获取对象来添加事件。例如：

$("#msg").click(function( ){alert("good")})，为元素添加了单击事件。

$("p").click (function(i){this.style.color=['#f00','#0f0','#00f'][i]})，为三个不同的 p 元素单击事件分别设定不同的处理。

jQuery 中几个自定义的事件。例如：

（1）hover(fn1, fn2)是一个模仿按钮悬停事件（鼠标移入到一个对象上及移出这个对象）的方法。当鼠标移入到一个匹配的元素上面时，会触发指定的第 1 个函数；当鼠标移出这个元素时，会触发指定的第 2 个函数。例如：

$("tr").hover(function(){$(this).addClass("over");}, function(){ $(this). addClass("out");})，当

鼠标放在表格某行上时将样式定义为类名为 over 的 CSS，离开时定义为类名为 out 的 CSS。

（2）ready(fn)是当 DOM 载入就绪可以查询及操纵时绑定一个要执行的函数。例如：

$(document).ready(function(){alert("Hello　jQuery！")})，页面加载完毕提示框显示"Hello jQuery！"。

（3）toggle(evenFn, oddFn)是每次点击时切换要调用的函数。如果点击了一个选择元素，则触发指定的第 1 个函数，当再次点击同一元素时则触发指定的第 2 个函数。随后每次点击都重复对这两个函数的轮流调用。例如：

$("p").toggle(function(){$(this).addClass("selected"); },function(){$(this).removeClass("selected"); })，每次点击时轮换添加和删除类名为 selected 的 CSS 样式。

（4）trigger(eventtype)是在每一个选择元素上触发某类事件。例如：

$("p").trigger("click");触发所有 p 元素的 click 事件。

（5）bind (eventtype, fn)、unbind (eventtype)分别是绑定与反绑定事件，即从每一个选择元素中添加、删除绑定的事件。例如：

$("p").bind("click", function(){alert($(this).text());}); 为每个 p 元素添加单击事件。而 $("p").unbind(); 删除所有 p 元素上的所有事件。$("p").unbind ("click"); 删除所有 p 元素上的单击事件。

9.2　图片切换效果设计

图片切换显示在网站中时常见到，既可以起到图片展示功能又可以让用户自己交互控制选择其中的一个互动效果。在页面上有导航条或导航下拉菜单并且内容已经很多的情况下，考虑浮动导航面板是一种选择。使用的同时又会给用户带来视觉效果的变化。

关键知识点	能力要求
切换效果创意； 层叠样式表 CSS 及其属性； Div 标签和图片的显示属性	会创建 CSS； 创建 Div 并初始化显示图片； 对选择器对象进行隐藏或显示控制； 熟练利用程序对页面对象进行控制

9.2.1　任务：在页面显示图片切换广告

1．设计效果

完成任务后设计效果，如图 9.13 所示为网页内一组图片切换显示效果。

2．任务描述

在页面中显示一组图片，且在呈现一个大图片时有默认的图片对应数字选择按钮。当单击选择某个数字按钮时会在上方将大图替换为该图。整个图片切换效果外部轮廓是一个整体。

图 9.13 网页图片切换显示

3. 设计思路

利用 jQuery 技术实现该效果，先要设定页面显示图片内容及其 CSS，然后通过 jQuery 的编程技术进行图片的切换显示和效果处理。

4. 技术要点

jQuery 编程中使用 CSS 是非常重要的，因此要利用 CSS 样式表技术初始化页面待处理信息内容的显示，接着针对特定内容应用技术处理。

具体来讲，首先加载 jquery.js 文件；接着在页面文档区域加入<div>，用来显示初始化状态的图片及其格式；之后就可以定义样式表格式，用于设定图片及其格式化显示；最后进行面向对象编程实现对图片显示效果的控制。

9.2.2 任务实现

1. 定义网页显示信息

（1）新建文件，在页面文档区域添加页面展示内容。代码如下：

```
<body>
<h1>Simple slideshow in jQuery</h1>
<p>Life can be simple O_o</p>
<div class="slideshow">
    <ul class="recentlist">
    <li><a class="current" href="#slide1">1</a></li>
    <li><a href="#slide2">2</a></li>
    <li><a href="#slide3">3</a></li>
  </ul>
<img id="slide1" src="images/testImage4.jpg" alt="Image 1 " />
<img id="slide2" src="images/testImage3.jpg" alt="Image 2 " />
<img id="slide3" src="images/testImage2.jpg" alt="Image 3 " />
</div>
```

```
<p>This example is brought to you by Timothy van Sas, Dutch front-end developer
with some serious dancing skills.</p>
<br/>
</body>
```

其中 class="slideshow"的 div 为图片区域容器，显示三个数字链接和三张图片。这里定义的技巧是数字链接中 href 的属性值刚好对应于三张图片的 id 值。

（2）定义页面内容显示样式，添加 CSS 样式文件。代码如下：

```
<style type="text/css" media="screen">
  * { margin: 0; padding: 0; }
  body { font: normal 12px arial; background: #fff; padding: 40px; }
  h1 { font: normal 24px helvetica; color: #09afed; }
  p { padding-bottom: 20px; }
  /*定义数字链接的样式 */
  a, a:visited { color: #09afed; text-decoration: underline; }
  a:hover, a:visited:hover { color: #f00; }
  /* 定义图片区域的样式 */
  .slideshow { position: relative; background: #fafafa; width: 315px; height:
195px; border: 1px solid #e5e5e5;
      margin-bottom: 20px; }
  .slideshow img { position: absolute; top: 3px; left: 3px; z-index: 1; background:
#fff; }
  /* 数字显示样式   */
  ul.recentlist { position: absolute; bottom: 12px; right: 4px; list-style: none;
z-index: 2; }
    ul.recentlist li { margin: 0; padding: 0; display: inline; }
    ul.recentlist li a, ul.recentlist li a:visited { display: block; float: left;
background: #e5e5e5; padding: 4px 8px; margin-right:
      1px; color: #000; text-decoration: none; cursor: pointer; }
    ul.recentlist li a:hover, ul.recentlist li a:visited:hover { background: #666;
color: #fff; }
    /* 定义特殊的 .current 样式，作为当前鼠标单击后状态
  ul.recentlist li a.current { background: #f00; color: #fff; }
</style>
```

其中 ul.recentlist li a.current { background: #f00; color: #fff; }，是 jQuery 编程中将要用到的类样式，当鼠标单击后所在数字链接将改变为这个样式。

2．编写 jQuery 代码程序

（1）在文件<head></head>部分添加脚本标签链接库文件：

```
<script type="text/javascript" src="js/jquery.js" charset="utf-8">
</script>
```

（2）编写 jQuery 代码：

```
<script type="text/javascript">
$(document).ready(function() {
    //选择类名为 slideshow 的 img 标签
    var imgWrapper = $('.slideshow > img');
    // 仅显示第 1 个图片，隐藏其他图片
```

```
    imgWrapper.hide().filter(':first').show();
    //选择数字链接来定义单击事件
    $('ul.recentlist li a').click(function () {
        // 检测所选项不是类为"current"的对象
        // 若是类为 "current"的对象，则不执行下面代码而是返回false
        if (this.className.indexOf('current') == -1){
            //隐藏图片
    imgWrapper.hide();
            //找到数字链接this.hash 所对应的 href 属性的字符串
    imgWrapper.filter(this.hash).fadeIn(500);
            //原来数字链接样式移除，选择状态样式
    $('ul.recentlist li a').removeClass('current');
            //选择的数字链接添加当前样式
    $(this).addClass('current');
        }
    return false;
    });
});
</script>
```

解释

①hide()函数为隐藏选择元素。show()函数为显示选择元素。filter()方法将选择元素集合缩减为选中选择器或选择函数返回值对应新元素。语句filter(:first').show()为仅让选择器序列中第1个元素显示出来。
②hash 属性为获取链接标签属性 herf 的值。这里 this.hash 得到的值刚好对应特定元素。语句"imgWrapper.filter(this.hash).fadeIn(500)"为让选择的元素以fadeIn (500)效果呈现出来。

3．保存文件

保存文件 9_2_1.html，在浏览器中浏览显示效果页面，如图 9.13 所示，可以随意单击选择数字链接1、2、3、4，则所对应的图片以 fadeIn(500)效果显示出来。

9.2.3 任务小结：jQuery 选择器

在这个任务中又涉及到一些有关如何选取 HTML 元素的实例。总结归纳如下：jQuery 元素选择器和属性选择器允许通过标签名、属性名或内容对 HTML 元素进行选择。当然，选择器也允许对 HTML 元素组或单个元素进行操作。

jQuery 元素选择器可以使用 CSS 选择器来选取 HTML 元素。例如：

$("p")选取<p>元素。$("p.intro")选取所有 class="intro"的<p>元素。$("p#demo")选取所有id="demo"的<p>元素。通常 jQuery CSS 选择器可用于改变 HTML 元素的 CSS 属性。

jQuery 属性选择器可以使用 XPath 表达式来选择带有给定属性的元素。例如：

$("[href]")选取所有带有 href 属性的元素。$("[href='#']")选取所有 href 值等于"#"的元素。$("[href!='#']")选取所有 href 值不等于"#"的元素。$("[href$='.jpg']")选取所有 href 值以".jpg"结尾的元素。

jQuery 内容选择器，即对 HTML 元素中内容进行选择。例如：$(":contains ('W3School')")
包含页面指定字符串的所有元素。

9.2.4　任务拓展：页面带有缩图的图片切换效果

完成任务拓展后设计效果，如图 9.14 所示。用鼠标单击画面 4 个图片时，画面右侧几张
小图片将按照自下而上顺序移动，且最上一张图片在左侧呈现大图而原来左侧大图则缩小至右
侧最下一张。

图 9.14　图片轮流切换

1. 定义网页显示信息

（1）新建文件，在主体部分添加页面展示内容。代码如下：

```
<body>
<div class="warp" id="warp">
<img src="images/t_pic1.jpg" alt="1" class="imgBig" />
<img src="images/t_pic2.jpg" alt="2" class="imgLittle" />
<img src="images/t_pic3.jpg" alt="3" class="imgLittle" />
<img src="images/t_pic4.jpg" alt="4" class="imgLittle" />
</div>
图片切换效果
</body>
```

（2）定义页面内容显示样式，添加 CSS 样式文件。代码如下：

```
<style type ="text/css">
<!--
.warp{width:487px; height:194px; overflow:hidden; border:solid 1px #ccc;
position:relative; top:0px; left:0px; background-color:#fafafa}
    .warp  img{border-width:0px; cursor:pointer; position:relative; top:0px;
left:0px}
    .imgBig{ float:left; width:360px; height:190px; padding:2px;}
    .imgLittle{ float:right; width:108px; height:57px; padding:6px 5px 0 10px;
clear:right}
```

```
-->
</style>
```

2. 编写 jQuery 代码程序

（1）在文件<head></head>部分添加脚本标签连接库文件：

```
<script src="js/jquery.js" type="text/javascript"></script>
```

（2）编写 jQuery 代码：

```
<script type="text/javascript">
$(document).ready(function(){
  var $warp=$("#warp");
var seconds = 500;
//选择项内所有 img 子项定义单击事件 click()
$("#warp").children("img").click(function(){
    var $imgs=$("#warp").children("img");
   //向上移动第 3 张图 eq（2）到右侧最上面，相当于把 img 标签中的 src 属性改变了
   //其中 eq()方法是将选择元素集合缩减为位于指定索引的新元素。eq（2）指定第 3 个图片
$imgs.eq（2）.css("marginTop","63px")
.animate({marginTop:"0px", duration :seconds});
//将原来第 1 张大图，动画方式移动到右侧最下面变成 eq（3）了
$imgs.eq(0).css({position:"absolute",opacity:"0.5"})
.animate({width:"108px", height:"57px",left:"372px",top: " 126px"  , opacity:
"1" ,duration: seconds});
   //将第 2 张图（右侧最上那个）移动到大图位置变成新 eq(0)，同时在 id=warp 的 div 中增加 img
的 eq(0)
$imgs.eq（1）.css({position:"absolute",left:"372px",top:"6px",opacity:"0.2",
clear:"none"})
.animate({width:"360px", height: "190px", left:"-9px",top: "-5px" ,opacity:
"1" }, {duration:seconds,complete:function( ){
  $imgs.eq(0).appendTo($("#warp"))
//第 1 张图片由大图切换为小图，移除其原来样式，增加新.imgLittle 样式
          .removeAttr("style")
          .removeClass("imgBig")
          .addClass(" imgLittle");
//第 2 张图片由小图切换为大图
$imgs.eq（1）.removeAttr("style")
.removeClass("imgLittle")
.addClass(" imgBig");
        }}});
    });
});
</script>
```

解释

children( )方法获得选择元素集合中每个元素的所有子元素集合。可以通过可选的表达式来过滤所选择的子元素。animate({params}, speed,callback) 方法用于创建自定义动画。必需的 params 参数定义形成动画的 CSS 属性。可选的 speed 参数规定效果的时长，可以取以下值："slow"、"fast" 或毫秒。可选的 callback 参数是动画完成后所执行的函数名称。appendTo( )方法向目标

结尾插入选择元素集合中的每个元素。Append( )方法向选择元素集合中的每个元素结尾插入由参数指定的内容。removeAttr( )方法从所有选择的元素中移除指定的属性。

3. 保存文件

保存文件 9_2_4.html，在浏览器中浏览页面效果，用鼠标单击画面几张图片，观看到图片切换效果。

9.2.5 任务拓展：在页面显示图片切换广告

完成技术拓展后设计效果，如图 9.15 所示，效果类似 9.2.1 节任务。采用另一种编程方法，实现页面上图片既可以自动切换，也可以将鼠标指向下面的数字链接进行切换。

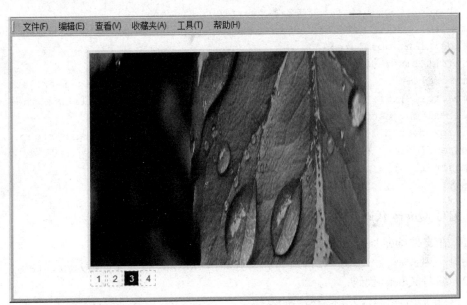

图 9.15 自动或鼠标指向数字进行切换

1. 定义网页显示信息

（1）新建文件，在主体标签内添加页面内容。代码如下：

```
<body>
<div class="imgscroll">
 <ul>
   <li><img src="img/wall1.jpg" width="400" height="300" /></li>
   <li><img src="img/wall2.jpg" width="400" height="300" /></li>
   <li><img src="img/wall3.jpg" width="400" height="300" /></li>
   <li><img src="img/wall4.jpg" width="400" height="300" /></li>
 </ul>
</div>
<div class="imgscroll-title">
```

```
    <ul>
      <li class="current">1</li>
      <li>2</li>
      <li>3</li>
      <li>4</li>
    </ul>
  </div>
</body>
```

（2）定义页面内容显示样式，添加 CSS 样式文件。代码如下：

```
<style type="text/css">
*   {font-size:12px;color:#333;  text-decoration:none;  padding:0;  margin:
0;list-style:none; font-style: normal;
      font-family: Arial, Helvetica, sans- serif; }
.imgscroll { width:400px;margin-left:auto; margin-right:auto; margin- top :
20px; position: relative;   height: 300px;
      border: 4px solid #EFEFEF; overflow: hidden;}
.imgscroll ul li {height: 300px; width: 400px; text-align: center; line-height:
300px; position: absolute;
      font-size: 40px; font-weight: bold;}
.imgscroll-title{ width: 400px; margin-right: auto; margin-left: auto;}
.imgscroll-title li{ height: 20px; width: 20px; float: left; line-height:
20px;text-align: center;border:
      1px dashed #CCC; margin-top: 2px; cursor: pointer;margin-right: 2px;}
.current{color: #FFF;font-weight: bold; background:#000;}
.imgscroll ul { position: absolute;}
</style>
```

2．编写 jQuery 代码程序

（1）在文件<head></head>部分添加脚本标签连接库文件：

```
<script src="js/jquery-1.9.1.js" type="text/javascript"></script>
```

（2）编写 jQuery 代码：

```
<script type="text/javascript">
$(document).ready(function(){
   var speed = 350;
   var autospeed = 3000;
   var i=1;
   var index = 0;
   var n = 0;
    autoroll();
   stoproll();
   /* 鼠标指向数字链接按钮事件 */
   $(".imgscroll-title li").mouseenter(function () {
      //获取鼠标指向数字链接按钮的序号
      var index =$(".imgscroll-title li").index($(this));
      //先前选择数字样式去除 .current 的 css
       $(".imgscroll-title li").removeClass("current");
      //数字样式为 .current 的 css
```

```
            $(this).addClass("current");
        //先前图片对应项目表动画移至 left=-400px 处隐藏
            $(".imgscrollul").css({"left":"0px"})
                        .animate ( { left:"-400px"}  ,speed);
        //当前选择 index 对应图片 li 标签显示在 left=400px 处
            $(".imgscroll li").css({"left":"0px"})
                        .eq(index)
                        .css ( {"z-index":i,"left":"400px"});
        i++;
    });
    /* 自动轮换 */
  function autoroll() {
    if(n >= 4) {    n = 0;    }
    $(".imgscroll-title li").removeClass("current");
    $(this).eq(n).addClass("current");
    $(".imgscroll ul").css({"left":"0px"});
    $(".imgscroll li").css({"left":"0px"})
                .eq(n)
                .css({"z-index":i,"left": "400px"});
    n++;
    i++;
    timer = setTimeout(autoroll, autospeed);
     $(".imgscroll ul").animate({left:"-400px"},speed);
  };
  /* 鼠标悬停即停止自动轮换 */
  function stoproll() {
    $(".imgscroll li").hover(function() {
        clearTimeout(timer);
        n = $(this).prevAll().length+1;
          }, function() {
        timer = setTimeout(autoroll, autospeed);
         });
    $(".imgscroll-title li").hover(function() {
                clearTimeout(timer);
                n = $(this).prevAll().length+1;
                  }, function() {
        timer = setTimeout(autoroll, autospeed);
         });
  };
});
</script>
```

解释　其中对于同一个选择器，当应用多个方法时，既可以采用连写方法也可以采用分开独立语句。mouseenter( )触发或将函数绑定到指定元素的 mouse enter 事件。prevAll( )获得选择元素集合中每个元素之前的所有同辈元素，由选择器进行筛选。

3．保存文件

保存文件 9_2_5.html，在浏览器中浏览页面效果。观看自动切换和将鼠标指向数字链接进行切换的效果变化。

9.2.6　任务拓展：又一种图片切换广告效果

完成任务拓展后设计效果如图 9.16 所示，页面显示一串用橡皮筋连起来的图片，用鼠标单击链接区域时该图将变为大图，单击大图上关闭按钮时将恢复原来大小。

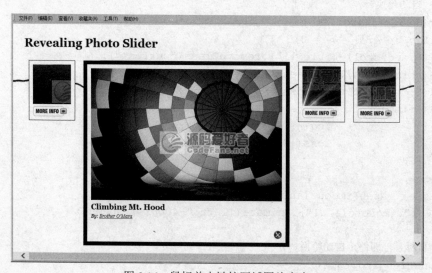

图 9.16　鼠标单击链接区域图片变大

1．在页面定义图片呈现效果

（1）新建页面，在主体标签内定义页面显示内容，代码如下：

```
<body>
<div id="page-wrap">
  <h1>Revealing Photo Slider</h1>
  <table><tr>
    <td><div class="photo_slider">
      <img src="images/mthood.jpg"/>
      <div class="info_area">
        <h3>Climbing Mt. Hood</h3>
        <p><em>By: <a href="#">Brother O'Mara</a></em> </p>
      </div>
    </div></td>
    <td><div class="photo_slider">
      <img src="images/baloon.jpg"/>
      <div class="info_area">
        <h3>Climbing Mt. Hood</h3>
        <p><em>By: <a href="#">Brother O'Mara</a></em> </p>
      </div>
```

```
      </div></td>
    <td><div class="photo_slider">
      <img src="images/lighthouse.jpg"/>
      <div class="info_area">
        <h3>Lighthouse Rays</h3>
        <p><em>By: <a href="#">(nz)dave</a></em></p>
      </div>
    </div></td>
    <td><div class="photo_slider">
      <img src="images/giraffe.jpg"/>
      <div class="info_area">
        <h3>Pucker up!</h3>
        <p><em>By: <a href="#">ucumari</a></em></p>
      </div>
    </div></td>
    </tr>
    </table>
  </div>
  </body>
```

（2）定义图片显示样式，这里利用外部文件 style.css。其代码如下：

```
* { margin: 0; padding: 0; }
body { font: 62.5% "Gill Sans", Georgia, sans-serif; background:
url(images/body-bg.jpg) top center repeat-x white; }
p { font-size: 1.2em; line-height: 1.2em; }
a { outline: none; color: red;}
a:hover { color: black; }
a img { border: none; }
h1 { color: black; font-size: 3.0em; }
h3 { font-size: 2.0em; margin-bottom: 5px;}
.clear { clear: both; }
#page-wrap {
  margin: 20px;
  padding: 10px;
}
a.close {
  position: absolute;
  right: 10px;
  bottom: 10px;
  display: block;
  width: 20px;
  height: 21px;
  background: url(images/close_button.jpg);
  text-indent: -9999px;
}
.photo_slider_img {
  width: 100px;
  height: 100px;
```

```
    margin-bottom: 5px;
    overflow: hidden;
}
td {
    vertical-align: top;
}
.photo_slider {
    position: relative;
    width: 100px;
    height: 130px;
    padding: 10px;
    border: 1px solid black;
    overflow: hidden;
    margin: 25px 10px 10px 10px;
    background: white;
    float: left;
}
.info_area {
    display:none;
}
.more_info {
    display: block;
    width: 89px;
    height: 26px;
    background: url(images/moreinfo.jpg);
    text-indent: -9999px;
    cursor: pointer;
}
```

2. 编写 jQuery 代码

（1）添加 jQuery 库文件：

```
<script type="text/javascript" src="js/jquery.js"></script>
```

（2）将 jQuery 代码保存为 photorevealer.js 文件，编写代码如下：

```
$(document).ready(function(){
//定义选择器为 class=photo_lider 的图片容器 div
$('.photo_slider').each(function(){
    //为该对象增加样式
    var $this = $(this).addClass('photo-area');
    //找到每个图片
    var $img = $this.find('img');
    //找到每个链接区域
    var $info = $this.find('.info_area');
    //定义数组
    var opts = {};

    $img.ready(function(){
        //获取每个图片的属性宽和高
        opts.imgw = $img.width();
```

```
         opts.imgh = $img.height();
    });
    //获取图片容器 div 的属性宽和高
    opts.orgw = $this.width();
    opts.orgh = $this.height();
    //改变图片的左和顶边距
    $img.css ({
       marginLeft: "-150px",
       marginTop: "-150px"
    });
     //在选择 div 的后面分别添加 4 个<img>标签内容，然后将其再插入到.photo_slider
     //对应 div 的后面，即产生一个新的 div
    var $wrap = $('<div class="photo_slider_img">').append ($img). prependTo
($this);
       //将选择的链接标签添加到.photo_slider 对应 div 的后面
    var $open = $('<a  href="#"  class="more_info">More  Info  &gt;</a>').
appendTo($this);
       //将选择的链接标签添加到每个<div class="info_area">标签的后面
     var $close = $('<a class="close">Close</a>').appendTo($info);
     //获取新 div 的宽和高
    opts.wrapw = $wrap.width();
    opts.wraph = $wrap.height();
    //在该链接上单击时
    $open.click(function(){
        //以动画方式变化
        $this.animate({
         width: opts.imgw,
         height: (opts.imgh+95),
         borderWidth: "10"
       }, 600 );
        //链接以淡出效果
        $open.fadeOut();
        //让变大的 div 以动画变化
        $wrap.animate({
          width: opts.imgw,
          height: opts.imgh
       }, 600 );
          //原来链接 div 以淡入效果变化
        $(".info_area",$this).fadeIn();
        //原来小图片以动画效果消失
        $img.animate({
          marginTop: "0px",
          marginLeft: "0px"
       }, 600 );

       return false;
    });
    //单击放大图上关闭图标
    $close.click(function(){
       $this.animate({
```

```
            width: opts.orgw,
          height: opts.orgh,
           borderWidth: "1"
          }, 600 );
      //单击的链接淡入效果
      $open.fadeIn();
      //放大图 div 以动画变化
      $wrap.animate({
          width: opts.wrapw,
         height: opts.wraph
           }, 600 );
      //图片以动画变化
       $img.animate({
          marginTop: "-150px",
          marginLeft: "-150px"
       }, 600 );
       //链接标签以淡出效果出现
      $(".info_area",$this).fadeOut();
      return false;
    });
});
});
```

3．保存文件

保存文件 9_2_6.html，在浏览器中浏览设计效果。将鼠标指向文字链接进行单击，查看到图片变大的动画效果，然后单击大图上关闭图标见到大图变小的变化效果。

本节内容都是图片广告的各种动态交互效果。效果中利用到层对象显示图片，并通过 jQuery 程序控制其显示、隐藏和切换来实现各种效果。

9.3　导航条与下拉菜单设计

为了丰富网页的信息量，增强网页信息链功能，经常在网站导航区域出现水平二级菜单，以便于用户找到相关联的网页内容。

关键知识点	能力要求
菜单样式及其属性； 定义下拉二级菜单	会用 CSS 定义菜单坐标并进行控制； 会利用显示与隐藏方法对菜单进行控制

9.3.1　任务：设计水平二级菜单效果

1．设计效果

完成任务后设计页面水平二级菜单效果，如图 9.17 所示。

图 9.17　二级菜单效果

2．任务描述

在网页文档区域显示一个水平二级菜单，导航菜单效果为：正常状态下菜单文字显示背景色为黑，前景色为白；文字间有灰色竖直线隔开；当鼠标悬停时菜单显示蓝色背景，文字为白，同时呈现下拉二级水平蓝色菜单背景和白色文字，菜单项间有竖直线隔开，鼠标悬停项下有链接横线标识。

3．设计思路

这种效果涉及三方面技术：首先确定导航菜单当前的位置，创建相应导航文字、显示效果和链接地址的 HTML 代码；接着，考虑文字效果和鼠标指向效果的 CSS 定义；然后考虑编写 jQuery 代码定义菜单及下拉效果。

4．技术要点

（1）利用 div 标签定义菜单位置，在 div 标签中通常用项目标签 li 来显示主菜单名称。

（2）在每个主菜单标签里定义 span 标签来呈现其子菜单名称。

（3）接着，对文档区域的菜单显示样式通过 CSS 进行定义。

（4）然后，编写 jQuery 代码设计水平菜单显示的交互效果。注意几个重要事件和方法：使用 hover( )为每个菜单项添加鼠标悬停效果，利用$(this).css( )为菜单项增加背景色或悬停图像，利用$(this).find().show()显示出子菜单及其效果；利用$(this). css({ 'background' : 'none'})恢复原来背景色，以及利用$(this).find("span").hide()隐藏子菜单。

9.3.2　任务实现

1．定义页面菜单显示样式

（1）在新建页面主体标签内定义 HTML 代码如下：

```
<div class="container">
    <h1>使用 CSS+jQuery 实现的水平二级菜单</h1>
    <ul id="topnav">
        <li><a href="http://www.865171.cn/">Home</a></li>
        <li><a href="http://www.865171.cn/">About</a>
```

```
            <span>
               <a href="http://www.865171.cn/">The Company</a> |
               <a href="http://www.865171.cn/">The Team</a> |
               <a href="http://www.865171.cn/">Careers</a>
            </span>
         </li>
         <li><a href="http://www.865171.cn/">Services</a>
            <span>
               <a href="http://www.865171.cn/">What We Do</a> |
               <a href="http://www.865171.cn/">Our Process</a> |
               <a href="http://www.865171.cn/">Testimonials</a>
            </span>
         </li>
         <li><a href="http://www.865171.cn/">Portfolio</a>
            <span>
               <a href="http://www.865171.cn/">Web Design</a> |
               <a href="http://www.865171.cn/">Development</a> |
               <a href="http://www.865171.cn/">Identity</a> |
               <a href="http://www.865171.cn/">SEO &amp; Internet Marketing</a> |
               <a href="http://www.865171.cn/">Print Design</a>
            </span>
         </li>
         <li><a href="http://www.865171.cn/">Contact</a></li>
      </ul>
   </div>
```

代码中是使用 ul 标签创建一个简单的符号列表。每个顶级的 li 标签标识导航栏上的主菜单项：Home、About、Services、Portfolio 和 Contact，其各自的子菜单项放在其所属的 li 标签中一个嵌套的 span 标签内。

（2）定义菜单的 CSS 样式，在头标签内添加如下代码：

```
<style type="text/css">
body { font: 10px normal Verdana, Arial, Helvetica, sans-serif;
margin: 0; padding: 0;}
.container {width: 970px; margin: 0 auto;}
ul#topnav {margin: 0; padding: 0; float: left; width: 970px; list-style:
    none; position: relative; font-size:16px; font-weight: bold; background:
url( topnav_stretch.gif) repeat-x;}
ul#topnav li {float: left;margin: 0; padding: 0; border-right: 1px solid #555;}
ul#topnav li a {
   padding: 10px 15px;
   display: block;
   color: #f0f0f0;
   text-decoration: none;
}
ul#topnav li:hover { background: #1376c9 url(topnav_active.gif) repeat-x; }
ul#topnav li span {
   float: left;
   padding: 15px 0;
```

```
        position: absolute;
        left: 0; top:35px;
        display: none;
        width: 970px;
        background: #1376c9;
        color: #fff;
        -moz-border-radius-bottomright: 5px;
        -khtml-border-radius-bottomright: 5px;
        -webkit-border-bottom-right-radius: 5px;
        -moz-border-radius-bottomleft: 5px;
        -khtml-border-radius-bottomleft: 5px;
        -webkit-border-bottom-left-radius: 5px;
    }
    ul#topnav li:hover span { display: block; }
    ul#topnav li span a { display: inline; }
    ul#topnav li span a:hover {text-decoration: underline;}
</style>
```

这些代码完成了导航菜单的格式化样式，主菜单的每一个列表项都是浮动的，以便让它们能够并排地显示，即在 ul#topnav li 样式中定义。嵌套列表中的每个列表项也是浮动的，即在 ul#topnav li span 样式中定义。每个链接的样式，包括文字、颜色、背景等，都在<a>标签本身定义了。而鼠标悬停的弹出效果则在 ul#topnav li:hover 样式中定义。

2. 编写 jQuery 代码定义菜单及下拉效果

```
<script type="text/javascript" src="jquery.min.js"></script>
<script type="text/javascript">
$(document).ready(function() {
    //在每个菜单项上添加鼠标悬停事件
  $("ul#topnav li").hover(function() {
      //为菜单项增加背景色 + 悬停图像
      $(this).css({ 'background' :'#1376c9 url(topnav_active.gif) repeat-x'});
      //显示出子菜单
      $(this).find("span").show();
                        } , function() { //悬停事件结束
      //恢复原来背景色
      $(this).css({ 'background' : 'none'});
      //隐藏子菜单
      $(this).find("span").hide();
       });
});
</script>
```

3. 保存文件

保存文件 9_4_1.html，在浏览器中浏览设计效果。

9.3.3　任务小结

在定义页面上显示菜单名称时，要特别注意 div 标签、ul 标签、li 标签和 span 标签的正确运用，并且能够有效地为其定义 id 属性。以便于后面定义 CSS 样式表时能够对其显示格式和内容进行控制。下拉菜单项由无序列表构成，即创建了一个连接组。这样的设计非常灵活，可以随意添加菜单层次和菜单项，无需担心会破坏设计。当然，在 CSS 中要能够准确指向要控制的对象来设置其显示属性和具体值，确定位置以及隐藏任何子菜单，将前面定义的链接格式化为一个导航栏。同时还要考虑后面进行 jQuery 编程时要使用到的对象和事件。当网页中事件发生时，必须为相关对象添加事件及其效果。这里特别强调：

$("ul#topnav li").hover(function() {代码为鼠标指向时的效果 }，function() {代码为悬停事件结束，恢复原来样式})。

9.3.4　任务拓展：带有滤镜切换效果的导航条设计

完成任务后设计效果如图 9.18 所示，当鼠标指向导航图标时图示效果会渐渐发生变化，HOME 项即是变化后效果。其中用到两张图片，如图 9.19 所示。

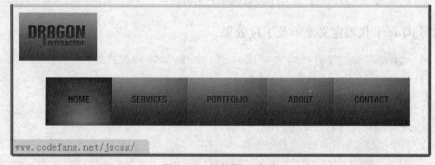

图 9.18　导航图示变化

logotype　　　　　　　　　　sprite

图 9.19　设计导航图示变化编程用到的图片

编写代码如下：

```
<!DOCTYPE html>
<html >
 <head>
```

```
<title>jQuery动画导航菜单</title>
<meta name="generator" content="editplus" />
<meta name="author" content="" />
<meta name="keywords" content="" />
<meta name="description" content="" />
<script src="jquery-1.3.2.min.js" type="text/javascript"></script>
<script type="text/javascript">
 $(function() {
    var fadeSpeed = ($.browser.safari ? 600 : 450);
    $('#logotype').append('<span class="hover"></span>');
    $('.hover').css('opacity', 0);
    $('.hover').parent().hover(function() {
      $('.hover', this).stop().animate({
        'opacity': 1
      },
      fadeSpeed)
    },
    function() {
      $('.hover', this).stop().animate({
        'opacity': 0
      },
      fadeSpeed)
    });
 });

 var Navigation = function() {
    var me = this;
    var args = arguments;
    var self = {
      c: {
        navItems: '.home, .services, .portfolio, .about, .contact',
        navSpeed: ($.browser.safari ? 600 : 350)
      },
      init: function() {

        $('.main').append('<span class="hover"></span>');
        $('.hover').css('opacity', 0);
        $('.main').hover(function() {
          self.fadeNavIn.apply(this)
        },
        function() {
          self.fadeNavOut.apply(this)
        })
      },
      fadeNavIn: function() {
        $('.hover', this).stop().animate({
          'opacity': 1
        },
```

```
                   self.c.navSpeed)
        },
        fadeNavOut: function() {
          $('.hover', this).stop().animate({
            'opacity': 0
          },
          self.c.navSpeed)
      }
    };
    self.init();
    return self
  };
  $(function() {
    new Navigation()
  });

</script>
<style type="text/css" title="">

  .hover {
    filter:alpha(opacity=0);
  }

  a#logotype{
    background: url(logotype.jpg) no-repeat top left;
    display: block;
    position: relative;
    height: 70px;
    width: 119px;
  }
  a#logotype span{display:none}
  a#logotype  .hover {
    background: url(logotype.jpg) no-repeat bottom left;
    display: block;
    position: absolute;
    top: 0;
    left: 0;
    height: 70px;
    width: 119px;
  }

  ul {
    height: 70px;width: 560px;
  }
  ul .home,ul .services,ul .portfolio,ul .about,ul .contact {
    cursor: pointer;
    float: left;
    height:70px;
```

```
      list-style: none;
   }
   ul a.main {
      background: url(sprite.jpg) no-repeat top left;
      display: block;
      outline: none;
      position: relative;
      height: 70px;
      text-decoration: none;
      width: auto;
   }
   ul a.main span { display:none; }
   ul .home a.main {
      background-position: 0 0;
      width: 102px;
      z-index: 1;
   }

   ul .services a.main {
      background-position: -102px 0;
      width: 115px;
      z-index: 2;
   }

   ul .portfolio a.main {
      background-position: -217px 0;
      width: 120px;
      z-index: 3;
   }

   ul .about a.main {
      background-position: -337px 0;
      width: 100px;
      z-index: 4;
   }

   ul .contact a.main {
      background-position: -437px 0;
      width: 115px;
      z-index: 5;
   }
   a.main span.hover {
      background: url(sprite.jpg) no-repeat top left;
      cursor: pointer !important;
      display: block !important; /* Overriding previous span hide */
      padding: 0 1px 0 0;
      position: absolute;
      top: 0;
```

```
            right: 0;
            height: 70px;
            width: 100%;
            z-index: 100;
        }
        .home a.main .hover {
            background-position: 0 -280px;
            padding: 0;
        }

        .services a.main .hover {
            background-position: -103px -280px;
            background-position: -102px -280px;
        }

        .portfolio a.main .hover {
            background-position: -219px -280px;
            background-position: -218px -280px;
        }

        .about a.main .hover {
            background-position: -340px -280px;
            background-position: -339px -280px;
        }

        .contact a.main .hover {
            background-position: -441px -280px;
            background-position: -440px -280px;
        }
    </style>
    </head>

    <body>
    <div id="" class="">
     <a id="logotype" href=""><span>Logo Type</span></a>
    </div>

    <ul>
     <li class="home"><a href=http://www.codefans.net/jscss/ class=" main ">
<span>Home</span></a></li>
     <li class="services"><a href="" class="main"><span>services </span></a>
</li>
     <li class="portfolio"><a href="" class="main"><span>portfolio </span></a>
</li>
     <li class="about"><a href="" class="main"><span>about </span></a></li>
     <li class="contact"><a href="" class="main"><span>contact </span></a></li>
    </ul>
```

```
    </body>
</html>
```

保存文件 9_3_4.html，在浏览器中浏览设计效果。

下拉菜单是页面导航最为流行的方案之一，许多网站都把功能分为几个组，针对每个组设计一些页面。当然，下拉菜单既可以水平摆放，也可以垂直摆放在主菜单之下。利用无序列表设计的菜单项可多可少，视具体需要而定。但是，在需要菜单项的位置添加上这些菜单后，千万小心不要忘记关闭列表的标签。

9.4　jQuery Ajax 技术

Ajax 是与服务器交换数据的技术，它在不重载全部页面的情况下，实现了对部分网页的更新。Ajax 一词来自于异步 JavaScript 和 XML（Asynchronous JavaScript and XML）的缩写。简单地说，在不重载整个网页的情况下，Ajax 通过后台加载数据，并在网页上进行显示。使用 Ajax 的应用程序案例包括：谷歌地图、Facebook、腾讯微博、优酷视频、人人网等。

jQuery 提供多个与 Ajax 有关的方法，通过 jQuery Ajax 方法，能够使用 HTTP Get 和 HTTP Post 从远程服务器上请求文本、HTML、XML 或 JSON，同时能够把这些外部数据直接载入网页的被选元素中。

如果没有 jQuery，纯粹用 Ajax 编程还是有些难度的。编写常规的 Ajax 代码并不容易，因为不同的浏览器对 Ajax 的实现并不相同。这意味着必须编写额外的代码对浏览器进行测试。不过，jQuery 解决了这个难题，现在只需要一行简单的代码，就可以实现 Ajax 功能。

关键知识点	能力要求
理解 jQuery Ajax 技术； 调用服务器端数据的方法； 在页面中调用数据的常见方式	Load( )方法中参数定义； 根据需求定义参数与格式； 掌握特定选择器定义方法； 正确运用三种访问服务器端数据方法

9.4.1　任务：利用 jQuery Load( )方法加载数据

1．设计效果

在普通的网页页面上，单击获得外部内容的按钮，即可调用服务器端数据内容替换掉该按钮上面的原有文字信息，而换成新的内容信息显示出来。这期间我们没有任何等待数据刷新的时间。页面操作前后的效果如图 9.20 所示。

2．任务描述

在页面内显示如图 9.20 所示的内容，一行文字"请点击下面的按钮，通过 jQuery AJAX 改变这段文本。"和一个按钮"获得外部的内容"。当用鼠标单击页面的按钮时，页面内容将利用 jQuery Ajax 技术从服务器加载保存在一个 txt 文件中的数据，并把返回的数据显示在按钮上面的文字位置，以替换原来的文字内容。

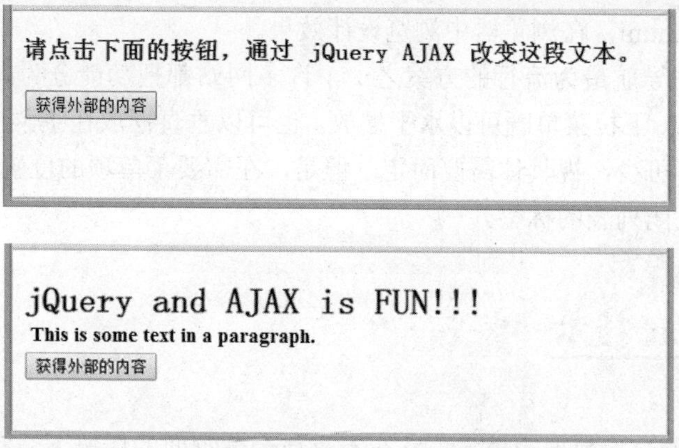

图 9.20 加载 txt 文件后效果

3．设计思路

首先，在页面上的一个特定标签内显示出上面的文字，同时定义该标签的 id 属性。接着定义一个按钮标签及其 id 属性。

定义一个待调用 txt 文件及其内容保存在服务器端。利用 jQuery Ajax 方法最重要的 load( ) 方法，来实现服务器端 txt 文件的调用和显示。

4．技术要点

jQuery Ajax 方法中最重要、最基础的方法是 jQuery load( )方法。它既简单又强大，能从服务器加载数据，并把返回的数据放入被选元素中。

语法格式：

```
$(selector).load(URL,data,callback);
```

其中必需的 URL 参数，规定了希望加载的 URL 路径和文件；可选的 data 参数，规定与请求一同发送的查询字符串键/值对集合；可选的 callback 参数，是 load() 方法完成后所执行的函数名称。

由于该技术涉及服务器端读取数据问题，所以调试程序代码时页面必须在定义 IIS（Internet Information Service，Internet 信息服务）站点后运行。

9.4.2　任务实现

1．将指定"demo_test.txt"文件的内容在特定元素内显示出来

编写代码如下：

```
<!DOCTYPE  html>
<html>
<head>
<script src="js/jquery-1.9.1.min.js" type="text/javascript">
</script>
```

```
<script type="text/javascript">
$(document).ready(function(){
  $("#btn1").click(function(){
    $('#test').load('/example/demo_test.txt');
  })
})
</script>
</head>


<body>
<h3 id="test">请点击下面的按钮，通过 jQuery AJAX 改变这段文本。</h3>
<button id="btn1" type="button">获得外部的内容</button>
</body>
</html>
```

其中"demo_test.txt"文件内容为：

```
<h2>jQuery and AJAX is FUN!!!</h2>
<p id="p1">This is some text in a paragraph.</p>
```

用以上内容替换了原来网页内 id="test"元素内的内容，将该文件通过 jQuery 选择器添加到 URL 参数。

保存文件 9_4_1.html，网页运行结果如图 9.20 所示。

2. 只将"demo_test.txt"文件中 id="p1"的元素内容加载到指定元素中

 这里定义 load( )方法为：　$("#div1").load("demo_test.txt #p1");。

编写代码如下：

```
!DOCTYPE html>
<html>
<head>
<script src="js/jquery-1.9.1.min.js" type="text/javascript">
</script>
<script type="text/javascript">
$(document).ready(function(){
  $("button").click(function(){
    $("#div1").load("example/demo_test.txt  #p1");
  });
});
</script>
</head>
<body>
<div id="div1"><h2>使用 jQuery AJAX 来改变文本</h2></div>
<button>获得外部内容</button>
</body>
</html>
```

该例子仅仅在替换位置显示了 demo_test.txt 文件中的<p></p>标签内的内容。

保存文件 9_4_2.html，浏览页面效果，如图 9.21 所示，这里只将其中的一段文字显示出来。

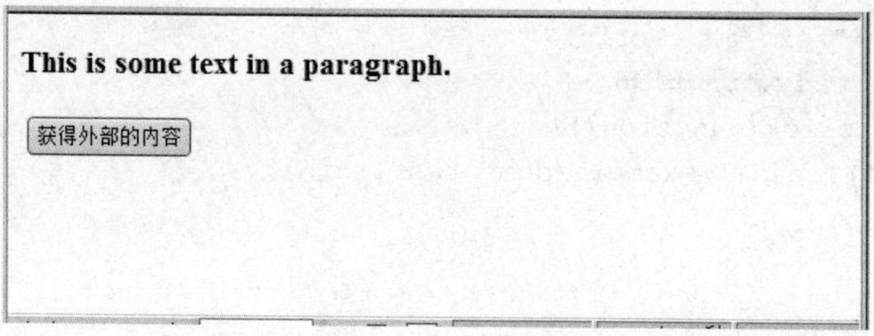

This is some text in a paragraph.

获得外部的内容

图 9.21 加载 txt 文件内的部分数据后效果

3．加载结果提示

在 load()方法运行后会显示一个程序是否正确调用的提示框。如果 load()方法已成功调用，则显示"外部内容加载成功！"，而如果失败，则显示错误消息提示给用户。

 提示 Load()方法中可选的 callback 参数，规定当 load()方法完成后所要允许的回调函数。回调函数可以设置不同的参数：responseTxt 包含调用成功时的结果内容；statusTxt 包含调用的状态；xhr 包含 XMLHttpRequest 对象。

编写代码如下：

```html
<!DOCTYPE html>
<html>
<head>
<script src="js/jquery-1.9.1.min.js" type="text/javascript">
</script>
<script type="text/javascript">
$(document).ready(function(){
  $("button").click(function(){
    $("#div1").load("example/demo_test.txt",function(responseTxt,
        statusTxt,xhr){
      if(statusTxt=="success")
        alert("外部内容加载成功! ");
      if(statusTxt=="error")
        alert("Error: "+xhr.status+": "+xhr.statusText);
    });
  });
});
</script>
</head>
<body>
<div id="div1"><h2>使用 jQuery AJAX 来改变文本</h2></div>
<button>获得外部内容</button>
</body>
</html>
```

保存文件 9_4_3.html，浏览运行页面效果，见到如图 9.22 所示提示框。单击"确定"按钮后页面将显示正确的信息。

图 9.22　加载 txt 文件前显示提示框

4．Load()方法加载数据的传递

jQuery 中的 Load(URL, [data], [callback])方法，可以载入远程 HTML 文件代码并插入至 DOM 中。其中参数：

URL(String)：请求的 HTML 页的 URL 地址。

data (Map)：发送至服务器的 key/value 数据。

callback (Callback)：请求完成时（不需要是成功的）的回调函数。

该方法其实是默认采用 GET 方式来传递，有参数传递数据就会自动转换为 POST 方式。这个方法可以很方便地动态加载一些 HTML 文件。

此外，jQuery 的 get()和 post()方法，也是前端开发人员和设计人员使用较多的能够把表单数据传递给服务器端进程的方法，用于通过 HTTP 的 GET 或 POST 请求从服务器请求数据。

9.4.3　任务拓展：jQuery 常用客户端与服务器端数据加载方法设计

HTTP 有两种在客户端和服务器端进行请求与响应的常用方法，即 GET 和 POST。

GET：从指定的资源请求数据；POST：向指定的资源提交要处理的数据。GET 基本上用于从服务器获得（取回）数据。

 GET 方法可能返回缓存数据。POST 也可用于从服务器获取数据。不过，POST 方法不会缓存数据，并且常用于连同请求一起发送数据。

1．使用$.get()方法从服务器上的一个文件中取回数据

jQuery $.get()方法的语法为：

$.get(URL,callback);

其中必需的 URL 参数，规定为希望请求的 URL；可选的 callback 参数，是请求成功后所执行的函数名。

编写程序代码如下：

```
<!DOCTYPE html>
<html>
<head>
<script src="js/jquery-1.9.1.min.js" type="text/javascript">
```

```
</script>
<script type="text/javascript">
$(document).ready(function(){
  $("button").click(function(){
    $.get("/example/demo_test.asp",function(data,status){
      alert("数据: " + data + "\n状态: " + status);
    });
  });
});
</script>
</head>
<body>
<p>页面发送 HTTP GET 请求，然后获得返回的结果</p>
<button>请单击按钮发送 HTTP GET 请求</button>

</body>
</html>
```

其中$.get( )方法中第一个参数，是我们希望请求的 URL（"demo_test.asp"）；第二个参数是回调函数，第一个回调参数存有被请求页面的内容，第二个回调参数存有请求的状态。

所使用 ASP 文件（"demo_test.asp"），代码如下：

```
<%
  response.write("This is some text from an external ASP file.")
%>
```

保存文件 9_4_3（1）.html，浏览页面，显示如图 9.23 所示效果，单击按钮后调用服务器端的 asp 文件，显示如图 9.24 所示效果。

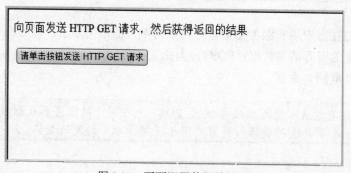

图 9.23　页面调用数据前效果

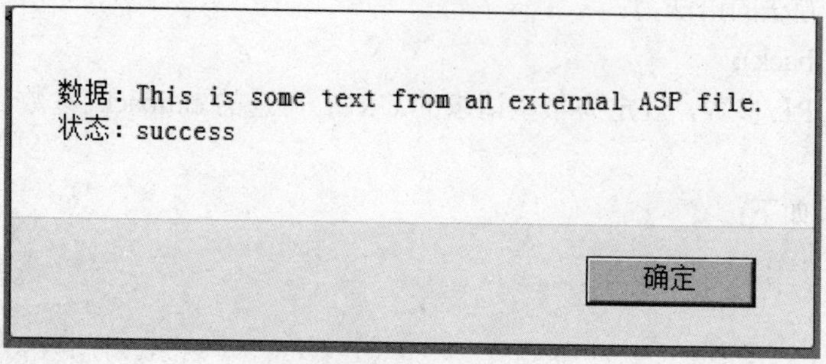

图 9.24　加载 asp 文件后效果

GET 请求以查询字符串的形式，把数据传递给服务器端进程。表单数据通过查询字符串从一个 Web 页面或应用程序传递到另一个 Web 页面或应用程序。服务器端进程总是在 URL 中拾取键值对，并依据 URL 中的查询字符串直接改变页面内容。

2．jQuery $.post()方法通过 POST 请求从服务器上请求数据

jQuery $.post()方法的语法为：

$.post(URL,data,callback);

其中必需的 URL 参数，规定为希望请求的 URL；可选的 data 参数，规定连同请求发送的数据；可选的 callback 参数，是请求成功后所执行的函数名。

编写程序代码如下：

```
<!DOCTYPE html>
<html>
<head>
<script src="js/jquery-1.9.1.min.js" type="text/javascript">
</script>
<script type="text/javascript">
$(document).ready(function(){
  $("button").click(function(){
    $.post("/example/demo_test_post.asp", {
      name:"Donald Duck", city:"Duckburg" }, function(data,status){
      alert("数据: " + data + "\n状态: " + status);
    });
  });
});
</script>
</head>
<body>
<p>页面发送 HTTP POST 请求，然后获得返回的结果</p>
<button>请单击按钮发送 HTTP POST 请求</button>
</body>
</html>
```

 说明

{name:"Donald Duck", city:"Duckburg"}是一种 JSON（JavaScript 对象格式）数据交换格式，它是完全独立于语言的文本格式，易于阅读和编写，也易于机器解析和生成。通常 JSON 对象有两种格式表示：对象格式{x:1,y:2}；数组格式[1,2]。这里是前者。

代码中$.post( )方法中的第一个参数是希望请求的 URL（"demo_test_post. asp"）。然后连同请求（name 和 city）一起发送数据。"demo_test_post.asp" 中的 ASP 脚本读取这些参数，对它们进行处理，然后返回结果。

第三个参数是回调函数。第一个回调参数存有被请求页面的内容，而第二个回调参数存有请求的状态。

代码中所用 asp 文件（"demo_test_post.asp"），其代码如下：

```
<%
dim fname,city
```

```
fname=Request.Form("name")
city=Request.Form("city")
Response.Write("Dear " & fname & ". ")
Response.Write("Hope you live well in " & city & ".")
%>
```

保存文件 9_4_3（2）.html，浏览页面效果如图 9.25 所示，单击按钮调用数据后显示信息如图 9.26 所示。

POST 请求与 GET 请求不同，它在"幕后"发送数据给服务器端进程，这使得 POST 方法更安全，特别是在传递敏感数据时。与 GET 请求比，POST 请求能够一次传递大量数据给服务器端程序。而 GET 请求受 URL 长度限制，一次只能传递较少的数据。

页面发送 HTTP POST 请求，然后获得返回的结果

请单击按钮发送 HTTT POST 请求

图 9.25　加载数据前页面效果

数据：Dear Donald Duck. Hope you live well in Duckburg.
状态：success

确定

图 9.26　post 方法加载数据后提示信息

9.4.4　知识补充：GET 和 POST 方法差异和 jQuery Ajax 操作函数

有关 GET 和 POST 以及两方法差异，请见下面HTTP 方法 GET 与 POST对比列表如表 9.1 所示。

表 9.1　GET 和 POST 对比列表

用途	GET	POST
后退按钮/刷新	无害	数据会被重新提交 浏览器应该告知用户数据会被重新提交
书签	可收藏为书签	不可收藏为书签
缓存	能被缓存	不能缓存
编码类型	application/x-www-form-urlencoded	application/x-www-form-urlencoded 或 multipart/form-data。为二进制数据使用多重编码

续表

用途	GET	POST
历史	参数保留在浏览器历史中	参数不会保存在浏览器历史中
对数据长度的限制	是的。当发送数据时，GET 方法向 URL 添加数据；URL 的长度是受限制的（URL 的最大长度是 2048 个字符）	无限制
对数据类型的限制	只允许 ASCII 字符	没有限制。也允许二进制数据
安全性	与 POST 相比，GET 的安全性较差，因为所发送的数据是 URL 的一部分。在发送密码或其他敏感信息时绝不要使用 GET	POST 比 GET 更安全，因为参数不会被保存在浏览器历史或 Web 服务器日志中

jQuery 库拥有完整的 Ajax 兼容套件，jQuery Ajax 操作函数如表 9.2 所示：

表 9.2　jQuery Ajax 操作函数

函数	描述
jQuery.ajax()	执行异步 HTTP（Ajax）请求
.ajaxComplete()	当 Ajax 请求完成时注册要调用的处理程序。这是一个 Ajax 事件
.ajaxError()	当 Ajax 请求完成且出现错误时注册要调用的处理程序。这是一个 Ajax 事件
.ajaxSend()	在 Ajax 请求发送之前显示一条消息
jQuery.ajaxSetup()	设置将来的 Ajax 请求的默认值
.ajaxStart()	当首个 Ajax 请求完成开始时注册要调用的处理程序。这是一个 Ajax 事件
.ajaxStop()	当所有 Ajax 请求完成时注册要调用的处理程序。这是一个 Ajax 事件
.ajaxSuccess()	当 Ajax 请求成功完成时显示一条消息
jQuery.get()	使用 HTTP GET 请求从服务器加载数据
jQuery.getJSON()	使用 HTTP GET 请求从服务器加载 JSON 编码数据
jQuery.getScript()	使用 HTTP GET 请求从服务器加载 JavaScript 文件，然后执行该文件
.load()	从服务器加载数据，然后把返回的 HTML 放入匹配元素
jQuery.param()	创建数组或对象的序列化表示，适合在 URL 查询字符串或 Ajax 请求中使用
jQuery.post()	使用 HTTP POST 请求从服务器加载数据
.serialize()	将表单内容序列化为字符串
.serializeArray()	序列化表单元素，返回 JSON 数据结构数据

实训项目九

一、实训任务要求

根据不同的课时安排，选择有代表性的几（二或三）个效果进行设计。最好结合前面的网站设计，将交互设计与其融入一体。将交互设计的具体内容设置为自己独特的文字或图片。

可以参考其他网站，学习一种新的网页交互设计。

二、实训步骤和要求

从教材或网上查找特效代码。打开网页中的脚本代码，分析其结构，将 jQuery 添加到合适位置，再设置其各种参数或属性值。

调整程序代码中的有关变量值，使其满足自己的需要。

三、评分方法

1．完成了项目的所有功能。（40 分）
2．所显示效果能够很好地与页面内容结合。（40 分）
3．实训报告工整等。（20 分）

四、实训报告

1．总结关键技术问题。
2．设计的思路。
3．完成该项目后有何收获。

10

网站测试与发布

设计网页和建设网站的目的是为了让访问者浏览查看。要达到此目的，只有先发布网站和网页，用户才能够在浏览器中浏览到该网页。当然，将站点上传到服务器并声明其可供浏览之前，必须先在本地对网站和网页进行全面测试，以便排除错误正常运行。实际上，在站点建设过程中，养成经常对站点进行测试并解决所发现问题是个好习惯，从而尽早发现问题，避免重复出错。

测试目的是确保页面在目标浏览器中如预期的那样显示和工作，而且没有断开的链接，页面下载也不会占用太长时间。这些都可以通过运行站点报告，来测试整个站点并解决出现的问题。

通常对网站进行测试，应该考虑如下几个方面：

（1）确保页面在目标浏览器中能够如预期的样式呈现

页面在不支持样式、层、插件或 JavaScript 的浏览器中应清晰可读且功能正常。对于在较早版本的浏览器中根本无法运行的页面，应考虑使用"检查浏览器"行为，自动将访问者重定向到其他页面。

（2）用不同的浏览器和平台预览页面

在不同的浏览器和平台上预览，才会有机会查看布局、颜色、字体大小和默认浏览器窗口大小等方面的区别，这些区别在目标浏览器检查中是无法预见的。

（3）检查站点是否有断开的链接

由于站点在新设计、新组织阶段，所链接的页面有些可能已被移动或删除，可通过运行链接检查报告来对链接进行测试进而修复断开链接。

（4）监测页面文件大小以及下载这些页面所占用时间

要知道对于由大型表格组成的页面，在某些浏览器中，整张表格完全加载之前，访问者将什么也看不到。因此，应该考虑将这样的表格分为几部分；如果不可能这样做，请考虑将有些内容（如欢迎辞或广告横幅等）放在表格之前来放置。这样用户可以在等待下载表格的同时观看这些内容。

（5）运行站点报告来测试解决整个站点的问题

可以检查整个站点是否存在问题，例如无标题文件、空标签以及冗余的嵌套标签。

（6）验证代码以定位标签或语法错误

（7）站点发布后继续对其进行更新和维护

站点的发布（即激活站点）可以通过多种方式完成，而且是一个持续的过程。其中一个重要部分是定义并实现一个版本控制系统，既可以使用 Dreamweaver 中所包含的工具，也可以使用外部的版本控制应用程序。

（8）使用讨论论坛

在 Adobe 网站上可以找到 Dreamweaver 讨论论坛，网址为 www.adobe.com/go/dreamweaver_newsgroup_cn。这些论坛是很好的资源，可以获取各种有关浏览器、平台等的信息，还可以与其他 Dreamweaver 用户讨论技术问题并分享有用的技巧。有关发布问题答疑的教程，请访问 www.adobe.com/go/vid0164_cn。

在本章学习中，将通过完成任务"部署发布以及更新网站"来达到学习目标。

10.1 部署发布以及更新网站

网站发布涉及一系列工作：网站的测试、申请域名和空间、网站的发布、网站的宣传与推广、网站的维护与更新。

关键知识点	能力要求
网站发布之前的准备和测试； 网站的发布与更新	熟悉网站发布之前的准备工作； 了解域名的设计与申请以及 FTP 文件上传方法； 掌握网站的发布与更新方法

10.1.1 任务：网站测试与发布

经过前面单元实训项目设计完成的网站在互联网（局域网）测试与发布，通过用户浏览器访问该网站。

1．任务描述

首先，网站发布之前在 Dreamweaver 环境下完成相关的测试工作；然后将网站文件通过定义 IIS（Internet Information Service，Internet 信息服务）方式，对待发布网站在用户浏览器上运行；当网站内容发生变化，对网站进行更新发布。若条件允许可以申请域名并将文件上传到所申请的服务器。

2．技术要点

（1）网站发布的准备和测试；

（2）IIS 服务器设置；

（3）网站的发布；

（4）域名申请与文件上传。

10.1.2　任务实现

1．站点测试准备

（1）在 Dreamweaver 中，打开一个已有的站点（如 WB 站点），单击菜单栏中【窗口】→【站点】命令，或按 F8 快捷键打开站点面板，如图 10.1 所示。

（2）单击对话框中的展开或折叠按钮，如图 10.1 "展开/折叠"标识所示。站点窗口展开如图 10.2 所示，分为左右两个部分。左侧是一个可变的窗口，用于显示远程站点的文件列表或站点地图，右侧用于显示本地站点的文件列表。

图 10.1　站点面板

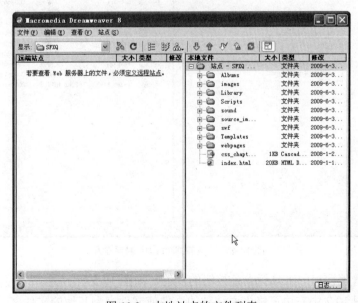

图 10.2　本地站点的文件列表

（3）在早期版本站点窗口中有 4 个主菜单（新版本请单击文件面板右上角的选项菜单），分别为文件、编辑、查看和站点，它们的子菜单如图 10.3 至图 10.6 所示。

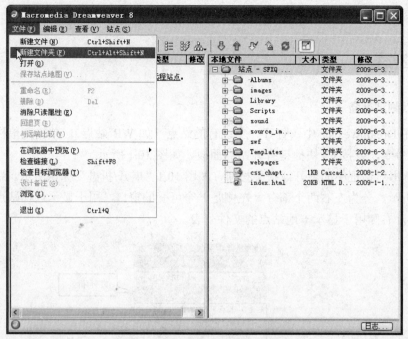

图 10.3　站点管理窗口中文件菜单

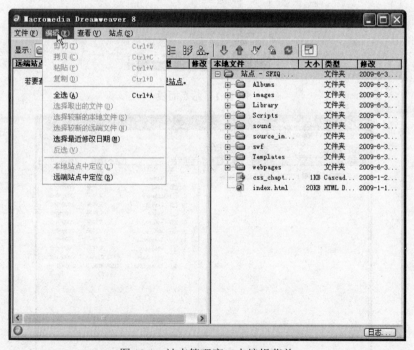

图 10.4　站点管理窗口中编辑菜单

（4）站点管理窗口中工具栏上各按钮的功能，如图 10.5 所示。

（5）拖动图 10.2 中右边窗格中要移动的文件或文件夹到其他的文件夹，这时会弹出如图 10.6 所示的站点地图，站点地图窗口提示网站对外链接的导航情况。

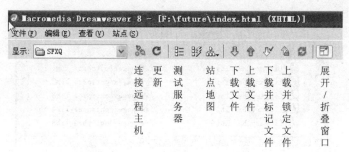

图 10.5　站点管理窗口中按钮功能

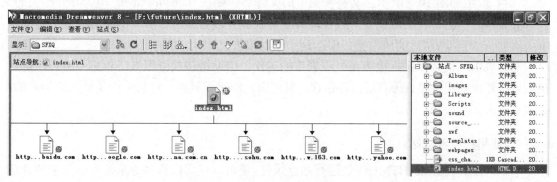

图 10.6　站点地图

2．测试站点中的所有链接

（1）单击菜单栏中【窗口】→【结果】命令，在结果窗口选项中选择"链接检查器"。

（2）单击左侧边框上的绿色执行按钮，选择"检查当前文档中的链接、检查整个当前本地站点的链接、检查站点中选定的文件或文件夹的链接"之一，打开结果面板中的"链接检查器"窗口，将会检测出"断掉的链接"、"外部链接"和"孤立文件"，如图 10.7 所示。

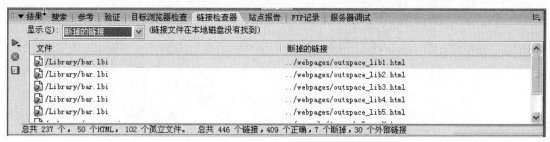

图 10.7　结果面板中的链接检查窗口

（3）单击该窗口中"显示"项的下拉列表，有 3 个选项：断掉的链接（Broken Links）、外部链接（Extenal Links）、孤立文件（Orphaned Files）。单击"断掉的链接"，再单击左边的按钮，出现如图 10.8 所示菜单。

3．修改出错的链接

（1）这里选择检查整个站点的链接，当计算机检查完断点链接后，就将结果显示在窗口中。左边栏显示有断点链接的文件名，右边栏显示被链接的文件名，如图 10.7 所示。

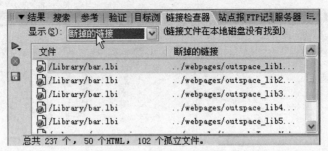

图 10.8 断点链接窗口

（2）双击如图 10.7 所示"文件"栏中的文件名，则在 Dreamweaver 中会打开相关的文档，并显示有断点错误的链接点。按照此方法可找到并改正站点中所有的断点链接的链接点。

（3）也可单击左边的 ▣ 按钮，保存这个检查报告。

对网页中的链接点进行检测是一项繁重的工作。借助链接检查器（Link Checker），可以很快地检查出如空链接、孤立页面等错误，但逻辑性的错误链接，对它来说还是无能为力的，必须通过人工来检查。

4．使用报告测试站点

可以对工作流程或 HTML 属性运行站点报告。还可以使用报告命令来检查站点中的链接。

（1）在结果窗口选项中切换到站点报告，然后单击左侧边框上的绿色执行按钮，显示如图 10.9 所示的对话框。

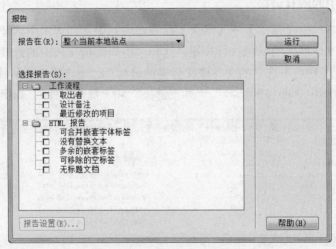

图 10.9 报告设置对话框

（2）工作流程报告可以改进 Web 小组中各成员之间的协作。运行工作流程报告，报告将显示谁取出了某个文件、哪些文件具有与之关联的设计备注以及最近修改了哪些文件。可以通过指定名称或值参数来进一步完善设计备注报告。注：必须定义远程站点连接才能运行工作流程报告。

（3）HTML 报告可以对多个 HTML 属性编辑和生成报告。检查可合并的嵌套字体标签、遗漏的替换文本、多余的嵌套标签、可删除的空标签和无标题文档。

（4）运行报告后，所显示信息如图 10.10 所示。可将报告保存为 XML 文件，然后将其导入模板实例、数据库或电子表格中，再将其打印出来或显示在网站上。

图 10.10　报告内容

5．检查浏览器兼容性

（1）在结果窗口选项中切换到浏览器兼容性，单击左侧三角标记运行按钮，显示如图 10.11 所示菜单。

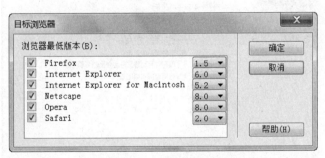

图 10.11　检查浏览器选项

（2）选择"设置"项后弹出对话框，如图 10.12 所示。其中包括目前主流的浏览器及其版本。

图 10.12　包括的浏览器

（3）设置完成后显示问题信息，如图 10.13 所示。左侧为存在的问题，右侧为对应的浏览器情况。

图 10.13　检查浏览器发现的问题

注：还可以通过 Adobe Dreamweaver Exchange Web 站点向 Dreamweaver 添加不同的报告类型。

6．网站的发布与更新

（1）上传已经测试完成的网站，在 Dreamweaver 中打开一个要上传网站的站点管理窗口，如图 10.14 所示。可以对站点进行"新建"，"编辑"，"删除""复制"等管理操作。

图 10.14   站点管理对话框

（2）点击"编辑"按钮，进入站点管理，选择"远程信息"栏，在"访问"栏设置常用的"本地/网络"和"FTP"方式，如图 10.15 和图 10.16 所示。下文分别采用"本地/网络"和"FTP"两种可选方式对远程服务器（若已经申请到）进行定义。

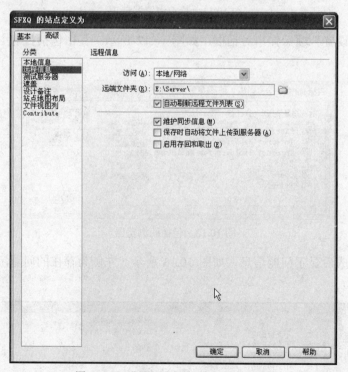

图 10.15   设置远程服务器为本地/网络

（3）在图 10.15 中，"访问"方式选择"本地/网络"，直接选择要上传的"远端文件夹"，定义好远程服务器存储位置；选中"维护同步信息"和"保存时自动将文件上传到服务器"复选框确保本地信息和远程服务器的同步更新。

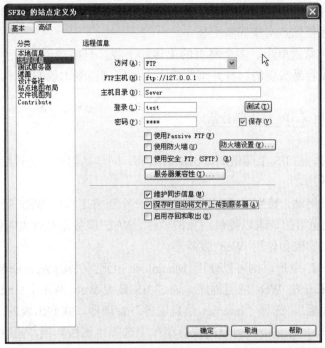

图 10.16　设置远程服务器为 FTP

（4）远程服务器也可以采用 FTP 方式进行配置如图 10.16 所示，"访问"方式为 FTP。在"FTP 主机"选项填写 FTP 服务器地址，"主机目录填写 FTP 虚拟目录的名称"，填写登录用户名和密码。单击"测试"按钮测试 FTP 服务器是否正常连通。确保 FTP 服务器连通后，选中"维护同步信息"和"保存时自动将文件上传到服务器"复选框，确保本地信息和远程服务器的同步更新。

（5）远程服务器设置完成后，开始传送本地文件到远程服务器。单击上载文件按钮 ⬆（见图 10.17），或从右键菜单或"站点"菜单中选择"执行"命令。Dreamweaver 会自动建立远程连接。待站点全部上载后，站点面板窗口如图 10.17 所示。左侧是远程服务器的站点内容，右侧是本地服务器的站点信息。

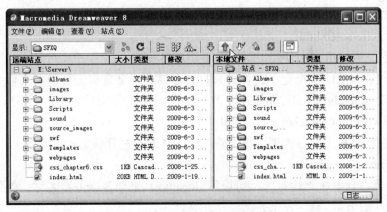

图 10.17　上传文件后站点面板

7．更新修改后的网站

当本地站点内容发生变化，在站点管理器中单击更新按钮 $\circlearrowright$（见图 10.17）或者按快捷键 F5，对本地站点和远程站点实现同步更新。

本任务实现了网站或单个、多个网页的上传和下载，只要在创建站点时各个站点参数设置正确，这一步是较容易实现的。打开浏览器，可浏览到刚刚上载的网站。

10.1.3　知识补充：定义 IIS 站点服务器

综合项目训练时，在 IIS 上面做局域网部署发布，同学之间可以通过快捷菜单浏览器相互访问对方部署好的网站。

若要开发和测试网站，特别是动态网页，需要一个正常工作的 Web 服务器。Web 服务器是响应来自 Web 浏览器的请求以提供网页的软件。Web 服务器有时也叫做 HTTP 服务器。可以在本地计算机上安装和使用 Web 服务器。

如果是 Macintosh 用户，则可以使用 Macintosh 上已安装的 Apache Web 服务器。

如果使用 IIS 来开发 Web 应用程序，通过 IIS 设置 Web 网站主目录与默认文件。其步骤为：打开"控制面板"，选择"Internet 信息服务"管理器，找到出现的"网站"，选择其中的"默认网站"，单击鼠标右键在弹出的快捷菜单中选择"属性"项，随后出现默认网站属性设置对话框，在"主目录"选项卡中选择单选项"在此计算机上的目录"，定义本地路径（默认）为 c:\inetpub\wwwroot，也可以选择另一台计算机上共享或重定向到 URL；切换到"文档"选项卡，定义"启用默认内容文档"下除了已经提供的文件名称，还可以加入你想默认的网站主页的文件名称。这样设置后可以将你的网站内容保存到该 wwwroot 文件夹内。也可以在"默认网站"右键弹出的快捷菜单中选择"新建"→"虚拟目录"，在出现的对话框中定义你的网站文件夹为虚拟目录。

Web 服务器的默认名称是计算机的名称。可以通过更改计算机名来更改服务器名称。当然，也可以使用服务器的默认名称"localhost"。服务器名称对应于服务器的根文件夹，根文件夹（在 Windows 计算机上）通常是 C:\Inetpub\wwwroot。通过在计算机上运行的浏览器中输入以下 URL 可以打开存储在根文件夹中的任何网页。

例如，服务器名称是"mer_noire"并且 C:\Inetpub\wwwroot\ 中存有名为"soleil.html"的网页，则可以通过在本地计算机上运行的浏览器中输入以下 URL 打开该页：

http://mer_noire/soleil.html

注：请记住，在 URL 中使用正斜杠而不是反斜杠。

还可以通过在 URL 中指定子文件夹来打开存储在根文件夹的任何子文件夹中的任何网页。例如，假设 soleil.html 文件存储在名为"gamelan"的子文件夹中，如下所示：

C:\Inetpub\wwwroot\gamelan\soleil.html

可以通过在计算机上运行的浏览器中输入以下 URL 打开该页：

http://mer_noire/gamelan/soleil.html

Web 服务器在计算机上运行时，可以用 localhost 来代替服务器名称：例如，以下两个 URL 在浏览器中打开同一页：

http://mer_noire/gamelan/soleil.html

http://localhost/gamelan/soleil.html

注：除服务器名称或 localhost 之外，还可以使用另一种表示方式：127.0.0.1（例如 http://127.0.0.1/gamelan/soleil.html）。

实训项目十

一、实训任务要求

1．通过站点管理器规划、创建站点的方法与站点设置参数的意义和设置方法。

2．站点管理器的用途，学会利用站点地图查看、管理各网页之间的超链接关系。

3．通过站点管理器发布站点的方法与上传、下载与同步更新站点内容的方法。

二、实训步骤和要求

1．对站点管理器规划。

2．创建站点的方法与站点参数的设置。

3．网站的维护与发布到 IIS 服务器。

4．网站的内容更新与重新发布。

三、评分方法

1．完成项目的所有功能。（40 分）

2．网站管理规范、步骤正确。（40 分）

3．实训报告完整、有独到之处等。（20 分）

四、实训报告

1．总结所涉及网站管理与维护技术。

2．网站主要管理维护流程。

3．实现过程及步骤。

4．设计中的收获

11

网站项目开发综合训练方案

　　网站项目的开发建设，一般都是参照项目管理的国际标准和软件项目生命周期，结合网站实际项目来制定。虽然有很多中小企业公司或个人并没有完全按照这样的规范和流程来进行网站项目的开发。但是，一个完整的项目规范和流程能够使我们更加清晰地理解完整网站项目的制作过程，同时加快开发进度，提高开发效率。这也是从大多数开发者多年网站项目的开发经验总结出来的，希望能够带给大家借鉴和参考。

　　一般地讲，网站开发依次分为 6 个阶段：项目立项、项目规划、项目设计与实施、项目测试和发布、项目跟踪、项目总结。

　　本章通过完成四个任务来达到学习目标：

　　（1）项目立项与规划。

　　（2）项目建设方案。

　　（3）网站设计与实现。

　　（4）网站开发规范。

11.1　项目立项与规划

1. 概述

　　网站项目开发工作的起步，需要从网站项目管理开始。即根据特定的开发规范、在预算范围内、按时完成网站开发任务的过程控制。

　　项目立项，从接到客户的业务咨询，经过双方不断的接洽和了解，并通过基本的可行性探讨后初步达成制作协议，这时就需要将客户需求进行项目立项。通常做法是成立一个专门的项目小组，小组成员包括：项目经理、网页设计、程序员、测试员、编辑/文档等人员。项目实行项目经理负责制。

2．制定客户需求说明书

项目启动第一步需要客户提供一个完整的需求说明。很多客户起初对自己的需求并不是很清楚，需要我们不断引导、帮助与分析。这里插入一个开发者提供的小故事：曾经有一次，我问客户："您做网站的目的是什么？"他回答："没有目的，只是因为别人都有，我没有！"。针对这样的客户就需要耐心说明，仔细分析，挖掘出潜在的、真正的需求。配合客户写出一份详细、完整的需求说明。虽然会花很多时间，但这样做是值得的，而且一定要让客户满意，签字认可。把好这一关，可以杜绝很多因为需求不明或理解偏差造成的失误和项目失败。依据糟糕的需求说明不可能设计出高质量的网站。那么需求说明书要达到怎样的标准呢？

简单说，包含下面几点：

（1）正确性：每个功能必须清楚描写所需要的功能；

（2）可行性：确保在当前的开发能力和系统环境下可以实现每个需求；

（3）必要性：功能是否必须交付，是否可以推迟实现，是否可以在削减开支情况发生时"砍"掉；

（4）简明性：不要使用专业的网络术语；

（5）检测性：如果开发完毕，客户可以根据需求检测；

（6）完成时间：客户对完成网站项目的一个大致时间要求；

（7）报价：客户对网站项目愿意支付的价格底线。

在拿到客户的需求说明后，并不是直接开始制作，而是需要对项目进行总体规划，然后才能详细设计出一份网站建设方案提交给客户。总体规划是非常关键的一步，它主要包括：

（1）网站需要实现哪些功能；

（2）网站开发使用什么软件，在什么样的硬件环境运行；

（3）需要多少人，多少时间；

（4）需要遵循的规则和标准有哪些。

同时需要写一份总体设计说明书，包括：

（1）网站的栏目和版块；

（2）网站的功能和相应的程序；

（3）网站的信息链接结构；

（4）如果有数据库，进行数据库的概念设计；

（5）网站的交互性和用户界面设计。

11.2　项目建设方案

1．概述

在总体规划出来后，一般需要给客户一个网站建设方案。很多网站制作公司在接洽业务时就被客户要求提供方案。那时的方案一般比较笼统，而且在客户需求不是十分明确情况下提交方案，往往和实际制作后的结果会有很大差异。所以应该尽量取得客户的理解，在明确需求并总体设计后提交方案，这样对双方都有益处。这个方案也称为规划书或标书。可以作为签订合同使用。

2．网站建设方案

网站建设方案通常包括以下几个部分：

（1）客户情况分析。

（2）网站需要实现的目的和目标。

（3）网站形象说明。

（4）网站的栏目版块和结构。

（5）网站内容的安排，相互链接关系。

（6）使用软件，硬件和技术分析说明。

（7）开发时间进度表。

（8）宣传推广方案。

（9）维护方案。

（10）制作费用，网站的报价一般将静态部分和动态部分分开。静态部分可以按照页面来报价，比如一个页面多少钱，一个形象首页多少钱，一个 Gif 动画多少钱，一个 Flash 动画多少钱。动态部分可以按照模块来报价，比如一个计数器多少钱，一个论坛多少钱，一个新闻发布系统多少钱。具体价格也由公司大小或实力来决定。

（11）本公司简介：成功作品，技术、人才说明等。

当所提供方案得到客户的认可，那么恭喜你！可以开始动手制作网站了。但还不是真正意义上的制作，你需要进行详细设计。

网站主题也就是网站的题材，这是网站策划开始首先遇到的问题。网站题材千奇百怪，琳琅满目，只要想得到的就可以把它设计出来。下面是美国《个人电脑》杂志（PC Magazine）曾经评出的年度排名前 100 位的全美知名网站的十类题材：第 1 类：网上求职；第 2 类：网上聊天/即时信息/ICQ；第 3 类：网上社区/讨论/邮件列表；第 4 类：计算机技术；第 5 类：网页/网站开发；第 6 类：娱乐网站；第 7 类：旅行；第 8 类：参考/资讯；第 9 类：家庭/教育；第 10 类：生活/时尚；每个大类都可以继续细分，比如娱乐类再分为体育/电影/音乐等小类，音乐又可以按格式分为 MP3、VQF、Ra 等，按表现形式分为古典、现代、摇滚等。同时，各个题材相联系和交叉结合可以产生新的题材，例如旅游论坛（旅游+讨论），经典入球播放（足球+影视），按这样分下去，题材可以有成千上万种。

这么多题材，如何选择呢？一般遵循的原则如下：

（1）主题要小而精：定位要小，内容要精。如果你想设计一个包罗万象的站点，把所有你认为精彩的东西都放在上面，那么往往会事与愿违，给人的感觉是没有主题，没有特色，样样有，却样样都很肤浅，因为你不可能有那么多的精力去维护它。网站的最大特点就是新和快，目前最热门的个人主页都是天天更新甚至几小时更新一次。最新的调查结果也显示，网络上的"主题站"比"万全站"更受人们喜爱，就好比专卖店和百货商店，如果我需要买某一方面的东西，肯定会选择专卖店。

（2）题材最好是你自己擅长或者喜爱的内容。比如：你擅长编程，就可以建立一个编程爱好者网站；对足球感兴趣，可以报道最新的战况，球星动态等。这样在设计时，才不会觉得无聊或者力不从心。兴趣是设计网站的动力，没有热情，很难设计出优秀的网站。

（3）题材不要太滥或者目标太高。"太滥"是指到处可见，人人都有的题材；比如软件下载，免费信息。"目标太高"是指在这一题材上已经有非常优秀、知名度很高的站点，要想超过它相当很困难。

如果题材已经确定，就可以围绕题材给网站起一个名字。网站名称也是网站设计的一部分，而且是很关键的一个要素。"电脑学习室"和"电脑之家"显然是后者简练；"迷笛乐园"和"MIDI 乐园"显然是后者明晰；"儿童天地"和"中国幼儿园"显然是后者大气。我们都知道 PIII 的中文名称"奔腾"，如果改为"奔跑"，可能就没有今天这么"火"了。和现实生活中一样，网站名称是否正气、响亮、易记，对网站的形象和宣传推广也有很大影响。这里给出的建议是：①名称要正。其实就是要合法、和理、和情。不能用反动的、色情的、迷信的、危害社会安全的名词语句。②名称要易记。最好用中文名称，不要使用英文或者中英文混合型名称。另外，网站名称的字数应该控制在六个字以内，最好四个字，也可以用成语。字数少还有个好处，适合于其他站点的链接排版。③名称要有特色。名称平实就可以接受，如果能体现一定的内涵，给浏览者更多的视觉冲击和空间想象力，则为上品。例如：音乐前卫、网页陶吧、e 书时空等。在体现出网站主题的同时，能点出特色之处。

一个完整商业网站建设方案，参见网上资源中附录。

11.3　网站设计与实现

在项目规划完成提交客户网站建设方案后，网站项目进入详细设计阶段。将前面规划方案中还比较抽象概括的内容，提出了解决问题的办法。详细设计阶段的任务就是把问题解决办法具体化。详细设计主要是针对程序开发部分来说的。但这个阶段不是真正编写程序，而是设计出程序的详细规划说明，即网站设计。这种规划说明的作用很类似于其他工程领域中工程师经常使用的工程蓝图，它们应该包含必要的细节，例如：程序界面，表单，需要的数据等。程序员可以根据这个设计写出实际的程序代码，完成网站开发任务。

11.3.1　网站页面设计

对于现在的网站开发者而言，要能够在竞争中立于不败之地，也应该坚持以人为本，挖掘设计人员的潜力，让他们发挥自己的才能，使之能够不断地超越自我，更好地凸现自己的价值，从而形成一种合力，使网站的发展形成一种良好的机制。在这样的情况下，网页设计就被赋予了新的内容，要求也随之提高，主要表现在几个方面：

首先，就是网站的整体形象。整体形象设计包括标准字、Logo、标准色彩、广告语等。首页设计包括版面、色彩、图像、动态效果、图标等风格设计，也包括 banner、菜单、标题、版权等模块设计。首页一般设计 1～3 个不同风格，完成后，供客户选择。记住：在客户确定首页风格之后，请客户签字认可。以后不得再对版面风格有大的变动，否则视为第二次设计。

一个网站给人的第一印象就是主页，但是绝不是说只要主页做好了，网站的整体形象就好。因为在用户对整个网站的浏览过程中，会自然而然地形成一种对网站的看法，这种看法附带有感情色彩，比如喜欢、不喜欢、没有什么感觉等。这就是整体形象的体现，它是靠主页和其他页面相互配合而表现出来的。所以在设计网页的阶段，要充分思考怎么才能将网站精彩的一面展现给用户，同时要考虑展现的方式、侧重点，不能一锅端地将内容都放在主页上，造成杂乱的形象。要想给人以好的、可以信赖的印象，就必须从许多细节上入手，同时规范整个网站的外在表现。具体体现在 Logo 的设计、标准色彩的表达，以及标准字体的设计。有一个统一的、有代表性的形象来赢得自己用户的信赖。这些工作都非常的重要。

其次，是如何在网页设计中将整个企业员工的精神风貌体现出来，每个企业的员工其实都是一份宝贵的财富，所以能够充分展示员工的精神风貌，可以激励他们更好地努力工作，热爱自己的工作，也是加强企业凝聚力的一个手段；同时也可以通过这样的设计方式来赢得自己客户的支持和肯定。在网站林立的今天，赢得自己的客户就是赢得了市场，就是获得了生存。

再次，在设计网页的时候，需要结合网站本身的内容，提炼出企业的经营理念，展现企业文化。网站要想代表一个企业，就必须在不断发展壮大的时候，结合自身的文化特色，提炼出一些深层次的东西，而这些东西就是企业的灵魂，即企业文化。问任何一家一流的高新科技企业，是什么让企业引以自豪，十有八九或许会告诉你，引以自豪的是自己的产品或服务。其余的也会举出一系列的东西，如它们的业务流程、它们的业务伙伴关系、它们的员工等。总之，概括起来就是企业文化。究竟什么是企业文化呢？ Terence E. Deal（特伦斯）和 Allan A. Kennedy（阿伦）合著了一部颇具影响的专著《企业文化》（Corporate Culture）。书中给企业文化的定义是，"用以规范企业人多数情况下行为的一个强有力的不成文规则体系。"

其实，企业文化就是一个企业中所有人员共有的一套观念、信念、价值和行为准则，以及由此导致的行为模式。企业文化是以人为本的管理哲学，是把精神文明建设同企业特点和市场对企业发展的要求结合起来的一个重要形式，是借助文化力量的管理方式，良好的企业文化能为企业保持强有力的竞争优势。可以说，企业文化是企业的灵魂。纵观国内外现代化企业管理，已经越来越突出人在企业生存和发展中的作用和力量。IBM 这样一个老牌的大公司为什么经历如此多的风风雨雨至今仍然是蓝色巨人，HP 公司为什么能保持数十年持续稳定的发展。其答案都很简单：重视人的建设是他们立于不败之地的保证。

很多世界知名品牌都有自己的独特的经营理念，比如微软是"成功诀窍 = 人才 + 创新，管理 = 合适的时间 + 应做的事"；惠普是"财富= 人才 = 资本 + 知识"；飞利浦是"新产品 = 技术内涵 + 观念创新"；东芝是"企业活力 = 智力×（毅力 + 体力 + 速度）"；麦当劳是"企业的活力 = 原材料×设备×人力资源人力资源 = 人数×能力×态度"。这样，就给网页设计师提出了更高的要求，要求他们能够深入地了解网站，同时将自己融入地到网站中，不断地发掘具有闪光性的东西，同时找到合适的表达手段来加以强化。这样才能够使网站靠自身的优势获得用户好感，从而奠定良性运行的基础。

既然网站要体现出文化，这就给网页设计师提出了更高的要求，那么具体到网页设计师身上该如何应对呢？提高自身的文化素质必不可少，假如自身素质不高的话，就无法领会到很多内涵，这样在自己设计表达的时候就不可能到位，其实作品就是一面镜子，在其中可以折射出设计者自身的素质，这是掩盖不了的。所以提高自身的文化修养很重要，形成一种习惯，这样无形中就可以在设计的作品表现出来，所以设计没有任何捷径可以走，只有在平时生活中点点滴滴的积累。同时要有一颗积极向上的心，对生活充满热情，这样才可能在自己的网页设计中挖掘出好的东西来，也给自己的用户留下好的印象。

如果在因特网上发现一个对工作有帮助或有参考价值的网站，一定要将网址告诉你的同事；如果找到你朋友需要的信息，你同样记下网址告诉你的朋友；要是在网上冲浪时偶然遇到特别有兴趣的网站，你肯定加入到自己浏览器的书签中，每一个上网者都会这样做。许多人设计过网站和个人主页，这在技术实现上已十分容易，有许多几乎不用编程的所见即所得工具软件可以利用。但是让人们从浩如烟海的站点中，访问浏览你的站点甚至为你宣传，就不是那么简单，因为鼠标和键盘是永远掌握在上网者手中。设计者如何设计出达到预期效果的站点和网页，是需要深刻理解用户的需求并对人们上网时的心理进行认真的分析研究。

因特网正在改变世界，它促成了互联网经济的形成，特别是电子商务正由新概念走向实用化。由于因特网具有传播信息容量极大、形态多样、迅速方便、全球覆盖、自由和交互的特点，已经发展成为新的传播媒体，所以全球几乎各个企业、机构纷纷建立自己的 Web 站点。

如何设计出达到用户要求的网站，吸引尽可能多的人参观访问是一个值得研究的课题。吸引到大量网民访问你的站点只是成功的一半，以独特的内容和服务使网民再来访问，或向他的朋友介绍网址才是真正的成功。

1．主题鲜明富有特色

在目标明确的基础上，进行网站的构思创意。针对总体设计方案，对网站的整体风格和特色作出定位，规划网站的内容组织结构。

在策划过程中，最重要的环节是明确网站目标定位。Web 站点是企业或机构发展战略的重要组成部分。因此，必须明确设计站点的目标和用户需求，从而才能做出切实可行的计划。设计开始后先要开发一个页面设计原型，选择用户代表来进行测试，并逐步精炼这个原型，形成创意。筛选过程中有些网站的效果不如预期好，主要原因是对用户的需求理解有偏差，缺少用户的检验造成的。设计者常常将企业的市场营销和商业目标放在首位，而对用户和潜在用户的真正需求了解不够。所以，企业或机构应清楚地了解本网站的受众群体的基本情况，如受教育程度、收入水平、需要信息的范围及深度等，从而做到有的放矢。

Web 站点应针对所服务对象（机构或人）不同而设计不同的形式。有些站点只提供简洁文本信息；有些则采用多媒体表现手法，提供华丽的图像、闪烁的灯光、复杂的页面布置，甚至可以下载声音和录像片段。最好的 Web 站点将把图形图像表现手法与有效的组织和信息间的关系结合起来。力求做到主题鲜明突出、简洁，要点明确。以简洁的语言和画面告诉浏览者本站点的主题，吸引对本站点有需求人的视线，对无关的人员也能留下一定的印象。对于一些行业标志和公司的 Logo 应充分地加以利用。利用一切手段充分表现网站的个性和情趣，突出个性，体现网站的特色。

定位网站的 CI 形象，即 Corporate Identity，CI 设计就是通过视觉来传达企业形象。一个好网站，和实体公司一样，需要整体的形象包装和设计。准确的有创意的 CI 设计，对网站的宣传推广有事半功倍的效果。

通常设计网站 Logo 具体的做法是，就如同商标一样，Logo 是站点特色和内涵的集中体现，看见 Logo 就让大家联想起这个站点。Logo 的设计创意来自网站的名称和内容：

（1）网站有代表性的人物、动物、花草等，可以用它们作为设计的蓝本，加以卡通化和艺术化，例如迪斯尼的米老鼠，搜狐的卡通狐狸等。

（2）网站是专业性企业，可以用本专业有代表的物品作为标志。比如中国银行的铜板标志，奔驰汽车的方向盘标志等。

（3）最常用和最简单的方式是用自己网站的英文名称作 Logo。采用不同的字体，字母的变形，字母的组合可以很容易设计好自己的标志。

我们收集到一些有代表性的 Logo，如图 11.1 和图 11.2 所示。

图 11.1　Logo 标志系列 1

图 11.2　Logo 标志系列 2

2．版式布局设计合理

网页设计作为一种视觉语言，当然要讲究排版和布局，虽然主页的设计不等同于平面设计，但它们有许多相近之处，应充分加以利用和借鉴。

版式设计通过文字图形的空间组合，表达出和谐与美。版式设计要通过对视觉要素的理性分析，严格的空间构成设计，实现对整体画面的把握和审美。一个优秀网页设计者应该知道哪一段文字、图形该落于何处，才能使整个网页生辉。努力做到整体布局合理化、有序化、整体化。

多页面站点的页面排版设计，要求把页面之间的有机联系反映出来，这里的主要问题是页面之间和页面内的顺序与内容的关系。为了达到最佳的视觉表现效果，应讲究整体布局的合理性。特别是关系十分紧密，又有上下文关系的页面，一定要设计出向前和向后的按钮，便于浏览者仔细研读。

站点设计简单有序，主次关系分明，将零乱混杂的内容依整体布局的需要进行分组归纳，依内在联系组织排列，反复推敲文字、图形与空间的关系，使浏览者有一个流畅的视觉体验。

建立一个网站好比写一篇文章，首先要拟好提纲，文章才能主题明确，层次清晰。如果网站结构不清晰，目录庞杂，内容东一块西一块。不但浏览者看得糊涂，自己扩充和维护网站也相当困难。网站题材确定后，收集和组织了许多相关的资料内容，但如何组织内容才能吸引网友们来浏览网站呢？栏目的实质是一个网站的大纲索引，索引应该将网站的主体明确显示出来。一般的网站栏目安排要注意以下几方面：

（1）要紧扣主题，将主题按一定方法分类并将它们作为网站的主栏目。主题栏目个数在总栏目中要占绝对优势，这样的网站显得专业，主题突出，容易给人留下深刻印象。

（2）设计最近更新或网站指南栏目。设立最近更新的栏目，是为了照顾常来的访客，让主页更具人性化。如果主页内容庞大，层次较多，而又没有站内的搜索引擎，设置本站指南栏目，可以帮助初访者快速找到他们想要的内容。

（3）设计可以双向交流的栏目，比如论坛、留言本、邮件列表等，可以让浏览者留下他们的信息。

（4）设计下载或常见问题回答栏目，网站特点是信息共享。如在主页上设置一个资料下载栏目，便于访问者下载所需资料。另外，如果站点经常收到网友关于某方面的问题来信，最好设立一个常见问题回答的栏目，既方便了网友，也可以节约自己的时间。

3．色彩和谐重点突出

网站给人的第一印象来自视觉冲击，确定网站的标准色彩是重要的一步。不同的色彩搭配产生不同的效果，并可能影响到访问者的情绪。举个实际的例子就明白了：IBM 公司（如图 11.3 所示）为深灰色；肯德基（如图 11.4 所示）为红色条型，都让人觉得很贴切、很和谐；Microsoft 公司（如图 11.5 所示）为 Windows 视窗标志上的红蓝黄绿色。标准色彩是指能体现网站形象和延伸内涵的色彩。一般来说，一个网站的标准色彩不超过 3 种，太多则让人眼花缭乱。

网站必须有自己的标准色（主体色）。标准色原则上不超过两种，如果有两种，其中一种为标准色，另一种为标准辅助色。标准色应尽量采用 216 种 Web 安全色之内的色彩，必须提供标准色确切的 RGB 和 CYMK 数值。请尽可能使用标准色。

图 11.3　IBM 公司网站首页

图 11.4　肯德基网站首页

　　标准色彩要用于网站的标志、标题、主菜单和主色块，给人以整体统一的感觉。至于其他色彩也可以使用，只是作为点缀和衬托，绝不能喧宾夺主。常用于网页标准色的颜色有：蓝色，黄/橙色，黑/灰/白色三大系列色，要注意色彩的合理搭配。色调及黑、白、灰的三色空间关系，不论在设计还是绘画方面都起着重要的作用。在页面上一定要明确调性，而其他有色或无色的内容均属黑、白、灰的三色空间关系，从而构成它们的空间层次。

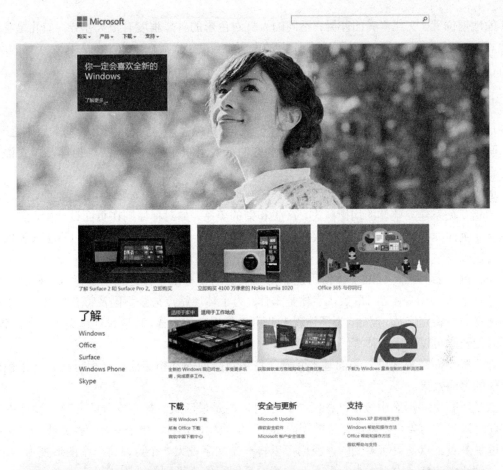

图 11.5　Microsoft 公司网站首页

　　色彩是艺术表现的要素之一，它是光刺激人眼传导到大脑中枢而产生的一种感觉。利用色彩对人们心理的影响效果，根据和谐、均衡和重点突出的原则，将不同色彩进行组合、搭配合理地加以运用，才能构成美丽的页面。按照色彩的记忆性原则，一般暖色较冷色的记忆性强。色彩还具有联想与象征的特质，如：红色象征火、血、太阳；蓝色象征大海、天空和水面等。所以设计出售冷食的虚拟店面，应使用消极而沉静的颜色，使人心理上感觉凉爽一些。

　　在色彩的运用过程中，应该注意一些问题。由于国家和种族的不同，宗教和信仰的不同，生活的地理位置、文化修养的差异，不同的人群对色彩的善恶程度有很大差异。如儿童喜欢对比强烈、个性鲜明的纯颜色；生活在草原上的人喜欢红色；生活在闹市中的人喜欢淡雅的颜色；生活在沙漠中的人喜欢绿色。在设计中要考虑主要浏览人群的背景和构成。

4．形式内容和谐统一

形式服务于内容，内容又为目的服务，形式与内容的统一是设计网页的基本原则之一。

画面的组织原则中，将丰富的意义和多样的形式组织在一个统一的结构里，形式语言必须符合页面的内容，体现内容的丰富含义。

运用对比与调和，对称与平衡，节奏与韵律以及留白等手段，如通过空间、文字、图形之间的相互关系建立整体的均衡状态，产生和谐的美感。如对称原则在页面设计中，它的均衡有时会使页面显得呆板，但如果加入一些动感的的文字、图案，或采用夸张的手法来表现内容往往会达到比较好的效果。

和标准色彩一样，标准字体使用也非常重要。所谓标准字体是指用于标志、标题、主菜单的特有字体。一般中文网页默认字体是宋体。为了体现站点与众不同及特有风格，可以根据需要选择一些特别字体。例如，为了体现专业可以使用粗仿宋体，体现设计精美可以用广告体，体现亲切随意可以用手写体等。

点、线、面是视觉语言中的基本元素，使用点线面的互相穿插、互相衬托、互相补充构成最佳的页面效果。

点是所有空间形态中最简洁的元素，也可以说是最活跃、最不安分的元素。设计中，一个点就可以包罗万象，体现设计者的无限心思。网页中的图标、单个图片、按钮或一段文字等都可以说是点。点是灵活多变的，我们可以将一排文字视为一个点，将一个图形视为一个点。在网页设计中的点，由于大小、形态、位置的不同而给人不同的心理感受。

线是点移动的轨迹，线在排版设计中有强调、分割、导线、视觉线的作用。线会因方向、形态的不同而产生不同的视觉感受，例如垂直的线给人平稳、挺立的感觉，弧线使人感到流畅、轻盈；曲线使人跳动、不安。在页面中内容较多时，就需进行版面分割，通过线的分割保证页面良好的视觉秩序，页面在直线的分割下，产生和谐统一的美感；通过不同比例的空间分割，有时会产生空间层次韵律感。

面的形态除了规则的几何形体外，还有其他一些不规则的形态，可以说表现形式是多种多样的。面在平面设计中是点的扩大，线的重复形成的。面状给人以整体美感，使空间层次丰富，使单一的空间多元化，在表达上较含蓄。

网页设计中点、线、面的运用并不是孤立的，很多时候都需要将它们结合起来，表达完美的设计意境。

5．三维空间设置有方

网络上的三维空间是一个假想空间，这种空间关系需借助动静变化、图像的比例关系等空间因素表现出来。

在页面中图片、文字位置前后叠压，或位置疏密，或页面上、左、右、中、下位置所产生的视觉效果都各不相同。在网页上图片、文字前后叠压所构成的空间层次目前还不多见，网上更多的是一些设计得比较规范化、简明化的页面，这种叠压排列能产生强节奏的空间层次，视觉效果强烈。网页上常见的是页面上、左、右、下、中位置所产生的空间关系，以及疏密的位置关系所产生的空间层次，这两种位置关系使视觉流程生动而清晰，视觉注目程度高。疏密的位置关系使产生的空间层次富有弹性，同时也让人产生轻松或紧迫的心理感受。

需要指出的是，随着 Web 的普及和计算机技术的迅猛发展，人们对 Web 语言的要求也日益增长。人们已不满足于 HTML 语言编制的二维 Web 页面，三维世界的诱惑开始吸引更多的人，虚拟现实要在 Web 网上展示其迷人的风采，于是 VRML 语言出现了。VRML 是一种面向对象的语言，它类似 Web 超级链接所使用的 HTML 语言，也是一种基于文本的语言，并可以运行在多种平台之上，只不过能够更多地为虚拟现实环境服务。VRML 只是一种语言，对于三维环境的艺术设计仍需要理论和实践指导。

6．多媒体效果的利用

网站的最大资源优势在于多媒体功能，因而要尽一切努力挖掘它，吸引浏览者保持注意力。因而画面的内容应当有一定的实用性，如产品的介绍甚至可以用三维动画来表现。

这里需要注意的问题是，由于网络带宽的限制，在使用多媒体的形式表现网页的内容时应考虑客户端的传输速度，或者说将多媒体的内容控制在用户可接收的下载时间内是十分必要的。

7．相关站点引导链接

一个好网站的基本要素是用户进入后，与本网站相关的信息都可以方便快捷地找到，其中要借助于相关的站点，所以做好引导链接是一项重要的工作。超文本这种结构使全球所有连接到因特网的计算机成为超大规模的信息库，链接到其他网站轻而易举。

在设计网页链接组织时，应该给出多个相关网站的链接，使得用户想得到的信息只要点击鼠标马上就可以找到。

8．合理地运用新技术

因特网是 IT 界发展最快的领域，其中新的网页设计技术几乎每天都会出现，如果不是介绍网络技术的专业站点，一定要合理地运用网页设计的新技术，切忌将网站变为一个设计网页的技术展台，永远记住用户方便快捷地得到所需要的信息才是最重要的。

但对于网站设计者来说，必须学习跟踪掌握网页设计的新技术，如 HTML5、XML、jQuery等，根据网站的内容和形式的需要合理地应用到设计中。

9．及时更新认真回复

企业 Web 站点建立后，要不断更新内容，利用这个新媒体宣传本企业的企业文化、企业理念、企业新产品。站点信息的不断更新和新产品的不断推出，让浏览者感到企业的实力和发展，同时也会使企业更加有信心。

在企业的 Web 站点上，要认真回复用户的电子邮件和传统的联系方式如信件、电话垂询和传真，做到有问必答。最好将用户进行分类，如：售前一般了解、销售、售后服务等，由相关部门处理，使网站访问者感受到企业的真实存在，产生信任感。

注意不要许诺你实现不了的东西，在你真正有能力处理回复之前，不要恳求用户输入信息或罗列一大堆自己不能及时答复的电话号码。

如果要求访问者自愿提供其个人信息，应公布并认真履行一个个人隐私保护承诺，如不向第三方提供此信息等。

11.3.2　网站设计特别注意问题

网站设计是一个全新的舞台，即便是普普通通的社会一员也有机会在这里大展身手。在这样的条件下，设计师该怎样做呢？也就是说作为一个在网络环境下的设计师，应该怎样利用自己的设计来满足人们的需求。既要迎合需求，同时保持自己的风格，使自己真正作为一个倡导和引导网站设计潮流的人。

风格一词，在词典上的解释是气度、作风；某一时期流行的一种艺术形式。具体到网页设计上，网页设计师的风格就是运用自己所拥有的手段，包括审美的素质、应用软件的能力、以及感受生活的敏锐觉察力，来建立起自己独特的设计形式、独特的作风。从这个概念出发，设计师就应该有自己的风格。在网络如此发达的今天，网页也是五花八门、千奇百怪，但是作为一个设计师的地位还没有得到应有的提升，造成今天网页设计师的风格没有真正的得以体现，使网页的设计在一个低层次的水平上重复。同时由于大家的相互借鉴，使网页的页面布局基本上成了某种约定俗成。这样的直接后果是网页作为新的媒体，本应该是以方便人们的使用为目标的，却有很多的地方不能够使人满意，而这些不令人满意的地方却原封不动地保留了下来，有些是功能上的，例如在按钮或者是导航的设置上，有些形成常规的按钮安排方式则是令人不方便的。同样在一些用色的规范或者是其他元素的应用上限制了设计师作用的发挥，造成了这样的僵化模式。目前的网页存在着诸多的不足，以下简单分析一下，希望能从中得到一些启示。

首先可以用一个字来形容，那就是塞。这是很多的网页都具有的特点，它将各种信息诸如文字、图片、动画等不加考虑地塞到页面上，有多少挤多少，不加以规范化，条理化，更谈不上艺术处理了。导致浏览时遇到很多的问题，主要是页面五花八门，不分主次，没有很好的归类，整体一个大的杂烩。让人难以找到自己需要的信息，更谈不上效率了。这种网页没有考虑采用一种美的形式，使页面上的信息从整体性的方面来体现。所以这种网页的设计含量是相当低的。不仅仅从功能上，从审美上看，这种页面也太满、太窄，没有给读者一点空间，所以毫无美感可言。

其次，也可用一个字"花"来形容，这类网站也有不少，显然这是很多不懂设计的人来设计的。比较多的是他们把页面做的很花哨，非常不实用，例如采用很深的带有花哨图案的图片作为背景，严重干扰了浏览，获取信息很困难。有些还采用了颜色各异，风格不同的图片、文字、动画。使页面五彩缤纷，没有整体感觉。尽管有些页面内容不多，但是浏览起来仍然特别困难。这种过度的包装甚至不如不加任何装饰的页面。不加装饰最起码不会损害其基本的功能需求。所以这种网页属于粗制滥造的次品，是对自己的用户不负责任的表现。或许他们的初衷是好的，就是想把自己的页面做得漂亮，结果却适得其反。这是网页设计中的一大忌。

第三，现在网页设计中的误区就是千篇一律，缺乏自己的特色，当我们打开电脑，上网一看，好像哪个网站都是一样的。从标题的放置，按钮的编排到动画的采用都是如此。用色时随心所欲，只要能区分开文本和背景就达到目的。造成这些的原因就是网页设计师自身的问题，他们没有充分地利用自己的知识，分析自己网站的优势，发挥自己的网站特点，而是采用走捷径的方式，就是用大众化的方法去做，做起来当然很容易了，但是失去了自己特点的网页就像流水线上下来的产品，好像随便看哪一个都一样，这样就不能起到网页设计的目的。至少不能算设计。当然这里不是片面的唯美主义，不能只是看中页面的漂亮而不顾受众的使用不方便。例如有些网页将按钮溶入到页面的图片中去，倒是比较漂亮了，整体感强了。但是用户有时候却找不到按钮，造成困难。这同样是不可取的。

还有一类站点的网页是一种纯技术化的网页，在这种网页上，充斥了许多为了炫耀技术的东西，如多个风格迥异的动画（缺乏美感甚至是与主体无关的动画），还有大量的利用 JavaScript 和动态 HTML 的技术，然而始终没有把握住整体这个中心，造成页面的混乱。这与第一种有些类似，但是这种网页很多是技术上高手的作品。但是结果给人除了羡慕技术之外毫无收获。这样的网页也是不能满足需要的，是网页设计上的失败，更为严重的是大量采用这种技术或者动画，造成浏览上由于受带宽的限制而非常得慢。所以不管是从功能上还是从形式上都是不可取的。

综合以上的分析，可以找出很多目前网页设计上设计的不足，特别是审美上的不足。在照顾网页功能需要的前提下，需要有针对性的变化创新。所以在这个新的时代，急切地呼唤具有自己的风格的设计师来做出一些更加有生气、更能吸引人、更加方便的网页来。

虽然现在的网页的现状有吞没设计师个性的趋势，但是同样这个时代也是一个追求形式上的创新和开拓的时代，一个勇敢的同传统势力、同形式主义相抗衡的时代。每一个有抱负的设计师都有理由在这样的状况下运用自己的能力，开辟出一片新天地。那么作为一个网页设计师应该怎样做才能凸现自己的风格呢？

首先来说他的这种风格不能背离人们的现实太远，这个现实就是人们习惯了的网页的布局，虽然可能经过长期的努力会使这种局面得以改观，但是在目前的情况下如果一味地追求自己的风格就会严重地脱离用户，做网页首先应该还是要考虑网络用户的使用的，如果自己的网页在很多方面同目前已形成的习惯的编排方式大不相同，那么习惯于上网的用户使用起来就会感到很不方便，这样就得不到用户的支持，设计必然是失败的；在审美上同样也是如此，目前人们还不能一下子接受在网页上同大众完全不同的图片的安排方式或者是用色的形式，也许在设计师本人看来是非常漂亮的页面，也许是在平面设计的欣赏角度看来是非常好的页面，可是用户们却难以接受。这就要求设计师在设计时要兼顾到习惯，不要与习惯使用形式相背离地加入一些自己的东西，尽量在功能上更加方便地提供给用户。例如，可以采用更简洁的方式处理页面，去掉一些纷繁复杂的东西，或者是在页面的布局上采用自己的独特方式来约束自己的网页上的应用元素，用细线条来分割，用色块来区别自己的不同栏目，用声音来提示一些网站独特的东西。这样就会逐渐形成自己的处理页面的风格，不同的网站的设计都可以把这种风格应用上去，风格就这样炼成了！这也反映出要想形成自己的风格，就应该一步一步将自己的风格体现出来，但不能脱离现实太远。当然，由于自己的习惯、修养以及其他的因素，风格体现的方式大相径庭。例如，有的设计师喜欢现代主义风格，喜欢它的简洁、实用、追求功能上的严谨。但是，另外一些人喜欢追求视觉上的新奇、愉悦，所以反映到网页的设计上就是一种装饰化、流行化的风格，即所谓的新艺术风格。当然，风格往往不是很单纯的通过一种方式反映出来，有时候是采用结合的方式，呈现出丰富多彩的方式。

享誉世界的德国广告设计大师冈特·兰堡说过，一名设计师的作品停在一个水平及风格上不变化，那就是死亡。平面设计如此，网页设计同样如此。网页设计师的工作中要接触到许许多多、各式各样的网页设计，在这个过程中设计师能够形成并保持自己的风格固然可贵，但是如果想取得更大的成绩就必须要赢得一种超越。在自己设计上最为熟悉风格的基础上能够寻求突破，这才是更难能可贵的。当然，实现自己设计风格的突破不是一件容易的事情，这需要设计师本身具有不断开拓进取的精神，在自己设计实践的过程中不断完善自己，不断充实自己，不能将自己锁定在一个方面，要不断尝试不同的艺术风格，以期找到风格变化的突破口，学习更多传统的、现代的设计方法，吸收长处，在实际应用中体现出来，这样才能使自己设计风格上的突破变得更加容易，也会使自己在设计上变得更加得心应手。

一个网页设计师没有自己的风格是可悲的，因为这样他永远就只能是在一个低水平的层次上徘徊，没有自己的风格融入到网页设计中，成就不了好的设计。只有在不断的探索和实践中总结经验，提高自己的同时形成自己独特的设计理念，才能够形成自己的风格，开辟出网页设计的新天地。同时也要不断地突破自己，尝试不同的风格，寻求突破。不破不立，只有不断地尝试，不断地丰富自己，才有机会赢得尝试的成功。经常有意识的这样去实践，就有可能达到自己的设计新境界！

11.3.3　一位早期 Microsoft 公司网站设计者的经验

在进行 Web 设计时形式应该服从功能。这个原则要贯穿于站点的整个设计过程中。当然，我们有最新的 Web 工具，并且能够将各种可视的小配件上载到网页上，但是这样有可能不利于为访问者提供有效的服务。事实上，经常发现一些站点未将重点放在功能上。常见的错误包括：用户界面元素不一致。例如，同一个控件在不同的页面上功能不同，或者同一个功能对应几个用户界面控件。导航栏位置要一致。站点的重要页面和功能要在站点的任何页上都可以被访问到。这就是应该保持一致性的"全局导航栏"。相关元素和功能的不可随意分组。注意将元素放置在网页上的位置和目的，这可帮助访问者从其他相邻的选择和位置来推断某个链接的功能。

网页切忌过于庞大，致使访问者需要通过利用调制解调器有更高速度的 Internet 连接进行长时间的下载。这并不是说不应该使用图形，但是需要对它们进行精挑细选，然后用适当的压缩和颜色索引优化它们。

现在的 Web 站点仍然存在很多问题，这并不奇怪。毕竟，Web 设计艺术相对来说还是个新生事物。在网站刚刚出现的那些年里，人们好像认为 Web 站点会吸引访问者只是因为它们存在，但是很多站点一般很难看，有些甚至真的难以使用。现在看看我们能够在网站内做些什么，在网页中加入了大量的动画、声音文件以及其他附件，导致访问者需要长时间地进行下载，但并未获得多少实实在在的内容。

如今的 Web 设计师们已经吸取了前人的经验和教训。好的站点倾向于简化和快速，同时在功能上有所提高。这是 Microsoft 的目标，而且我们最先承认自己所犯的错误，参阅"Microsoft 的 Web 简史"看一看以前的主页设计。设计中所出现的错误并不总是显而易见，有时对一个小元素的移动或更改将很少或根本没有影响。但是，在有些情况下可能确实会对页面功能有所影响。如果说我们从过去几年学到了一些东西，那就是小的改动会使 Web 页的运行方式有很大的不同。

明确流程。若要避免类似问题，我们需要新服务（例如"搜索"）的创建或关键的 Web 页（如主页）设计一个明确的流程。每个项目都是在参考一定案例基础上开始，即我们有一个受益站点上的页面、部分或用户界面元素的产品或服务。在早期产品计划阶段（第 1 阶段），会被要求设计一些初级模型：大致描述页面、部分或功能的草图。然后产品项目组检查产品计划建议，看看此项服务是否可以为 microsoft.com 的访问者真正带来一些实惠。

如果答案是"可以"，那么此项目会获得批准，就会开始写项目说明书（第 2 阶段）。当然，要在第 1 阶段的草图和概念基础上创建并提出一个更为完整的计划。这时，一般还会开始可用性测试（一般会有书面的模型），以了解潜在用户对计划中的设计做出何种反应。在最后开发阶段（第 3 阶段），要创建运行计划服务的 Web 原型，并且进行全面的可用性测试以及内部复查。然后编写站点的代码，修改程序错误，最后站点通过实际测试的 Web 站点向客户发布。

可用性在整个流程中扮演着重要的角色，我们可以为用户运行某项任务计时，这样就可以在以后产品的版本中对比相同的测试。可以使用这种方法进行度量，以确定一个功能的重新设计是否为客户带来任何真正的价值。

还有，我们将仔细地观察以了解可用性对象，是否可以计算出如何正确使用新功能，这称为"可发现性"的方法。有时这为我们提供了一些挑战。例如：在我们的站点上搜索引擎中键入一个词组或字会产生一列结果。然后我们请用户在这些结果中选择，以便进行更细的搜索并且导向某一页或资源。但是即使"在结果范围内搜索"被明显地标记在深色标签上，很少有人熟悉它。一些用户认为他们正开始新的搜索，并且可能毫无结果。我们正在解决这个问题以确保客户可以利用 microsoft.com 上所有丰富的功能来提高他们对此站点的认识。

选项"在结果范围内搜索"看上去很直观，但不是非常容易发现。此问题一直是困扰我们的设计问题之一。

最后阶段，大体来讲，站点设计是在发生冲突与需要之间求得平衡的艺术。一方面，要将站点设计得尽量简单易用；另一方面，要确保站点中所有强大的工具可为经验丰富的用户所用。与此同时，还要为内部客户服务（Microsoft 产品项目组），他们对服务有特殊的需要。所以每天我都要解决一些非常困难的问题，经常处于很紧迫的情形中。我发现这种工作是鼓舞人心和有趣的。

这个职业非常需要更熟练的专业人员。我是经历一系列非常不一般的过程，在大学学习图形艺术，然后在多媒体公司设计 CD-ROM，最后加入 Microsoft 开发应用程序，才获得这个职位。非常奇怪的是，当我申请（并获得）这份工作时，以前从来没有设计过 Web 页。但是，我广泛的设计经历已经证明是非常有用的，并且我自认为已经验证了格言"成功的设计就是成功的设计"（不论是什么媒体）。许多设计问题对 Web 来说是独一无二的，解决这些问题的方法对于任何媒体都一样。

对于那些准 Web 设计师，我的建议是也应该尽可能地扩大设计背景。今天应该确保将一些 Web 工作，作为互动设计培训的一部分，有些好的设计学校已将其加入课程中。但是在排版、色彩理论、版面设计以及生产等方面的扎实技术将仍然特别有价值。在未来，Web 设计师们仍将会继续被要求给页面增加更丰富的多媒体内容，从而为 Web 站点的可视性和可操作性增加了新一级的复杂性和技术要求。作为 CD-ROM/多媒体设计师，要求我必须具有图形设计、视频、音频设计、动画等方面的知识和创作能力。我的预言是，Web 设计师也将向这些领域发展。

对于属于 microsoft.com 的我们，以及在 Internet 上的其他设计者，都应该有一个非常有趣的未来。了解你的客户。调查一下究竟哪些人在访问你的站点，以及他们为什么要访问。新手或不定期上网的 Web 用户，与软件开发商相比有非常不同的兴趣和站点需要。使你的站点对访问者来说有所帮助，为客户提供所需的信息。使导航元素保持一致，并且确保对访问率最高的区域进行明显的标记，使它们易于被找到。

使用清楚的消息。确保用户了解此页面的上下文，并且知道需要他们做些什么。如果在注册过程中要用户输入姓名，那么就直截了当地说。不要让访问者自己盘算什么，他们会感到沮丧，于是转到其他更简单的站点（例如竞争对手的站点！）。

保持一致性。虽然更改不同 Web 页的外观并不难，但这并不意味着应该这么做。将主要功能（例如返回"主页"的链接或者执行一个搜索）放在每页的相同位置。在 microsoft. com 上，黑色全局导航工具栏的位置在四十多万页上都是一样的。

使站点可用。牢记设计和测试站点的可用性。确保用户可容易地执行任务以获得所需信息。估算任务时间和任务完成率，然后努力进行改善。如果新的设计没有在这些方面获得改善，那么就不要实施它。重新从草图（或最初的计划）开始并尝试其他方法。

保持简洁。说起来容易做起来难。尝试征求反馈意见。有时新人可以很容易找到解决方案。

尝试新的东西。不要害怕打破常规，尝试一些完全不同的东西。如果不试试，永远不会找到真正的答案。

11.3.4 测试

精心设计的网站运行后必须经受住考验、不能出现大错。这就要经过认真细致的测试，测试实际上就是模拟用户访问网站的过程，得以发现问题改进设计。

由于一般网站都由一些专业人员设计，他们对计算机和网络有较深的理解，但要考虑到访问网站的大部分人只是使用计算机和网络，应切实满足他们的需要。所以有许多成功的经验表明，让对计算机不是很熟悉的人来参加网站的测试工作效果非常好，这些人会提出许多专业人员没有顾及到的问题或一些好的建议。

11.3.5 推广站点

网站已经建好，下面的工作是欢迎大家访问浏览。那么如何让人们知道你的网址呢？最好的方法，就是广泛散布 Web 地址。利用传统的媒体，如印刷广告公关文档及促售宣传等，欢迎所有人参观是一种十分有效的方法。设计网站的宣传标语，也可以说是提炼网站的精髓，网站的目标。用一句话甚至一个词来高度概括。类似实际生活中的广告金句。例如：雀巢的"味道好极了"；麦斯威尔的"好东西和好朋友一起分享"；Intel 的"给你一颗奔腾的心"等。

对待公司的网址像对待其商标一样，印制在商品的包装和宣传品上。

与其他网站交换链接或购买其他网站的图标广告。

向因特网上的搜索引擎提交本站点的网址和关键词，在页面的原码中，可使用 META 标签加入主题词，以便于搜索引擎识别检索，使你的站点易于被用户查询到。注意向访问率较高的搜索引擎，如 baidu、Yahoo、Excite 、AltaVista、Infoseek、HotBot 注册。

通过在网站上设立有奖竞赛的方式，让浏览者填写如年龄、行业、需求、光顾本站点的频度等信息，从而得到访问者的统计资料，这些可是一笔财富，以供调整网站设计和内容更新时参考。

总之，在每天不断增长的 Web 站点中，如何独树一帜、鹤立鸡群是对网站设计者综合能力的考验和挑战。

11.4　网站开发规范

11.4.1　确定网站目录结构

网站目录是指你建立网站时创建的目录。目录结构的好坏，对浏览者来说并没有什么感觉，但是对于站点本身的上传维护，未来内容的扩充和移植有着重要的影响。下面是建立目录结构的一些建议：

（1）不要将所有文件都存放在根目录下，会造成文件管理混乱。如果常常搞不清哪些文件需要编辑和更新，哪些无用的文件可以删除，哪些是相关联的文件，就会直接影响开发工作的效率。另外，上传速度慢。服务器一般都会为根目录建立一个文件索引。当将所有文件都放在根目录下，那么即使只是上传更新一个文件，服务器也需要将所有文件再检索一遍，建立新的索引文件。很明显，文件量越大，等待的时间也将越长。所以，尽可能减少根目录的文件存放数。

（2）按栏目内容建立子目录。建立子目录，首先按主菜单栏目建立。例如企业站点可以按公司简介，产品介绍，价格，在线定单，反馈联系等建立相应目录。其他次要栏目，类似 what's new，友情链接内容较多，需要经常更新内容可以建立独立的子目录。而一些相关性强，不需要经常更新的栏目，例如：关于本站，关于站长，站点经历等可以合并放在一个统一目录下。所有程序一般都存放在特定目录。例如：CGI 程序放在 cgi-bin 目录。所有需要下载的内容也最好放在一个目录下。

（3）在每个主栏目目录下都建立独立的 images 目录，独立的 images 目录方便管理，而根目录下的 images 目录只是用来放首页和一些次要栏目的图片。

（4）目录的层次不要太深，建议不要超过 3 层，方便维护管理。

（5）不要使用中文目录且不要使用过长的目录名称。

11.4.2　确定网站的链接结构

网站的链接结构是指页面之间相互链接的拓扑结构。它建立在目录结构基础之上，但可以跨越目录。建立网站的链接结构有两种基本方式：

1．树状链接结构

类似计算机系统的文件保存目录结构，网站首页链接指向一级页面，一级页面链接指向二级页面。当对这样的链接结构浏览时，一级级进入，一级级退出。优点是条理清晰，访问者明确知道自己在什么位置，不会"迷"路；缺点是浏览效率低，一个栏目下的子页面到另一个栏目下的子页面，必须绕经首页。

2．星状链接结构

类似网络服务器的链接，每个页面相互之间都建立有链接。这种链接结构的优点是浏览方便，随时可以到达自己喜欢的页面；缺点是链接太多，容易使浏览者迷路，搞不清自己在什么位置，看了多少内容。

11.4.3　命名规范

1．文件命名

文件命名的原则：以最少字母达到最容易理解的意义。一般文件及目录命名规范：每一个目录中应该包含一个缺省的 html 文件，首页文件命名统一用 index.html。文件名称统一用小写英文字母、数字和下划线的组合，尽量用合适的英语翻译为名称。例如：feedback（信息反馈），aboutus（关于我们）。

多个同类型文件使用英文字母加数字命名，字母和数字之间用"_"分隔。例如：news_01.html。注意，数字位数与文件个数成正比，不够的用 0 补齐。例如共有 200 条新闻，其中第 18 条命名为 news_018.html。

2．图片命名

图片名称分为头尾两部分，用下划线隔开。头部分表示此图片的大类性质。例如：放置在页面顶部的广告、装饰图案等长方形的图片取名为 banner；标志性的图片取名为 logo；在页面上位置不固定并且带有链接的小图片取名为 button；在页面上某一个位置连续出现，性质相同的链接栏目的图片取名为 menu；装饰用的图片取名为 pic；不带链接表示标题的图片取名为 title；依照此原则类推。

尾部分用来表示图片的具体含义，用英文字母表示。例如：banner_sohu.gif、banner_sina.gif、menu_aboutus.gif、menu_job.gif、title_news.gif、logo_police.gif、logo_national.gif、pic_people.jpg、pic_hill.jpg。有 onmouse 效果的图片，两张分别在原有文件名后加"_on"和"_off"命名。

3．其他文件命名规范

js 文件命名原则尽量以功能的英语单词为名。例如：广告条的 js 文件名为 ad.js。所有的 CGI 文件后缀为 cgi。所有 CGI 程序的配置文件为 config.cgi。

4．页面尺寸规范

尺寸规范，请根据目前网站显示器应用实际情况进行定义。页面标准有些按 800*600 分辨率制作，推荐尺寸为 766*430px。页面长度原则上不超过 3 屏，宽度不超过 1 屏。每个标准页面为 A4 幅面大小，即 8.5*11 英寸。全尺寸 banner 为 468*60px，半尺寸 banner 为 234*60px，小 banner 为 88*31px，另外 120*90，120*60 也是小图标的标准尺寸。每个非首页静态页面含图片字节不超过 60KB，全尺寸 banner 不超过 14KB。

最新显示器分辨率比例调查：目前主流分辨率 1024*768，腾讯网调查结果如图 11.6 所示。推荐使用网页宽度 910 px。

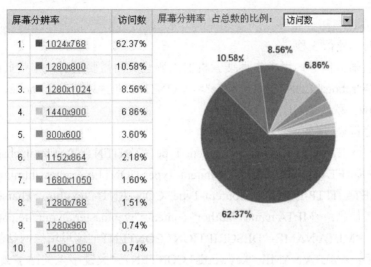

图 11.6 常用浏览器尺寸调查表

特殊情况：①信息量或图片量过大的情况，可以考虑加宽承载，给出两个参考尺寸：950（paipai，Qbar 等）、990（QQshow，游戏产品等）；②搜索类信息页面，采用自适应屏幕方式（比如 soso 搜索产品）。

表 11.1 给出不同浏览器、不同分辨率下网页第一屏最大可视区域。

表 11.1 不同浏览器和不同分辨率下网页的有效可视区域

屏幕	有效可视区域（单位：px）					
	第 1 类		第 2 类		第 3 类	
	800	600	1024	768	1280	1024
IE6.0	779(+21)	432(+168)	1003(+21)	600(+168)	1259(+21)	856(+168)
IE7.0	779(+21)	452(+148)	1003(+21)	620(+148)	1259(+21)	876(+148)
Firefox2.0	783(+17)	417(+183)	1007(+17)	585(+183)	1263(+17)	841(+183)
Opera9.0	781(+19)	461(+139)	1005(+19)	629(+139)	1261(+19)	885(+139)

说明：比如 1024×768 下 IE7.0 的可视面积是（1024-21）*（768-148）。综合上面所有的数据，结论如下：

最保守的一屏大小是 IE10 下 800*600：779*432；

最广泛使用的一屏大小是 IE10 下 1024*768；1003*600。

5．首页代码规范

首页代码，在<head>和</head>区，通常加入标识。包括公司版权注释：

```
<!--- The site is designed by yourcompany,Inc 03/2001 --->。
```

设定网页的到期时间。一旦网页过期，必须到服务器上重新调阅：

```
<META HTTP- EQUIV="expires" CONTENT="Wed, 26 Feb 1997 08:21:57 GMT">。
```

禁止浏览器从本地机的缓存中调阅页面内容：

```
<META HTTP-EQUIV="Pragma" CONTENT="no-cache">
```

用来防止别人在框架里调用你的页面：

```
<META HTTP-EQUIV="Window-target" CONTENT="_top">
```

自动跳转：

```
<META HTTP-EQUIV="Refresh" CONTENT="5;URL=http://www. 68design.net">
```

参数 5 指时间停留 5 秒。

网页搜索机器人向导，用来告诉搜索机器人哪些页面需要索引，哪些页面不需要索引：

<META NAME="robots" CONTENT="none">，CONTENT 的参数有 all、none、index、noindex、follow、nofollow。默认是 all。

网页显示字符集 例如：

简体中文：<META HTTP-EQUIV="Content-Type" CONTENT="text/html; charset=gb2312">；

繁体中文：<META HTTP-EQUIV="Content-Type" CONTENT ="text/html; charset=BIG5">；

英语：<META HTTP-EQUIV="Content-Type" CONTENT="text/html; charset= utf-8">。

原始制作者信息：<META name="author" content="webmaster@yoursite.com">。

网站简介：<META NAME="DESCRIPTION" CONTENT="这里填您网站的简介">。

搜索关键字：<META NAME="keywords" CONTENT="关键字 1,关键字 2,关键字 3,...">。

网页标题：<title>这里是你的网页标题</title>。

收藏夹图标：<link rel = "Shortcut Icon" href="favicon.ico">。

JS 调用规范，所有的 JavaScript 脚本尽量采取外部调用：

```
<SCRIPT LANGUAGE="JavaScript" SRC="script/xxxxx.js"></SCRIPT>
```

CSS 书写规范，所有的 CSS 尽量采用外部调用：

```
<LINK href="style/style.css" rel="stylesheet" type="text/css">
```

书写时重定义的最先，伪类其次，自定义最后（其中 a:link a:visited a:hover a:actived 要按照顺序写），便于自己和他人阅读。为了保证不同浏览器上字号保持一致，建议用点数 pt 和像素 px 来定义，pt 一般使用中文宋体的 9pt 和 11pt，px 一般使用中文宋体的 12px 和 14.7px。这是经过优化的字号，黑体字或者宋体字加粗时，一般选用 11pt 和 14.7px 的字号比较合适。

CSS 推荐模板：

```
<style type="text/css">
<!-
p { text-indent: 2em; }
body { font-family: "宋体"; font-size: 9pt; color: #000000; margin-top: 0px;
margin-right: 0px; margin-bottom: 0px; margin-left: 0px}
table { font-family: "宋体"; font-size: 9pt; line-height: 20px; color: #000000}
a:link { font-size: 9pt; color: #0000FF; text-decoration: none}
a:visited { font-size: 9pt; color: #990099; text-decoration: none}
a:hover { font-size: 9pt; color: #FF9900; text-decoration: none}
a:active { font-size: 9pt; color: #FF9900; text-decoration: none}
a.1:link { font-size: 9pt; color: #3366cc; text-decoration: none}
a.1:visited { font-size: 9pt; color: #3366cc; text-decoration: none}
a.1:hover { font-size: 9pt; color: #FF9900; text-decoration: none}
a.1:active { font-size: 9pt; color: #FF9900; text-decoration: none}
```

```
.blue{font-family:"宋体";font-size:10.5pt;line-height:20px;color:#0099FF;
letter-spacing: 5em}
-->
</style>
```

body 标识，为了保证浏览器的兼容性，一般设置页面背景<body bgcolor="#FFFFFF ">。

6．内容编辑规范

标题，力求简短、醒目、新颖、吸引人。

正文，文章的段首空两格，与传统格式保持一致。段与段之间空一行可以使文章更清晰易看。杜绝错字、别字和自造字。简体版中不得夹杂繁体字。

译名要按我国规范。例如：singapore 统一翻译"新加坡"不能用"星加坡"。

全角数字符号（不含标点）应改为半角。

内容必须遵守我国《计算机信息网络国际联网安全保护管理办法》的规定。任何单位和个人不得利用国际联网制作、复制、查阅和传播下列信息：

（1）煽动抗拒、破坏宪法和法律、行政法规实施；

（2）煽动颠覆国家政权，推翻社会主义制度；

（3）煽动分裂国家、破坏国家统一；

（4）煽动民族仇恨、民族歧视，破坏民族团结；

（5）捏造或者歪曲事实，散布谣言，扰乱社会秩序；

（6）宣扬封建迷信、淫秽、色情、赌博、暴力、凶杀、恐怖，教唆犯罪；

（7）公然侮辱他人或者捏造事实诽谤他人；

（8）损害国家机关信誉；

（9）其他违反宪法和法律、行政法规。

转载必须找到原出处，经联系同意后使用。

7．新技术使用规范

使用新技术的原则是：兼容浏览器，保证下载速度，照顾最多数的用户。

cookie 用于识别、跟踪和支持访问者，通过 cookie 你可以了解用户的访问路径，收集和存储用户的喜好，但要考虑到用户关闭 cookie 的情况处理，非要用 cookie，应提供全面的解决办法。

Java 是一种跨平台的面向对象的编程语言，它在 Web 中的应用主要是 Java Applet，但是 Java Applet 的下载速度较慢，应谨慎使用。

在服务器端，最好打开 SSI 解析，但不要使用过多的 SSI 嵌套。不能使用 SSI 时，可以用 include Library（包含库文件）代替，效果要差一些。

新网页制作建议采用 HTML5 规范，便于跨平台接轨。

XML 系列技术可以在服务器端使用，客户端暂时不推荐使用。

非特殊要求，不推荐在网页上提供需要下载额外插件的多媒体技术。

程序语言推荐使用 ASP.Net、PHP、JSP、Java 等跨平台语言编程技术。

8．导航规范

导航，要简单、清晰，建议不超过 3 层的链接。用于导航的文字要简明扼要，字数限制在一行以内。

首页，各栏目一级页面之间互链，各栏目一级和本栏目二级页面之间互链。超过三级页面，在页面顶部设置导航条，标明位置。

突出最近更新的信息，可以加上更新时间或 New 标识。

连续性页面，应加入上一页、下一页按钮。

超过一屏的内容，在底部应有 go top 按钮。

超过三屏的内容，应在头部设提纲，直接链接到文内锚点。

9．数据库使用规范

服务器上有关数据库的一切操作，只能由服务器管理人员进行。

程序中访问数据库时，使用统一的用户、统一的连接文件访问数据库。

原则上每一个栏目只能建一个库，库名与各栏目的英文名称相一致，库中再包含若干表。比较大的、重点的栏目可以考虑单独建库，库名与栏目的英文名称相一致。

数据库、表、字段、索引、视图等一系列与数据库相关的名称，必须全部使用与内容相关的英文单词命名，对于一个单词难以表达的，可以考虑用多个单词加下划线"_"连接（不能超过四个单词）命名（参见命名规范）。

不再使用的数据库、表应删除，在删除之前必须备份（包括结构和内容）。

11.4.4　搜索框设计规范

1．文本框

（1）搜索框中文本框的长度应适中，至少应提供显示 10 个中文字符的宽度，如图 11.7所示。

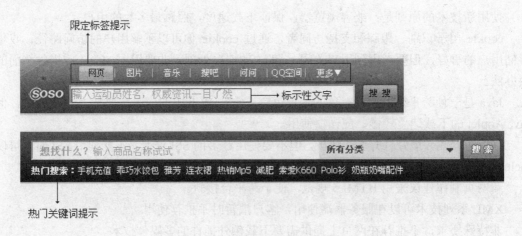

图 11.7　文本框与帮助信息设计提示

（2）搜索组件中使用的文本框必须为单行文本框。

（3）文本框的长度不得少于 130 个像素、高度不得低于 18 个像素。

2．帮助信息

（1）帮助信息一般包括三块内容：限定标签提示、标示性文字、热门关键词提示等，如图 11.7 所示。

（2）"限定标签提示"一般放在搜索框的上面。

（3）"热门关键词提示"一般放在搜索框下面。

（4）"标示性文字"可设置灰色（#cccccc）显示，点击输入框后提示文字消失。提示文字应简明扼要，一般采用内容、用途、搜索范围等对用户有真正帮助的提示，"请输入关键词"这样的提示不应出现。

3．搜索按钮

（1）搜索按钮一般包含图标形式和文字形式两种。

（2）使用图标形式时只能使用放大镜的图标，而不能采用其他元素。

（3）搜索按钮规范文字为"搜索"，避免采用其他描述，如图 11.8 所示。

图 11.8　搜索按钮设计

（4）图标形式（放大镜）和文字形式可搭配使用，会出现如图 11.9 所示的文字形式、搭配使用和图形形式三种情况。

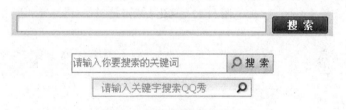

图 11.9　图标形式搭配设计

例如，使用 SOSO 引擎的可考虑在搜索框前加 SOSO LOGO，如图 11.10 所示。同一个 Web 产品中搜索的位置和表现形式尽量保持一致。

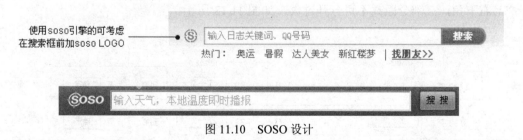

图 11.10　SOSO 设计

（5）应用中强化表现形式，如图 11.11 所示。加大搜索框的显示，输入框内采用大字体（14 号）；突出搜索按钮的表现，更直观，更有点击欲；位置放在页头的中间并明显标识。

（6）应用中弱化表现形式，如图 11.12 所示。输入框内采用小字体（12 号）；长度大约以刚好放完提示文字为基准；弱化搜索按钮的表现，可考虑用图标代替；搜索框通常放在页头的右上角。

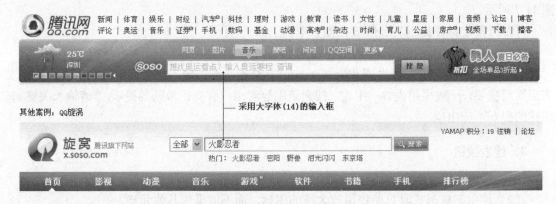

图 11.11 强化表现形式

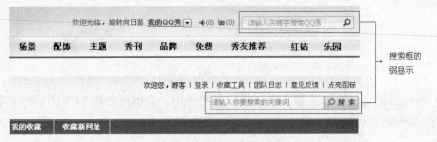

图 11.12 弱化表现形式

11.4.5 页码设计规范

1．普通页码翻页的表现方法

（1）页码由三部分构成：一为页码状态区，表明页码在当前第几页位置以及共有多少页；二为页码翻页区，由上下翻页按钮与页码显示区构成；三为跳转翻页区。页码翻页区域通常位于产品右下角，三部分距离不可分开过大，如图 11.13 所示。

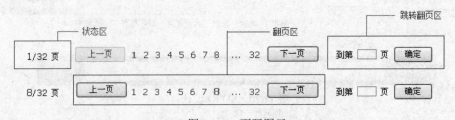

图 11.13 页码图示

（2）链接页码的设计力求简明独立，页码与页码之间的间距不小于鼠标手型的距离，如图 11.14 所示。

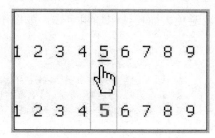

图 11.14　页码与页码间的行间距设计

2．小型页码翻页的表现方法

如图 11.15 所示，链接页码为简明独立、不加任何修饰的数字形式；链接颜色由当前页面设计决定；数字大小建议为 12～14px，以易于点击为原则。

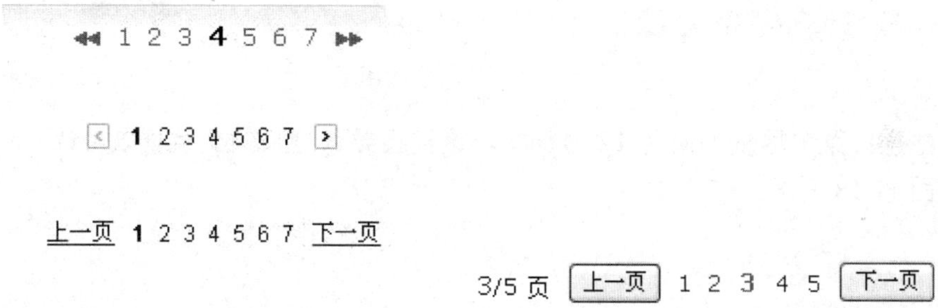

图 11.15　小型页码样式设计

11.4.6　文字编排与设计

总体原则：提高文字的辨识性和页面的易读性。网站应该定义一种标准字体（指 logo 上、图片上使用的字体）。标准字体原则上定义两种，一种中文字体，一种英文字体（不包括文本内容字体）。必须提供标准字体的名称和字库，并请尽可能使用标准字体。

1．文字大小

建议使用 12 号+14 号字体的混合搭配，13 号也可酌情考虑，因为 13 号字体的不对称性，目前非主流，如图 11.16 所示。

中国　　中国　　中国

14号　　　　13号　　　　12号

图 11.16　字大小图示

需突出的内容部分、新闻标题、栏目标题等多使用 14 号字体。广告内容、辅助信息或介绍性文字等多使用 12 号字体。避免大面积使用加粗字体，如图 11.17 所示。

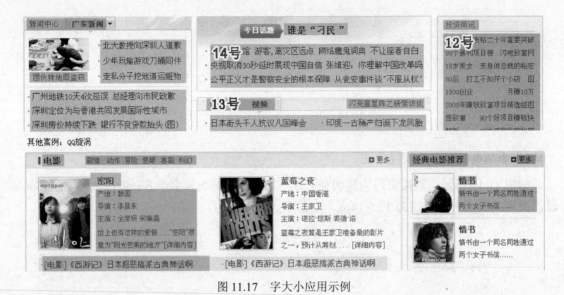

图 11.17　字大小应用示例

特别注意：菜单尽量不使用 12 号加粗，这样会导致复杂的文字难以辨认。多采用 14 号加粗，如图 11.18 所示。

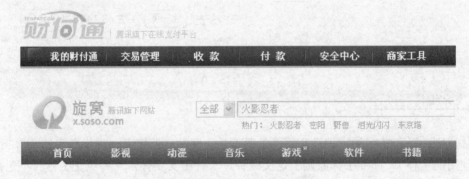

图 11.18　字大小为 14 加粗示例

2．文字颜色

同一网站需要定出主文字颜色，特殊情况下还可以有 2 种左右的辅助文字颜色。

一般情况下字体变化不要超过三种，若有需要，可以尽量采用统一字体的不同字族。

正文的文字颜色多采用深蓝色或深灰色。在讨论颜色前，首先要明确颜色的判断衡量标准。这里以 Photoshop 的颜色系统为讨论基础。

（1）灰黑色

当使用灰色为文字颜色时，正灰色的明度数值（B）不大于 30%，如图 11.19 所示。

当使用带有色彩倾向的灰色时，根据色相不同，应对明度值（B）作相应调整。

因为不同纯色亮度不同，黄色亮度最高，蓝色/紫色亮度最低，其他色相则属中间亮度。因此使用亮度越高的色彩，其明度值（B）应该越低。

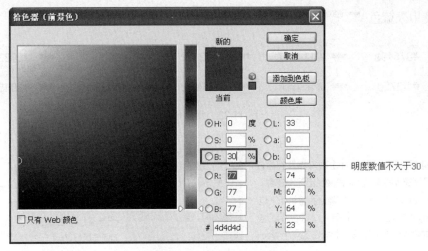

图 11.19　调色板中灰色值

建议使用 ▬ #333333 ，页面使用效果如图 11.20 所示。

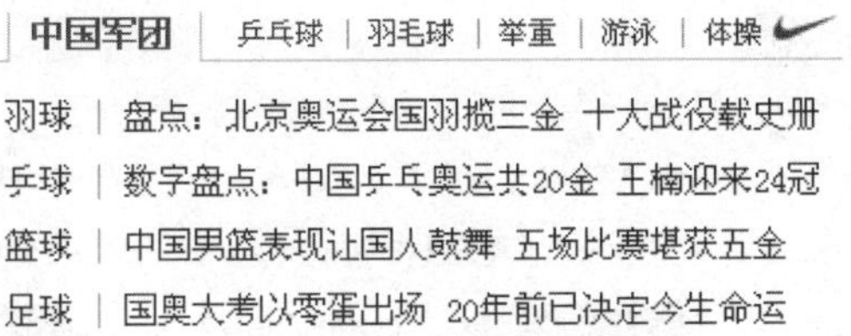

中国军团 ┊ 乒乓球 ┊ 羽毛球 ┊ 举重 ┊ 游泳 ┊ 体操 ┊ ✔

羽球 ┊ 盘点：北京奥运会国羽揽三金 十大战役载史册
乒球 ┊ 数字盘点：中国乒乓奥运共20金 王楠迎来24冠
篮球 ┊ 中国男篮表现让国人鼓舞 五场比赛堪获五金
足球 ┊ 国奥大考以零蛋出场 20年前已决定今生命运

图 11.20　颜色#333333 应用

（2）深蓝色

当使用纯蓝色为文字颜色时，明度数值（B）不大于 60%。当蓝色介于纯蓝和天蓝之间的时候，根据色相不同，应对明度值（B）作相应调整，如图 11.21 所示。

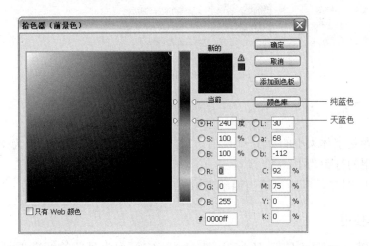

图 11.21　调色板中蓝色

当色相越接近天蓝时，（B）值应该越低。

很多门户网站使用蓝色作为文字颜色，常用颜色值如图 11.22 所示。

建议使用天蓝色  #0033cc 和纯蓝色 #1f376d，其应用效果如图 11.23 所示。

#07519a	#114477	#16387c	#000099	#003399
#1f376d	#1f3a87	#0000cc	#0033cc	#30455e

图 11.22　蓝色值

图 11.23　天蓝色和蓝色应用

（3）其他颜色

当使用其他颜色作为正文主色调时，安全起见可采用明度数值（B）不大于 30%的颜色。应用效果如图 11.24 所示。

图 11.24　其他颜色文字效果

3．文字行距

视觉最佳行距是字体大小的 1.3～1.6 倍。12 号宋体，一般使用的行距为 8～9 像素。14 号宋体，一般使用的行距为 10～11 像素。

正文多采用 14 号字，行距可适当调整为 10～16 像素。

4．英文字体使用

英文建议使用 Arial/Arial 与 Helvetica/Univers 它们列为目前的标准无衬线字体（Sans Serif），字型依据 Unicode 标准包含多国语言文字在内。Arial 比例及字重和 Helvetica（mac 上用的字体）极其相近。

系统自带并能与汉字匹配的点阵字比较，如图 11.25 所示。

Arial
Tencent Inc. All Rights Reserved / QQ2009
Baseline
Letter-spacing
Tahoma
Tencent Inc. All Rights Reserved / QQ2009
Verdana
Tencent Inc. All Rights Reserved / QQ2009

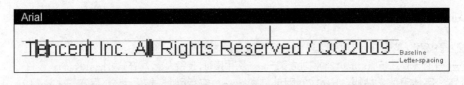

图 11.25　字体间比较

（1）Arial 字体

优点：比例及字重（weight）和 Helvetica 极其相近；没有下划线贴边的问题；Q 字没尾巴；字高整齐。缺点：大写 I 与小写 l 无法区分。

该字体下划线文字效果如图 11.26 所示。

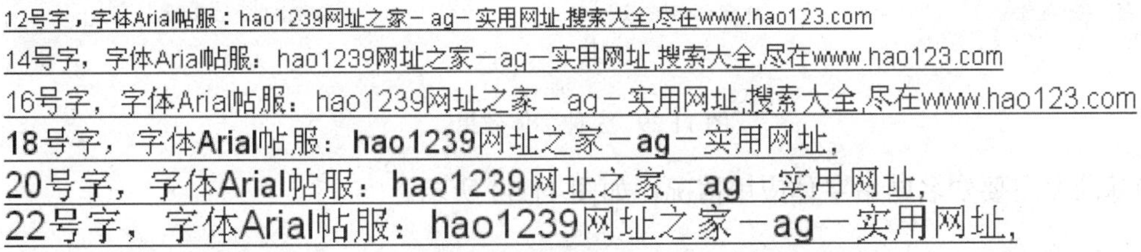

12号字，字体Arial帖服：hao1239网址之家－ag－实用网址,搜索大全,尽在www.hao123.com
14号字，字体Arial帖服：hao1239网址之家－ag－实用网址,搜索大全,尽在www.hao123.com
16号字，字体Arial帖服：hao1239网址之家－ag－实用网址,搜索大全,尽在www.hao123.com
18号字，字体Arial帖服：hao1239网址之家－ag－实用网址,
20号字，字体Arial帖服：hao1239网址之家－ag－实用网址,
22号字，字体Arial帖服：hao1239网址之家－ag－实用网址,

图 11.26　Arial 字体的下划线样式

（2）Tahoma 字体

优点：字宽较阔，字母间距较窄，恒定 1px（阅读单个字母有困难），形态上符合汉字“方块字”点阵；能区分大写 I 与小写 l。缺点：12 号字有下划线贴边的问题；Q 字有尾巴；字高不整齐。

该字体下划线文字效果如图 11.27 所示。

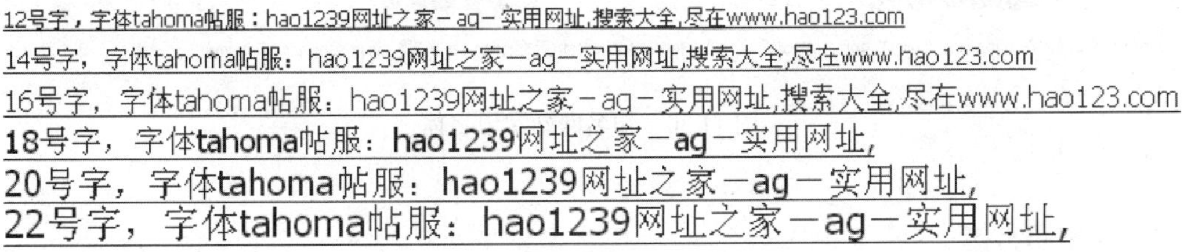

12号字，字体tahoma帖服：hao1239网址之家－ag－实用网址,搜索大全,尽在www.hao123.com
14号字，字体tahoma帖服：hao1239网址之家－ag－实用网址,搜索大全,尽在www.hao123.com
16号字，字体tahoma帖服：hao1239网址之家－ag－实用网址,搜索大全,尽在www.hao123.com
18号字，字体tahoma帖服：hao1239网址之家－ag－实用网址,
20号字，字体tahoma帖服：hao1239网址之家－ag－实用网址,
22号字，字体tahoma帖服：hao1239网址之家－ag－实用网址,

图 11.27　Tahoma 字体下划线样式

（3）Verdana 字体

优点：没有下划线贴边的问题,能区分大写 I 与小写 l。缺点：字体较宽，间距大，字型圆，同一宽度可显示字节比其他字体少得多；Q 字有尾巴；字高不整齐。

下划线文字效果如图 11.28 所示。

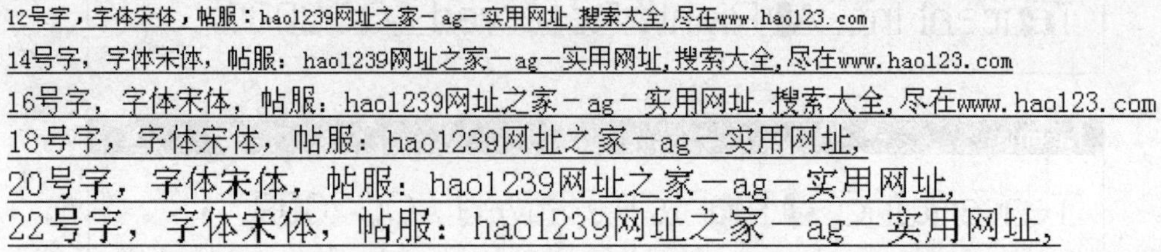

12号字，字体宋体，帖服：hao1239网址之家－ag－实用网址，搜索大全，尽在www.hao123.com

14号字，字体宋体，帖服：hao1239网址之家－ag－实用网址，搜索大全，尽在www.hao123.com

16号字，字体宋体，帖服：hao1239网址之家－ag－实用网址，搜索大全，尽在www.hao123.com

18号字，字体宋体，帖服：hao1239网址之家－ag－实用网址，

20号字，字体宋体，帖服：hao1239网址之家－ag－实用网址，

22号字，字体宋体，帖服：hao1239网址之家－ag－实用网址，

图 11.28　Verdana 字体下划线样式

以上 3 种字体应用效果，如图 11.29 所示。

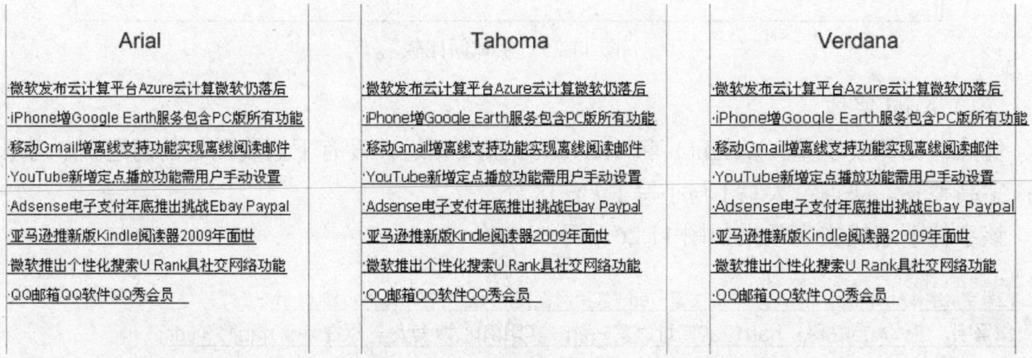

Arial	Tahoma	Verdana
微软发布云计算平台Azure云计算微软仍落后 iPhone增Google Earth服务包含PC版所有功能 移动Gmail增离线支持功能实现离线阅读邮件 YouTube新增定点播放功能需用户手动设置 Adsense电子支付年底推出挑战Ebay Paypal 亚马逊推新版Kindle阅读器2009年面世 微软推出个性化搜索U Rank具社交网络功能 QQ邮箱QQ软件QQ秀会员	微软发布云计算平台Azure云计算微软仍落后 iPhone增Google Earth服务包含PC版所有功能 移动Gmail增离线支持功能实现离线阅读邮件 YouTube新增定点播放功能需用户手动设置 Adsense电子支付年底推出挑战Ebay Paypal 亚马逊推新版Kindle阅读器2009年面世 微软推出个性化搜索U Rank具社交网络功能 QQ邮箱QQ软件QQ秀会员	微软发布云计算平台Azure云计算微软仍落后 iPhone增Google Earth服务包含PC版所有功能 移动Gmail增离线支持功能实现离线阅读邮件 YouTube新增定点播放功能需用户手动设置 Adsense电子支付年底推出挑战Ebay Paypal 亚马逊推新版Kindle阅读器2009年面世 微软推出个性化搜索U Rank具社交网络功能 QQ邮箱QQ软件QQ秀会员

图 11.29　3 种字体效果

国际国内主要知名网站字体应用情况，如图 11.30 所示。

font-family:Helvetica,Arial,sans-serif;

font-family:Arial, Helvetica, sans-serif/simsun

font-family:"宋体", arial/"黑体", Arial Black,sans-serif

YAHOO!
font-family:verdana

IBM
font-family: arial,sans-serif;

视觉中国 www.ChinaVisual.com
font-family:Verdana/swiss/Lucida Sans/Times New Roman

NAVER
font-family:inherit/Verdana/굴림,Gulim/Dotum/Tahoma

font-family:dotum,路框,sans-serif/奔霄,gulim,sans-serif/Tahoma

图 11.30　知名网站常用字体

11.4.7　文字超链接

文字链接形式不得超过 3 种颜色（规定其中一种为主链接色）。

（1）显性链接

大面积链接的网站，比如门户首页、内容列表页。多采取灰黑色、蓝色做全篇的链接色，默认时不显示下划线，光标经过时才显示下划线，如图 11.31 所示。

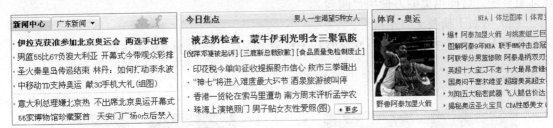

图 11.31　文字显性链接

（2）隐性链接

对于混杂在页面文字中零散出现的文字链接，为了便于识别，默认时候可以出现下划线或使用辅助链接色，光标经过的时候，样式不变，如图 11.32 所示。

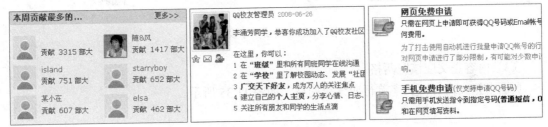

图 11.32　文字隐性链接

11.4.8　局部效果设计

类似图 11.33 所示的"豆腐块"的文字排列，在大型网站中尤为重要。如何去分割和组织大量繁杂的信息？可将文字块当作图片一样来排版优化，平衡页面。

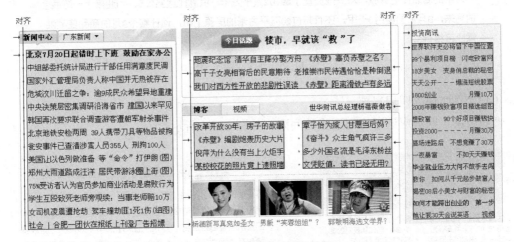

图 11.33　页面局部设计效果

（1）对齐

网页设计中的"对齐"同传统印刷排版中的对齐概念一样，并且同等重要。并不是说一切都应该在一条直线上，而是尽可能地保持一贯的整齐，不仅左对齐，也要尽量右对齐，使得设计更有序。这样也更能方便用户阅读。

（2）首页上摘要无须空格

首页上摘要部分图配文字，文字首行无须留有空格，如图 11.34 所示。

游戏
网络
西游奇缘客户端
《西游奇缘》是2008年新一代的梦幻西游单机游戏
跑跑卡丁车
跑跑卡丁车P396客户端 最新下载，快加入疯狂竞速游戏
×
游戏
网络
西游奇缘客户端
《西游奇缘》是2008年新一代的梦幻西游单机游戏
跑跑卡丁车
跑跑卡丁车P396客户端最新下载，快加入疯狂竞速游戏
✓

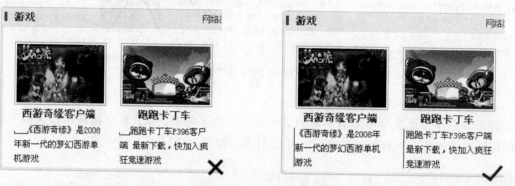

图 11.34 摘要文字设计

（3）内容正文应该空两格

页面中正文内容，文字首行应该空两格，如图 11.35 所示。

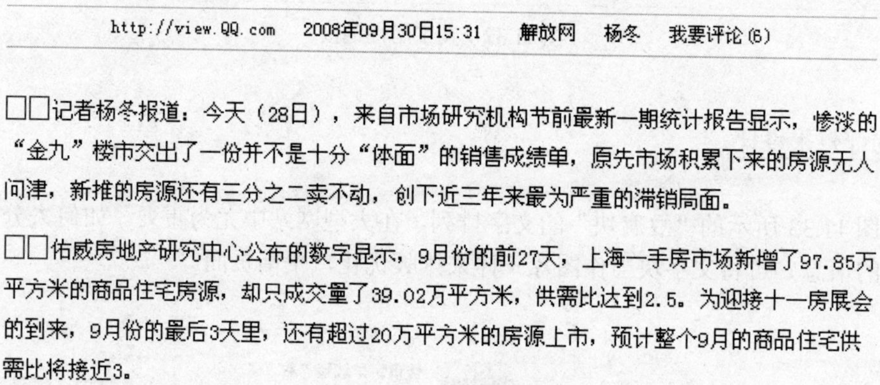
http://view.QQ.com 2008年09月30日15:31 解放网 杨冬 我要评论(6)
□□记者杨冬报道：今天（28日），来自市场研究机构节前最新一期统计报告显示，惨淡的"金九"楼市交出了一份并不是十分"体面"的销售成绩单，原先市场积累下来的房源无人问津，新推的房源还有三分之二卖不动，创下近三年来最为严重的滞销局面。
□□佑威房地产研究中心公布的数字显示，9月份的前27天，上海一手房市场新增了97.85万平方米的商品住宅房源，却只成交量了39.02万平方米，供需比达到2.5。为迎接十一房展会的到来，9月份的最后3天里，还有超过20万平方米的房源上市，预计整个9月的商品住宅供需比将接近3。

图 11.35 正文文字设计

（4）"豆腐块"四周局部

"豆腐块"四周应该留均匀适当的间隔，如图 11.36 所示。

小天后张韶涵的祛痘之道 胡歌 谈车祸后祛疤感受
容祖儿 08祛斑新宠曝光 刘德华 已成功控制脱发
林志玲 支招如何去眼袋 郑欣宜零食照吃减76斤
×
今日话题 "奶粉明星"代言费，该退吗
真正的熊市来了 金融危机会拖中国下水吗 张五常太乐观了
奶粉事件令人遗憾的信息空白 无需夸大美国危机对A股影响
三聚氰胺是怎么加到牛奶中的 面对伦敦我们该嘲笑还是羡慕
虚伪是中国文化人的一大通病 燕山大讲堂9期:李昌平谈农民
✓

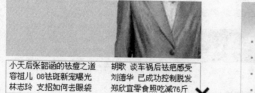

图 11.36 局部文字设计

11.4.9　页面各个模块修饰设计

页面修饰设计准则：同一个网站采用的模块区域设计表现应该全部统一。模块化的几类参考表现，如图 11.37 所示。

注：①单线；②3～5 像素的圆角；③内边修饰等

图 11.37　模块区域修饰

11.4.10　广告设计规范

（1）禁止模仿任何 Windows 标准控件，Windows 标准控件包括但不限于：鼠标指针、按钮以及窗口控制按钮等，如图 11.38 所示。

图 11.38　禁止效果

（2）不要使用按钮作长句广告，错误案例如图 11.39 所示。

图 11.39　错误广告案例

11.4.11　页脚信息

页脚信息按照从上到下的排列次序为：①内部导航；②外部导航；③各类许可证、授权声明；④英文版权信息"Copyright©"；⑤中文版权信息；⑥各类网络安全/工商证明/技术支持 Logo，如图 11.40 所示。

图 11.40　页脚设计

各链接间隔统一使用"|"。

文字大小建议采用 12 号，禁止使用加粗字体。

11.4.12　图片修饰设计

1．光影效果

简单的光影效果设计，如图 11.41 所示。

图 11.41　图片光影效果

2．图片质感设计

基本采用简单的渐变，不需要繁杂的修饰，如图 11.42 所示。

3．透明效果

图片的透明修饰效果设计，如图 11.43 所示。

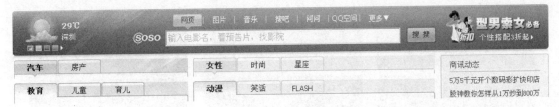

图 11.42　质感设计

图 11.43　透明效果

4. 个性皮肤

QQ 网站中个性化皮肤设计效果，如图 11.44 和图 11.45 所示。

其他皮肤效果如图 11.46 所示。

以上内容是归纳了很多开发者，数年网站项目开发经验而总结出来的，希望能够带给大家借鉴和参考。

图 11.44 个性皮肤效果 1

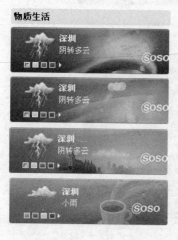

图 11.45 个性皮肤效果 2

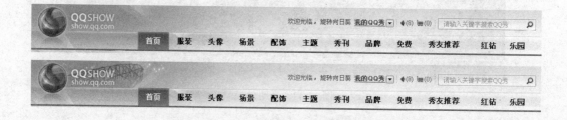

图 11.46 个性皮肤效果 3

现在，请投入网站项目设计综合开发训练，成为一名网站设计开发师。祝大家成功！

参考文献

[1]   Adobe 公司官方网站 http://helpx.adobe.com/cn/dreamweaver.html?promoid=DRHWV.

[2]   朱印宏．网页制作与网站开发从入门到精通．北京：科学出版社，2010.

[3]   张蓉等．网页制作与网站建设宝典（第 2 版）．北京：电子工业出版社，2014.

[4]   David Sawyer McFarland．李强等译．JavaScript 实战手册．北京：机械工业出版社，2009.

[5]   李云程．JavaScript 网页交互特效范例与技巧．北京：大连理工大学出版社，2010.

[6]   Jake Butter．魏忠译．精彩绝伦的 jQuery．北京：人民邮电出版社，2012.

[7]   张子秋．jQuery 风暴——完美用户体验．北京：电子工业出版社，2011.

[8]   聂小燕等．美工神话——CSS 网站布局与美化．北京：人民邮电出版社，2007.

[9]   赵辉．HTML+CSS 网页设计指南．北京：清华大学出版社，2010.

[10]   W3school 在线学习网站 http://www.w3school.com.cn/.

[11]   郝军启等．Dreamweaver CS3 网页设计与网站建设标准教程．北京：机械工业出版社，2007.